ZEITSCHRIFT FÜR ANGEWANDTE GEOLOGIE

HERAUSGEGEBEN VOM
ZENTRALEN GEOLOGISCHEN INSTITUT
IM AUFTRAG DES
MINISTERIUMS FÜR GEOLOGIE

IUGS UNESCO IGCP

Internationales
Geologisches Korrelationsprogramm
Projekt Nr. 86
Südwestrand der
Osteuropäischen Tafel

International
Geological Correlation Programme
Project No. 86
Eastern European platform
(S. W. Border)

Международная
программа геологической
корреляции
Проект № 86
Юго-западный край
Восточно-Европейской платформы

AKADEMIE-VERLAG · BERLIN

HEFT 9
BAND 23
SEPTEMBER 1977
SEITE 425–484
EVP 2,– M
34 114

	INHALT	СОДЕРЖАНИЕ	CONTENTS	

Die ZEITSCHRIFT FÜR ANGEWANDTE GEOLOGIE berichtet ständig über folgende Arbeitsgebiete: Geologische Grundlagenforschung und Lagerstättenforschung / Methodik der geologischen Erkundung / Ökonomie und Planung der geologischen Erkundung / Technik der geologischen Erkundung / Geologie und Lagerstättenkunde im Ausland. In der Zeitschrift können alle strittigen Fragen der praktischen Geologie behandelt werden. Die Autoren übernehmen für ihre Aufsätze die übliche Verantwortung.

Zeitschrift für angewandte Geologie 9/77

Herausgegeben vom Zentralen Geologischen Institut Berlin im Auftrag des Ministeriums für Geologie der Deutschen Demokratischen Republik
Verlag: Akademie-Verlag, 108 Berlin, Leipziger Straße 3—4

SCHMIDT, K.; KATZUNG, G.; FRANKE, D.

Zur Entwicklung des präpermischen Untergrunds und des Magmatismus im südwestlichen Vorfeld der Osteuropäischen Tafel

Z. angew. Geol., Berlin, 23 (1977) 9, S. 426—436, 2 Abb., 95 Lit.

Ausgehend von den bisherigen Anschauungen über den Bau des Untergrunds im nördlichen Mitteleuropa werden Vorstellungen über die Entwicklung des Präperms und die Bedeutung des Magmatismus für die großräumige tektonische Rayonierung dargelegt. Neben den bekannten Baueinheiten unterschiedlichen Konsolidations- bzw. Faltungsalters treten ein „herzynisch" und ein „rheinisch" orientiertes Bruchsystem hervor. Der den Zeitraum vom jüngsten Präkambrium bis zum Quartär umfassende Deckgebirgsmagmatismus weist entsprechend dem jeweiligen Krustenzustand alkalischen oder kalkalkalischen Chemismus auf und bildet die Kratonisierung in Zeit und Raum ab. Die bedeutendste Eruptivperiode war an die ausklingenden tektonischen Prozesse des variszischen Zyklus gebunden. Das meridionale und das dem Südwestrand der Osteuropäischen Tafel parallele Bruchsystem haben diesen spätvariszischen Vulkanismus gesteuert bzw. nachhaltig beeinflußt. Im Kreuzungsbereich beider Systeme lag das absolute Maximum des variszisch-subsequenten und zugleich des Deckgebirgsmagmatismus im nördlichen Mitteleuropa überhaupt.

GAREZKI, R. G.; AISBERG, R. E.; SUVEJSDIS, P. I. u. a.

Die Deckgebirgsstrukturen in der Bjelorussischen SSR und in den baltischen Sowjetrepubliken

Z. angew. Geol., Berlin, 23 (1977) 9, S. 436—439, 1 Abb., 2 Lit.

Das Tafeldeckgebirge Bjelorußlands und des Baltikums gliedert sich in Strukturkomplexe, die Ausdruck der tektonischen Entwicklungsetappen der westlichen Russischen Platte der Osteuropäischen Tafel sind. Die großen Deckgebirgsstrukturen lassen sich in ihrer zeitlich-räumlichen Entwicklung anhand von Strukturkarten beschreiben. Die Strukturpläne des unterriphäischen (?), früh- und spätbaikalischen und des kaledonischen Strukturkomplexes folgen etwa dem der Fundamentoberfläche. Zwar trifft das auch auf den variszischen Komplex zu, jedoch sind für die variszischen Strukturen unterschiedliche Deformationsgrade und -typen, Bruchtektonik sowie z. T. Salztektonik (Pripjatsenke) typisch. Der Strukturplan des kimmerisch-alpidischen Komplexes weicht gegenüber den liegenden Komplexen stark ab.

ZNOSKO, J.

Über den geologischen Bau in der Zone der Tornquist-Teisseyre-Linie zwischen Ostsee und Swietokrzyskie Gory

Z. angew. Geol., Berlin 23 (1977) 9, S. 439—444, 56 Lit.

Das Gebiet im Bereich der Tornquist-Teisseyre-Linie, die südwestliche Randzone der präbaikalischen Osteuropäischen Tafel, zwischen Ostsee und Swietokrzyskie Gory, unterliegt einer Betrachtung. Es wird im weiteren auf den Mittelpolnischen Wall bzw. die Dänisch-Polnische Furche eingegangen, deren tektonische und petrographische Entwicklung beschrieben werden. Die Dänisch-Polnische Furche und der aus ihr aufsteigende Mittelpolnische Wall gliedern das Gebiet der VR Polen in zwei Teile: in einen nordöstlichen präbaikalisch konsolidierten und in einen südwestlichen, der zur paläozoischen Tektonik gehört. In diesem Zusammenhang wird das Problem Verbreitungsgrenze der Varisziden und der Beginn der sudetischen Vortiefe noch einmal aufgegriffen. Bereits bestehende Ansichten (STILLE) über die Genese des behandelten Raums konnten durch neuere Forschungen des Autors bestätigt und erweitert werden.

MODLIŃSKI, Z.

Beitrag über die Ausbildung des Ordoviziums am Südwestrand der Osteuropäischen Tafel in der VR Polen

Z. angew. Geol., Berlin, 23 (1977) 9, S. 445—449, 3 Abb., 11 Lit.

Anhand einer Mächtigkeits- und Lithofaziesanalyse ordovizischer Ablagerungen wird ein Überblick über die paläostrukturelle Entwicklung südwestlicher Randbereiche der Osteuropäischen Tafel auf dem Territorium der VR Polen und angrenzender Gebiete für die Zeit des Ordoviziums gegeben. Ausgehend vom Bjelorussischen Massiv im E kann bis zum Tafelrand im W eine Reihe von Depressions- und Hebungszonen unterschieden werden, die sich im Ordovizium entwickelten und sich während des Caradoc und des Ashgill besonders deutlich hervorheben. Der unmittelbare Tafelrand wird als ein Bereich gedeutet, in dem die Sedimentationsraten hinter der Absenkungsgeschwindigkeit zurückblieben bzw. als ein Gebiet, dessen Sedimente durch submarine Erosion in die vorgelagerte Geosynklinale verlagert wurden. Die Kenntnis über die Geosynklinalzone ist noch lückenhaft. Für die Zeit des Ordoviziums kann weder eine paläostrukturelle Untergliederung noch eine lithofazielle Analyse vorgenommen werden. Unmittelbare Postumitätsbeziehungen sind im Tafelbereich zwischen der mittel- und oberkambrischen Entwicklung einerseits und der des Ordoviziums zu erkennen.

NORLING, E.; SKOGLUND, R.

Der Südwestrand der Osteuropäischen Tafel im Bereich Schwedens

Z. angew. Geol., Berlin, 23 (1977) 9, S. 449—458, 2 Abb., 4 Tab., 66 Lit.

Verf. gibt einen Überblick über neue Forschungsergebnisse am Südwestrand der Osteuropäischen Tafel im Bereich Schwedens. Er geht von den strukturgeologischen Verhältnissen aus, unterbaut sie mit den Ergebnissen der paläomagnetischen Forschung und den Kenntnissen über magmatische Erscheinungen und berichtet dann eingehend über die Stratigraphie, Lithologie und Paläogeographie dieses Gebiets. Ein ausführliches Literaturverzeichnis beschließt und vervollständigt die Arbeit.

WALLISER, O. H.

Probleme der geotektonischen Einordnung der Varisziden

Z. angew. Geol., Berlin, 23 (1977) 9, S. 459—463, 30 Lit.

Die Varisziden Europas stellen ein proterozoisch-paläozoisch entwickeltes Tektogen dar. Der Aufbau seiner Kruste sowie die variszische Sedimentation und der Vulkanismus in diesem Zeitraum sprechen weder für die Entstehung nach dem typischen plattentektonischen Modell noch nach dem des fixistischen Manteldiapirismus. Ihre materielle und strukturelle Entstehung läßt sich unter Einbeziehung differenzierter Konvektions-Mechanismen durch die zunehmende Einengung eines evtl. noch teilweise primär relativ mobilen, sialischen Krustenfelds zwischen den sich nähernden Kontinenten Laurentia, Fennosarmatia und Gondwana erklären. Die Varisziden Europas bieten damit einen Anhaltspunkt für eine im weiten Sinne gerichtete Evolution sowohl der Ursachen, als auch der Auswirkungen tektogener Vorgänge.

PAPROTH, E.

Zur Problematik des IGCP-Projekts 86

Z. angew. Geol., Berlin 23 (1977) 9, S. 463—465, 2 Abb., 12 Lit.

DUNNING, F. W.; WATSON, J.

Über die mögliche Erstreckung der Osteuropäischen Tafel bis England und Wales

Z. angew. Geol., Berlin 23 (1977) 9, S. 465—470, 2 Abb., 14 Lit.

In Zentralengland ist verschiedentlich das präkambrische Fundament des Midlandkratons aufgeschlossen. Es sind metamorphe Gesteine, die von einer sehr wahrscheinlich jüngstpräkambrischen vulkanisch-sedimentären Serie überlagert werden. Das Altpaläozoikum ist in den westlich angrenzenden Kaledoniden in mächtiger Geosynklinalfazies entwickelt, über dem Midlandkraton liegt es in geringmächtiger, lückenhafter Tafelfazies vor bzw. fehlt auf großen Flächen völlig; auch in Südostengland wurde gefaltetes geosynklinales Altpaläozoikum erbohrt. Devon in Old-Red-Fazies ist vor allem in Südostwales und in der Umgebung von London verbreitet; große Teile des Midlandkratons werden direkt vom karbonischen (und jüngeren) Deckgebirge überlagert.
Die Süd- und die Nordwestbegrenzung des Midlandkratons sind hinreichend sicher fixiert.

GAREZKI, R. G.; AISBERG, R. E.

Bau und Entwicklungsetappen der westlichen Osteuropäischen Tafel innerhalb der Bjelorussischen SSR und benachbarter Gebiete

Z. angew. Geol., Berlin 23 (1977) 9, S. 470—478, 6 Abb., 1 Tab.

Das Territorium der Bjelorussischen SSR wird weitgehend von der Russischen Platte, untergeordnet vom Ukrainischen Schild und der Wolhynisch-Asowschen Platte, die Bestandteile der Osteuropäischen Tafel sind, eingenommen. Anschließend an eine Beschreibung der einzelnen Großstrukturen wird die tektonische Entwicklung, die sich in den Tafeldeckgebirgsstrukturen widerspiegelt, in Etappen dargestellt. Hauptetappen der Tafelentwicklung sind die unterriphäische Quasitafeletappe, die mittelriphäisch-unterwendische Katatafeletappe sowie die oberwendisch-phanerozoische Orthotafeletappe.

KOLTSCHANOW, W. P.

Über die Darstellung von Tafelgebieten auf der Tektonischen Karte des Südwestrands der Osteuropäischen Tafel (IGCP-Projekt 86)

Z. angew. Geol., Berlin, 23 (1977) 9, S. 479—481

Dargestellt werden Grundsätze und Methoden für die Bearbeitung einer tektonischen Karte im Rahmen des IGCP-Projekts 86 (Südwestrandzone der Osteuropäischen Tafel). Hauptcharakteristika der Tafelgebiete — Konsolidationsalter und Oberflächenlage des Fundaments — werden durch Farben bzw. Isolinien wiedergegeben. Die Struktur des Deckgebirges wird durch Tiefenlinien einer Reihe charakteristischer Leithorizonte dargestellt. Vorgesehen ist die Darstellung von Falten- und Bruchstrukturen verschiedener Genese und Größenordnung.

Zeitschrift für angewandte Geologie 9/77

Herausgegeben vom Zentralen Geologischen Institut Berlin im Auftrag des Ministeriums für Geologie der Deutschen Demokratischen Republik
Verlag: Akademie-Verlag, 108 Berlin, Leipziger Straße 3–4

SCHMIDT, K.; KATZUNG, G.; FRANKE, D.

The Development of the Prepermian Basement and of the Magmatism in the Southwestern Margin of the Eastern European Platform

Z. angew. Geol., Berlin, 23 (1977) 9, pp. 426–436, 2 Figs., 95 Refs.

On the basis of views so far held on the basement structure in northern Central Europe ideas are presented on the Prepermian development and importance of magmatism to the large-area tectonic regional division, giving prominence to a „Hercynian" and „Rhenish" orientated system of faults in addition to already known tectonic units of different age of consolidation or folding. In accordance with the crustal state the cover magmatism including the period from the Latest Precambrian to the Quaternary shows an alkaline, or calc-alkaline, chemism and represents the cratonization in time and space. The most important eruptive period was connected with the decaying tectonic processes of the Variscan cycle. This late Variscan volcanism was respectively controlled and highly influenced by the meridional system of faults and that parallel with the southwestern margin of the Eastern European platform. In the area of intersection of the two systems. there was the absolute maximum of the Variscan-subsequent cover magmatism and, at the same time, of that in northern Central Europe in general.

GAREZKI, R. G.; AISBERG, R. E.; SUVEJSDIS, P. I. u. a.

The Cover Structures in the Byelo-Russian S.S.R. and in the Soviet Baltic Countries

Z. angew. Geol., Berlin, 23 (1977) 9, pp. 436–439, 1 Figs., 2 Refs.

The platform cover of White Russia and the Baltic countries is divided into structural complexes giving expression of the stages of tectonic development in the western Russian plate of the Eastern European platform. The development in time and space of the large cover structures can be described by means of structural maps. The structural plans of the Lower Riphaean (?), early and late Baikalian, and Caledonian structural complex approximately follow the basement surface. This, certainly, proves right for the Variscan complex, too, but different degrees and types of deformation, fracture tectonics as well as salt tectonics (Pripyat depression) in part are typical of the Variscan structures. The structural plan of the Kimmerian-Alpidic complex highly departs from that of the lying complexes.

ZNOSKO, J.

The Geological Structure in the Zone of the Tornquist-Teisseyre Line between Baltic Sea and Swietokrzyskie Gory

Z. angew. Geol., Berlin, 23 (1977) 9, pp. 439–444, 56 Refs.

The area considered is situated within the Tornquist-Teisseyre line, the south-western marginal zone of the Prebaikalian Eastern European platform, between Baltic Sea and Swietokrzyskie Gory. The Central Polish wall and Danish-Polish groove are also investigated, whose tectonic and petrographical development are described. By the Danish-Polish groove and the Central Polish wall ascending from it the territory of the People's Republic of Poland is divided into two parts, into a north-eastern, Prebaikalian consolidated one, and into a south-western one pertaining to the Palaeozoic tectonics. In this connection a discussion is once more presented of the problem Variscide distribution boundary and beginning of the Sudetic foredeep. Views already existing (STILLE) on the genesis of the area of investigation could be confirmed and extended by the author's more recent researches.

MODLIŃSKI, Z.

A Contribution to the Development of the Ordovician at the South-West Margin of the Eastern European Platform in the People's Republic of Poland

Z. angew. Geol., Berlin, 23 (1977) 9, pp. 445–449, 3 Figs., 11 Refs.

By means of a thickness and lithofacies analysis of Ordovician depositions the palaeostructural development of south-western marginal areas of the Eastern European platform is reviewed in the territory of the People's Republic of Poland and adjacent areas for the Ordovician period. From the White Russian massif in the E to the margin of the platform in the W a number of zones of depression and upheaval can be distinguished, which developed during the Ordovician and make their appearance with particular clearness during the Caradocian and Ashgillian stages. The immediate margin of the platform is respectively interpreted as an area where the rates of sedimentation were left behind the rate of depression, and as an area whose sediments were shifted by submarine erosion into the geosyncline extended in front of it. The knowledge of the geosynclinal zone is still incomplete. For the Ordovician period neither a palaeostructural subdivision nor a lithofacial analysis can be made. Immediate posthumous relations in the platform area can be recognized, on the one hand, between the Middle and Upper Cambrian development and, on the other, that of the Ordovician.

NORLING, E.; SKOGLUND, R.

The South-West Margin of the Eastern European Platform in the Territory of Sweden

Z. angew. Geol., Berlin, 23 (1977) 9, pp. 449–458, 2 Figs., 4 Tables, 66 Refs.

New research results obtained at the south-west margin of the Eastern European platform in the territory of Sweden are reviewed on the basis of structural-geological conditions, are supported by palaeomagnetic research results and knowledge of magmatic processes, and are followed by a detailed description of the stratigraphy, lithology and palaeogeography of this area. To conclude and complete the paper, a detailed literature review is presented.

WALLISER, O. H.

Problems of Geotectonic Classification of the Variscides

Z. angew. Geol., Berlin, 23 (1977) 9, pp. 459–463, 30 Refs.

The Variscides of Europe represent a tectogene having a Proterozoic-Palaeozoic development, whose crustal structure as well as the Variscan sedimentation and volcanism in this age neither speak in favour of an origin by the typical plate-tectonic model, nor of that of the fixistic mantle diapirism. Their material and structural origin, with the inclusion of differentiated mechanisms of convection, may be explained by an increasing shortening of a sialic crustal field possibly still relatively mobile in part between the approaching Laurentia, Fennosarmatia and Gondwana continents. Thus the Variscides of Europe provide a clue to an evolution directed in a wide sense of both the causes and effects of tectogenetic processes.

PAPROTH, E.

Problems Raised in the IGCP Project Nr. 86

Z. angew. Geol., Berlin, 23 (1977) 9, pp. 463–465, 2 Figs., 12 Refs.

DUNNING, F. W.; WATSON, J.

On the Possible Extent of the Eastern European Platform up to England and Wales

Z. angew. Geol., Berlin, 23 (1977) 9, pp. 465–470, 2 Figs., 14 Refs.

The Precambrian basement of the Midland craton repeatedly exposed in Central England contains metamorphic rocks overlain by a very probably Latest Precambrian volcanic-sedimentary series. In the Caledonids bordering on to the west the Lower Palaeozoic is developed in a thick geosynclinal facies, respectively presenting itself in thin platform facies having gaps and missing entirely in large areas. In South-East England, too, folded geosynclinal Lower Palaeozoic was found by boring. Devonian in Old-Red facies is above all distributed in South-East Wales and in the surroundings of London; great parts of the Midland craton are directly overlain by the Carboniferous (and later) cover.
The boundaries of the Midland craton in the south and northwest are determined with fair accuracy.

GAREZKI, R. G.; AISBERG, R. E.

Structure and Stages of Development of the Western East European Platform within the Byelo-Russian S.S.R. and Adjacent Areas

Z. angew. Geol., Berlin, 23 (1977) 9, pp. 470–478, 6 Figs., 1 Table

The territory of the Byelo-Russian S.S.R. is widely occupied by the Russian plate, and is to a minor degree occupied by the Ukrainian shield and Volhynian–Asovian plate, both of which are parts of the Eastern European platform. Following a description of the individual major structures the tectonic development reflected in platform cover structures is represented in stages. Main stages of the platform development are the Lower Riphaean quasi-platform stage, the Middle Riphaean–Lower Wendic kataplatform stage, and the Upper Wendic–Phanerozoic orthoplatform stage.

KOLTSCHANOW, W. P.

The Representation of Platform Areas on the Tectonic Map of the South-West Margin of the Eastern European Platform (IGCP Project 86)

Z. angew. Geol., Berlin, 23 (1977) 9, pp. 479–481

The principles and methods of making a tectonic map within the IGCP Project 86 (south-west marginal zone of the Eastern European platform) are described. Main characteristics of the platform areas – age of consolidation and position of the basement surface – are respectively reproduced by colours and isolines. The cover structure is represented by subsurface contours of a number of characteristic key horizons. Provision is made that fold and fault structures of various genesis and order of magnitude are represented.

ZEITSCHRIFT
FÜR
ANGEWANDTE
GEOLOGIE

Träger der Ehrennadel in Gold
der Gesellschaft für Deutsch-Sowjetische Freundschaft

BAND 23 · SEPTEMBER 1977 · HEFT 9

International Geological Correlation Programme
Project No. 86
Eastern European Platform (S. W. Border)

Internationales
Geologisches Korrelationsprogramm
Projekt Nr. 86
Südwestrand der
Osteuropäischen Tafel

Международная программа геологической корреляции
Проект № 86
Юго-Западный край Восточно-Европейской платформы

Zur Entwicklung des präpermischen Untergrunds und des Magmatismus im südwestlichen Vorfeld der Osteuropäischen Tafel

SCHMIDT, K.; KATZUNG, G.; FRANKE, D., Berlin

1. Einführung

Die seit Mitte der 50er Jahre auf prämesozoische Ablagerungen ausgerichtete Erdöl-Erdgas-Aufschlußtätigkeit im nördlichen Mitteleuropa hat zu wichtigen Erkenntnissen geführt, zugleich aber neue Fragen aufgeworfen, die bis jetzt nur zum Teil beantwortet werden konnten. Von den neuen Problemen sind zweifelsohne die magmatischen Aktivitäten mit an erster Stelle zu nennen. Durch den Nachweis ausgedehnter und gebietsweise äußerst mächtiger jungpaläozoischer Magmatitkomplexe im Untergrund der Mitteleuropäischen Senke — insbesondere im Nordteil der DDR sowie den unmittelbar westlich und östlich angrenzenden Bereichen der BRD und der VR Polen — hat die magmatische Entwicklung dieses Raums in den letzten Jahren zunehmend praktisches und theoretisches Interesse gefunden.
Während im Südteil der DDR das als selbständige Einheit ausgegliederte permosilesische Molasse- oder Übergangsstockwerk seit langem bekannt sowie hinsichtlich der formationellen Ausbildung und der metallogenetischen Bedeutung seiner Sedimente und Vulkanite detailliert untersucht ist, waren für den Nordteil der DDR bis vor ca. 15 Jahren Grundfragen des Auftretens und der Verbreitung dieser variszischen Molassen und des subsequenten Magmatismus noch völlig offen. Mit der Erschließung des Präzechsteins wurden Voraussetzungen geschaffen, die aus Analogieschlüssen und regionalen geophysikalischen Untersuchungen gewonnenen Vorstellungen über den Bau des zentralen Teils der Mitteleuropäischen Senke zu konkretisieren. So gelang im Ergebnis der Bohrtätigkeit — auch zum Teil in den anschließenden Tieflandsgebieten der VR Polen und der BRD — unter anderem der Nachweis einer kaledonisch gefalteten Zone südwestlich der TORNQUIST-TEISSEYRE-Linie, die sich von der Insel Rügen quer über das Territorium der VR Polen bis in das nordöstliche Vorland der Karpaten erstreckt (BOCHMANN & SCHMIDT 1972, GLUSCHKO, DIKENSCHTEIN & SCHMIDT 1974), sowie die Präzisierung des variszischen Außenrands im Zentralabschnitt des Tektogens (GLUSCHKO, DIKENSCHTEIN, SCHMIDT & GOLDBECHER 1976).
In der Bearbeitung und Auswertung des umfangreichen Datenmaterials nehmen auch die Fakten und Hinweise auf magmatische Erscheinungen und Prozesse im Übergangsbereich zwischen dem jüngeren (variszischen) Tektogen und älteren (kaledonischen und baikalischen bzw. dalslandischen) Einheiten sowie der präriphäischen Osteuropäischen Tafel einen bevorzugten Platz ein (z. B. BENEK, KATZUNG & RÖLLIG 1976). Das ergab sich aus praktischer Sicht bezüglich des Einflusses des Magmatismus auf die Kohlenwasserstoff-Führung. Zugleich wurden damit Fragen aufgeworfen, die auf eine Überprüfung und im gewissen Sinne auch auf eine Revision herrschender Auffassungen über das magmatische Geschehen in einem derartigen Krustenteil hinzielten. Das betrifft in erster Linie den subsequenten Magmatismus, dessen Auftreten zwar im engeren Tektogenbereich als mehr oder weniger selbständige geotektonisch-magmatische Etappe seit langem akzeptiert, aber für die Randsenke des Tektogens umstritten war oder sogar abgelehnt wurde. Aus diesem Grunde erscheint es zweckmäßig, einige Gedanken zu dieser Problematik zu äußern, ohne damit den Anspruch zu erheben, bereits heute eine erschöpfende Antwort zu geben.

2. Bisherige Anschauungen über den Bau des Untergrunds und die Bedeutung des jungpaläozoischen Magmatismus im nördlichen Mitteleuropa

Für die Behandlung des Problems der magmatischen Entwicklung im nördlichen Mitteleuropa ist es notwendig, einige der gesetzten Prämissen und Auffassungen über die Lage des variszischen Außenrands und die geotektonische Stellung des Vorlands kurz zu umreißen, ohne auf die Argumentationen eingehen zu können.
In fast allen Interpretationen wird vorausgesetzt, daß

— Europa generell in N—S-Richtung konsolidiert worden ist (Ur-, Pal-, Meso- und Neo-Europa) und demzufolge
— das nördliche Vorland der variszischen Geosynklinale stabilisiert war.

Die Unterschiede in den Vorstellungen lassen sich auf zwei Fragen reduzieren:

a) Welche(s) Alter besitzt das tief versenkte Fundament der Mitteleuropäischen Senke?
b) Wo liegen die Grenzen der verschieden alten Baueinheiten, insbesondere der Nordrand der Varisziden und der Südrand der präkambrischen Osteuropäischen Tafel?

Einmal wird ein direkter Kontakt dieser beiden Einheiten angenommen, wobei die Grenze

a) kulissenförmig versetzt den herzynisch streichenden Bruchzonen am Außenrand der Grundgebirgsschollen Harz, Flechtingen-Roßlauer Scholle, Lausitzer Masse und Sudeten (SHURAWLEW 1965a, LEWIN 1970a und b) bzw.
b) einem — ebenfalls NW—SE gerichteten — Lineament im Bereich Unterelbe—mittlere Oder—östliche Flyschkarpaten —Vor-Dobrudscha-Graben (Oder-Lineament — DVOŘÁK & PAPROTH 1969) folgt oder
c) in einiger Distanz zum ausstreichenden variszischen Grundgebirge etwa in der Achse der Mitteleuropäischen Senke W—E bis NW—SE verläuft (KÖLBEL 1959, BOGDANOW 1961 und 1968, FRANKE 1967a und b) bzw. die von Mittelengland (Midland-Kraton — siehe DUNNING & WATSON 1977) über die Nordsee zur Norddeutschen Tiefebene streichenden Baikaliden südlich der TORNQUIST-TEISSEYRE-Linie abschneidet (JANSCHIN 1967), ohne im Strukturbild des Deckgebirges bzw. geophysikalisch in Erscheinung zu treten.

In der ersten Variante wird ein wahrscheinlich riphäisch gefalteter Bereich zwischen der bezeichneten Grenze und der das epikarelidische Fundament im SW begrenzenden TORNQUIST-schen Linie ausgehalten, der sich vom Südostteil der VR Polen bis Mittelengland erstreckt (SCHATSKI & BOGDANOW 1961); auf ihr wurde die exogonale Mitteleuropäische Senke angelegt (SHURAWLEW 1965b). Nach der zweiten Variante waren die randlichen Teile der Osteuropäischen Tafel nördlich des Oder-Lineaments äußerst mobil; von dort wurde während des Karbons detritisches Material in das Oberschlesische Becken und vermutlich auch in das Nordwestdeutsche Becken geliefert. Lediglich im Westabschnitt ist ein kaledonisch konsolidiertes Gebiet zwischengeschaltet; es soll sich von den Ardennen bis in das Münsterland (FRANKE 1967a, DVOŘÁK & PAPROTH 1969) bzw. bis in das Gebiet zwischen Weser und Elbe (KÖLBEL 1959) oder gar bis in den Westteil der VR Polen (KÖLBEL 1968) erstrecken.
Zum anderen wird mit einer mehr oder weniger durchgehenden kaledonisch konsolidierten Zone zwischen variszischem Tektogen und Osteuropäischer Tafel gerechnet (v. GAERTNER 1960; SCHATSKI 1961a; KÖLBEL 1963; ZNOSKO 1963, 1964 und 1965; CZERMINSKI & ZNOSKO 1967; GLUSCHKO, DIKENSCHTEIN & SCHMIDT 1974; GLUSCHKO, DIKENSCHTEIN, SCHMIDT & GOLDBECHER 1976), deren Lage und Begrenzung in den Darstellungen der einzelnen Autoren allerdings beträchtlich differiert — von der NE-Grenze abgesehen, die zumeist übereinstimmend an die TORNQUIST-TEISSEYRE-Linie gelegt wird. Nach W sollen Verbindungen zu den kaledonischen Faltungsgebieten in Belgien bestehen; ein direkter Zusammenhang (nördlich des Ringkøbing-Fyn-Hochs) mit den norwegischen Kaledoniden (v. GAERTNER 1960, Variante 2; ZNOSKO 1964) kann wegen der Bohrergebnisse in Jütland zwangsläufig nicht mehr in Betracht gezogen werden.

Eingang des Manuskripts in der Redaktion: 4. 4. 1977.

Eng verbunden mit dem Problem der Nordgrenze der variszischen Faltung ist die Frage nach der Erstreckung der äußeren Zone(n) des Variszikums, insbesondere der Saumsenke. Hierzu haben in den letzten Jahren nur wenige Autoren eine klare Stellung bezogen. Folgende Möglichkeiten sind zunächst dargestellt bzw. diskutiert worden:

a) eine von W nach E durchgehende, im Gebiet der DDR allerdings verkümmerte oder eingeengte variszische Vortiefe (KÖLBEL 1963, MÖBUS 1968),
b) eine auf kurzer Strecke unterbrochene und am Mitteldeutschen Hauptabbruch nach SE versetzte Saumsenke (WIENHOLZ 1967),
c) eine sich an der Elbelinie heraushebende und östlich der Elbe endende Saumsenke (v. GAERTNER 1960, PAPROTH & TEICHMÜLLER 1961, FABIAN & MÜLLER 1962 u. a.).

Analog wurde das Durchstreichen der Faltenzüge der Subvariszischen Zone gedeutet.
Eine Begründung für die Unterbrechung der variszischen Vortiefe hat KÖLBEL (1968) bei der Behandlung der regionalgeologischen Stellung der DDR im Rahmen Mitteleuropas gegeben. Danach ist das Auftreten einer echten Vortiefe südlich der regionalen gravimetrischen und magnetischen positiven Prignitz-Anomalien — die auf die Existenz eines schildähnlichen Tafelmassivs zurückgeführt werden — unter Bezugnahme auf die von SCHATSKI (1961 b) gegebene Interpretation der Beziehungen von Schilden und Vorsenken wenig wahrscheinlich. Er rechnet allerdings mit einer vom Ruhrgebiet bis in den Raum der Lysagoriden durchstreichenden gefalteten Subvariszischen Zone; der Nordrand des variszischen (asturischen) Faltungsbereichs wird etwa auf der Höhe von Berlin angenommen (vgl. auch FRANKE 1967 a). KÖLBEL hält aber die Ausbildung einer aulakogenartigen Senke südwestlich der TORNQUIST-TEISSEYRE-Linie — in Ostmecklenburg und im Untergrund des Pommerisch-Kujawischen Antiklinoriums — für möglich, welche nach SE in die Subvariszische Vortiefe des Lubliner Gebiets übergeht.
Eine extreme, oben bereits angedeutete Auffassung vertreten DVOŘÁK & PAPROTH (1969). Sie sprechen sich zwar für eine Bedeckung des mobilen Rands der Osteuropäischen Tafel mit wechselnd mächtigen paläozoischen Sedimenten aus, lehnen aber eine Verbindung der „nördlichen" und „südlichen" Außenzone des variszischen Tektogens (Rhenoherzynikum und Sudetikum) in Form eines Faltenbogens und damit auch eine zusammenhängende Vorsenke ab; die Außenzonen sollen am Oder-Lineament abrupt absetzen.
In den Diskussionen über die Erstreckung der Saumsenke und den Nordrand der variszischen Faltung spielen weiterhin

— die gravimetrischen und magnetischen Anomalien der Prignitz (s. oben) sowie
— die Anzeichen magmatischer Aktivität am Nordrand und im vermuteten Vorland des variszischen Tektogens

eine nicht unwesentliche Rolle.
Als Ursache der Prignitz-Anomalien werden verschiedene Möglichkeiten — alte (prämesozoische bzw. präkambrische) wie auch junge (mesozoisch-känozoische) „Störkörper" — in Betracht gezogen (vgl. OLSZAK & TIERBACH 1973), ohne daß vorerst der einen oder der anderen der Vorzug gegeben werden kann. Von diesen Varianten hat nur die Deutung als „Paläomassiv" einen direkten Einfluß auf die hier angeschnittene Problematik. Danach resultieren die Anomalien aus der relativen Hochlage des präkambrischen Grundgebirges bzw. der südlichen Fortsetzung der rheinisch streichenden prägothidischen Eisengneise Südschwedens bis in das Norddeutsche Tiefland (v. GAERTNER 1960, KÖLBEL 1963). Dieses sogenannte Ostelbische Massiv soll bis zum Ende des Karbons (KÖLBEL 1968 u. a.) bzw. bis zum Ende des Devons (FRANKE 1967 b) paläogeographisch wirksam gewesen sein und den Verlauf der äußeren variszischen Faltenzüge beeinflußt haben (GLUSCHKO, DIKENSCHTEIN, SCHMIDT & GOLDBECHER 1976).
Lange Zeit ist die Erkenntnis, daß der Vulkanismus (bzw. Magmatismus) das Gebiet der eigentlichen Vortiefen bzw. Randsenken zu meiden pflegt und demzufolge in diesen auch keine vulkanogenen Formationen angetroffen werden (vgl. z. B. BROCKAMP 1955, BOGDANOW 1957, JANSCHIN 1967), neben dem Ausklingen der Faltung als gewichtiges Argument sowohl für die Abgrenzung der variszischen Randsenke vom Vorland als auch für deren Endigung im Bereich der Elbelinie verwendet worden (PAPROTH & TEICHMÜLLER 1961, FABIAN & MÜLLER 1962, TEICHMÜLLER 1962, DVOŘÁK & PAPROTH 1969 u. a.), zuletzt allerdings mit Vorsicht und Zurückhaltung (SCHROEDER 1968). Die jungpaläozoischen Vulkanite in Nordwestdeutschland einschließlich der Niederrheinischen Bucht (Kamp-Lintfort) wurden entsprechend als solche des Vorlands, die der Altmark als Subsequentite am Südrand der sich in diesem Bereich heraushebenden Randsenke gedeutet. Außer den seit langem bekannten synorogenen (asturischen) Plutonen in den Externiden (Cornwall, Devonshire, Hohes Venn, Harz, Ostsudeten) sind jetzt allerdings auch unmittelbar am Südrand und im Zentrum der Randsenke direkt und indirekt durch Kontakterscheinungen oder anomal hohe Inkohlung, in Verbindung mit hydrothermalen Vererzungen bzw. positiven magnetischen Anomalien, spätorogene tiefenmagmatische Prozesse des variszischen geotektonisch-magmatischen Zyklus bekannt geworden (PILGER & STADLER 1971; TEICHMÜLLER & TEICHMÜLLER 1971 a und b; HOTH, PAECH & KAMPE 1973), die das Postulat der amagmatischen Randsenke — zumindest für die am Nordrand des variszischen Tektogens gelegene — sehr zweifelhaft erscheinen lassen.
Kaum diskutiert wurden bisher Fragen der magmatischen Aktivität in Verbindung mit den kaledonischen Faltungsprozessen in dem hier betrachteten Raum. Bei den von GLUSCHKO, DIKENSCHTEIN & SCHMIDT (1974) erwähnten basischen Intrusiva im gefalteten Ordovizium von Nordrügen handelt es sich zweifellos um Gange oberkarbonisch-unterpermischer Eruptiva, die auf Mittel-Rügen sowohl intrusiv (im Devon und Karbon) als auch extrusiv auftreten (KRAMER & MUCKE 1973). Basalte silurischen Alters sind jedoch neuerdings auf Jütland in den Bohrungen Nøvling 1 und Rønde 1 angetroffen worden (CHRISTENSEN 1971, RASMUSSEN 1971).
Im Gegensatz zu der eingangs gesetzten Prämisse einer von N nach S fortschreitenden Konsolidierung Europas wird von BRAUSE (1970) für Mitteleuropa eine entgegengesetzte Richtung dieses Vorgangs angenommen. Nördlich des variszischen Tektogens blieb postvariszisch ein mehr oder weniger mobiler Raum (mit mehreren verfestigten Teilgebieten) erhalten, in dem sich während des Mesozoikums telekinetisch-synalpidisch primäre Randtröge im Sinne VOIGTS (1962) entwickelten, aus deren Verbreitung sich Hinweise auf den Außenrand der variszischen Faltung gewinnen lassen sollen.
Eine vermittelnde Stellung beziehen HOTH & HIRSCHMANN (1970), wenn sie für Mitteleuropa mit einer sowohl von den Rändern der benachbarten älteren Tafeln als auch von einigen embryonalen Kerngebieten innerhalb eines postulierten „europäischen Großgeosynklinalraums" ausgehenden schrittweisen Stabilisierung rechnen. In den verbliebenen labilen Resträumen, wie z. B. dem Nordwestdeutschen Tiefland und eventuell der Nordsee, soll möglicherweise der Abschluß des Konsolidierungsprozesses erst im Unterperm erfolgt sein — synchron zur Bildung der Spätmolassen in den zuvor stabilisierten Bereichen. Der Abschluß der tektogenetischen Entwicklung des Gesamtraums sei in variszischer Zeit erfolgt, wie aus der außerordentlich weiten Verbreitung des variszischen Magmatismus und der jungpaläozoischen Molassen gefolgert wird.
Schließlich sind noch neuere, aus den Erkenntnissen der Globaltektonik resultierende Interpretationen des mitteleuropäischen Senkungsfelds zu erwähnen (THIERBACH 1973, OLSZAK 1973, OLSZAK & THIERBACH 1973), die in der Bildung einer Keilspalte (Sphenochasma) bzw. im Wirken einer kontinentalen Strömungszelle in der Asthenosphäre ein wesentliches Element für die tektonische Formierung dieses Raums sehen.

3. Derzeitige Vorstellungen über die Entwicklung und den Bau des präpermischen Untergrunds im Zentralabschnitt der Mitteleuropäischen Senke

Paläogeographische Entwicklung

Die paläogeographische Entwicklung des Präperms im Zentralabschnitt der Mitteleuropäischen Senke verlief auf Grund ihres geotektonisch heterogenen Aufbaus regional unterschiedlich. Im N bzw. NE übten die präkambrisch konsolidierte Osteuropäische Tafel und ihr mobiler Südwestrand (Fennoskandische Randzone, Nordsee-Dobrudscha-Lineament, TORNQUIST-TEISSEYRE-Linie) bestimmenden Einfluß auf das paläozoische Sedimentationsgeschehen aus. Im S wurden Verlauf und Charakter der präpermischen Ablagerungsräume weitgehend durch präkambrische Teilblöcke am Nordrand der Böhmischen Masse bestimmt. Zwischen diesen Einheiten, innerhalb der Mitteleuropäischen Senke selbst, können sowohl stabile Resträume des kristallinen Fundaments (Ringkøbing-Fyn-Hoch, Niederländische Plattform, Ostelbisches Massiv, Wielkopolski-Block) als auch spezielle Senkungsabschnitte tektonisch aktivierter Zonen (Dänisch-Polnische Tafelrandsenke, variszische Saumsenke, invertierte Bereiche über bzw. am Rand von Tiefenbrüchen) zu einer weiteren Differenzierung des Gesamtbeckens geführt haben.

Die prädevonische Entwicklungsgeschichte

der Mitteleuropäischen Senke ist noch unzureichend geklärt. Dabei bleibt insbesondere die Frage der Reaktivierung bzw. -mobilisierung älterer, präriphäisch oder präbaikalisch versteifter Krustenabschnitte nach wie vor umstritten. Nach unseren gegenwärtigen, aus der Regionalanalyse gewonnenen Vorstellungen darf angenommen werden, daß spätestens mit dem Wendium eine neue sedimentäre Etappe einsetzte, die mehr oder weniger kontinuierlich zur eigentlichen kaledonischen (kambrosilurischen) Entwicklung überleitete.

Im E bildete sich ein relativ breiter, dem Südwestrand der Osteuropäischen Tafel parallel verlaufender und gegen diese staffelförmig abgesunkener Trog heraus, der sich als Dänisch-Polnische Tafelrandsenke in NW—SE-Richtung von der östlichen Nordsee bis in die Ukrainische und Moldauische SSR erstreckt. Diese im Nordwestabschnitt aulakogenartig ausgebildete Furche ist gegenüber ihren Nachbarräumen durch erhöhtes Mobilitätsverhalten gekennzeichnet, das vor allem in einem signifikanten Fazieswechsel von der karbonatisch-mergelig-tonigen Ausbildung auf den kratogenen Abschnitten der Tafel zu einer rein klastischen Entwicklung innerhalb der Tafelrandzone sowie den dabei auftretenden großen Mächtigkeiten zum Ausdruck kommt.

Auf Rügen wurde eine bis ca. 1500 bis 2000 m mächtige Folge von Tonsteinen, Siltsteinen, Sandsteinen und Grauwacken des Ordoviziums (hohes Tremadoc? bis tieferes Caradoc) nachgewiesen. Ähnlich hohe Mächtigkeiten (2000 bis 2500 m) werden auch im klastisch entwickelten oberen Silur Nordpolens (Übergangsbereich Baltische Syneklise — Tafelrandsenke) erreicht. Sie weisen in Verbindung mit spezifischen lithologischen, sedimentologischen und paläotektonischen Kriterien auf den geosynklinalartigen Charakter der Sedimentation hin (SCHMIDT & FRANKE 1977).

Während im E ein kontinuierlicher Übergang des Sedimentationsbereichs der Dänisch-Polnischen Tafelrandsenke in das baltosarmatische Schelfgebiet der Osteuropäischen Tafel durch zahlreiche Bohrungen im nordost- bis ostpolnischen Raum sicher belegt ist, erweist sich die Abgrenzung der Tafelrandsenke nach W auf Grund der großen Tiefenlage des Präperms schwieriger. Einerseits können hier größere Festlandsgebiete (Ringkøbing-Fyn-Hoch, Norddeutsches Festland) existiert haben, die einmal als Sedimentliefergebiete fungierten und zum anderen eine Trennung von den kaledonischen Geosynklinaltrögen Westeuropas bewirkten. Andererseits scheinen aber zumindest zeitweilig auch direkte Verbindungen zu den tiefpaläozoischen Ablagerungsräumen der späteren Rhenoherzynisch-Subsudetischen Zone bestanden zu haben.

An der Wende Silur/Devon

kam es im Zuge der jungkaledonischen tektogenetischen Bewegungen im Bereich der Dänisch-Polnischen Tafelrandsenke zur Dislozierung der tiefpaläozoischen Trogfüllung, zu ihrer teilweisen Heraushebung und Erosion. Damit entstand am Südwestrand der Osteuropäischen Tafel ein von den Dänischen Inseln über die VR Polen bis zur Dobrudscha reichendes lineamentäres Falten- und Dislokationssystem (BOCHMANN & SCHMIDT 1972, GLUSCHKO, DIKENSCHTEIN & SCHMIDT 1974), das im Zentralabschnitt, d. h. auf Rügen und in Nordpolen, offensichtlich seine stärkste, im NW (nördlich des Ringkøbing-Fyn-Hochs) und SE (Dobrudscha) wahrscheinlich geringere Beanspruchung erfuhr. In den südlichen, bereits zur variszischen Geosynklinale gehörenden Abschnitten der Senke können stärkere orogenetische Bewegungen zu kaledonischer Zeit dagegen nicht nachgewiesen werden. Hier sind marine Kontinuität und allmähliche Übergänge von der verbreiteten Schwarzschieferfazies des Silurs zu einer mehr tonig-mergelig-karbonatischen Frischwasser-Ausbildung des tieferen Devons kennzeichnend.

Die devonisch-karbonische Entwicklung

verlief entsprechend der geotektonisch variierenden Stellung in den einzelnen Teilabschnitten der Senke unterschiedlich. Sie begann im N, im Einflußbereich der kaledonischen Tektogenese, mit dem Molassestockwerk des Old Red. Dabei ist die Begrenzung der Ablagerungsgebiete vom nordeuropäischen Old Red-Kontinent noch problematisch. Stärkere Beckendifferenzierung auch auf kürzere Erstreckung ist möglich. Sie wird rasch wechselnde lithologische Ausbildung und stärkere Mächtigkeitsschwankungen zur Folge gehabt haben.

Das auf Rügen-Hiddensee in Tiefbohrungen angetroffene Old Red setzt sich aus überwiegend rot- bis violettbraun gefärbten terrestrischen Sand-, Silt- und Tonsteinen zusammen. Mit mehr als 1500 m werden Mächtigkeiten erreicht, die aus anderen Gebieten der Mitteleuropäischen Senke bisher nicht bekannt wurden. Einzelne, meist auf marine Ingressionshorizonte beschränkte Fossilfunde erlauben eine Einstufung dieses klastischen Gesteinskomplexes in das höchste Unterdevon (Ems) und das Mitteldevon (Eifel und Givet). Zur Ausbildung des Old Red in der östlich angrenzenden Koszalin-Chojnice-Zone (Nordpolen) bestehen sowohl lithologisch als auch hinsichtlich der stratigraphischen Stellung unmittelbare Parallelen.

Im Südteil der Mitteleuropäischen Senke gelangten im Unterdevon und tieferen Mitteldevon mächtige marin-klastische Serien zur Ablagerung, die durch Einschaltung von Rostsedimenten, Konglomerathorizonten, Randnähe anzeigenden Fossilgemeinschaften und anderen signifikanten Merkmalen auf die Nähe des sedimentliefernden Old Red-Kontinents hinweisen. Diese „rheinische Fazies“ des Devons läßt sich von Südwestengland über das Rheinische Schiefergebirge in abgeschwächter Form bis nach Zentralpolen verfolgen. Wie sich der Übergang dieser vornehmlich marinen Außenmolassen (BROUWER 1967) zu den terrestrischen Innenmolassen des Old Red vollzog, ist gegenwärtig noch nicht bekannt.

Im höheren Mitteldevon, verstärkt noch im Oberdevon, hoben sich mit den weithin wirksam gewordenen Transgressionen die lithofaziellen Unterschiede zwischen variszischer Geosynklinale im S und prävariszischem Vorland im N teilweise auf. In Analogie zu den regionalgeologischen Verhältnissen, wie sie im westdeutschen Raum (Rheinisches Schiefergebirge und nördlich angrenzendes Gebiet) angetroffen wurden, kann auch für den Zentralabschnitt der Mitteleuropäischen Senke — setzt man annähernde Kontinuität im Verlauf der einzelnen Großfazieseinheiten voraus — eine Gliederung des Gesamtbeckens in einen zentralen (variszischen) Trograum, einen externen (außervariszischen) Schelf und einen zwischen beiden vermittelnden breiten Übergangsbereich angenommen werden.

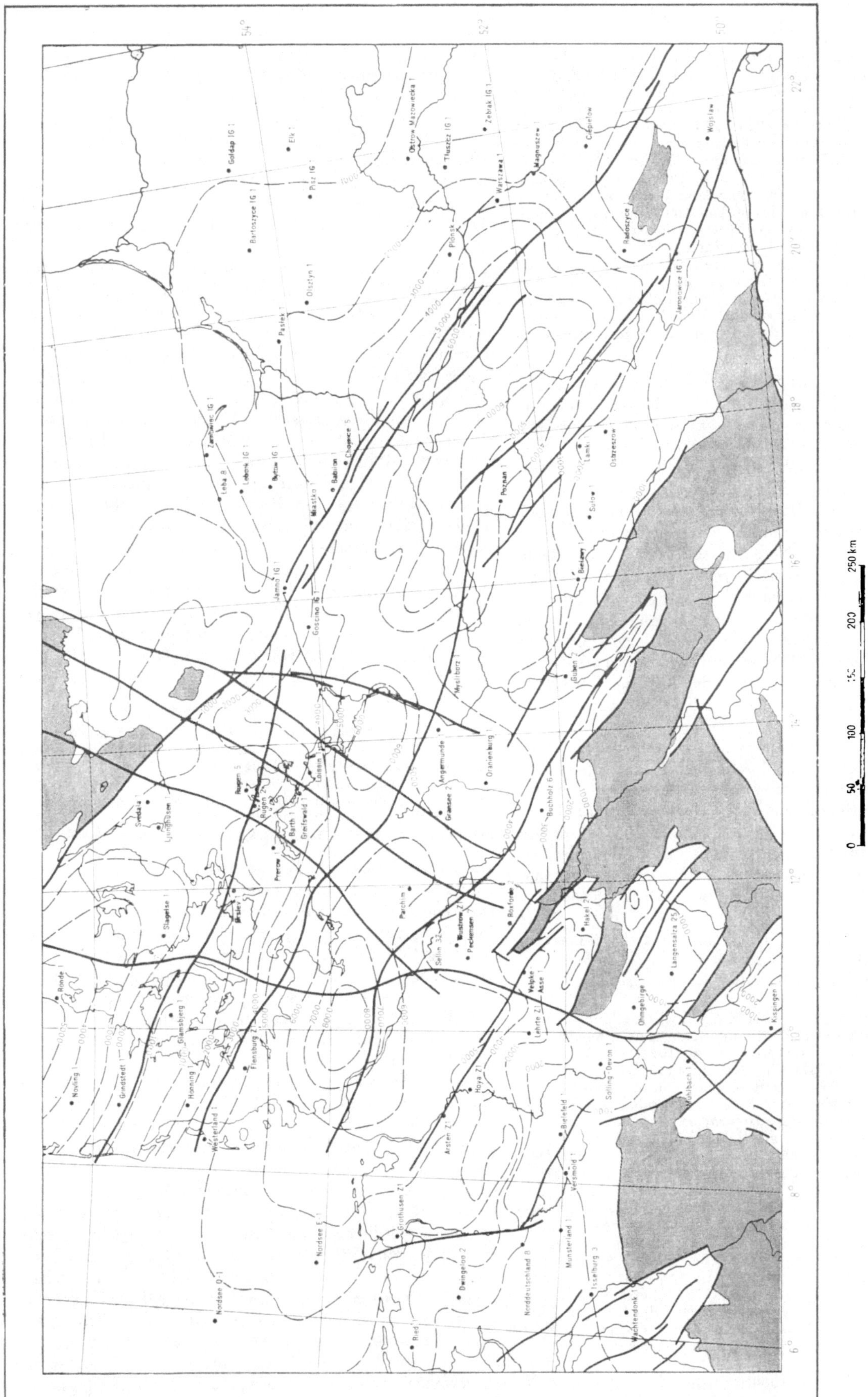

Abb. 1: Tiefenlage und Strukturbau des Präperms im Zentralabschnitt der Mitteleuropäischen Senke

Im Zusammenhang mit initialen variszischen Bewegungen, die sich vor allem im orogenwärtigen Südteil der Senke in magmatischen In- und Extrusionen, in der Ausbildung einzelner Becken- und Schwellenelemente, in Heraushebungen und damit verbundenen Erosionsdiskordanzen sowie anderen Kriterien dokumentieren, erfolgte eine lithologische Differenzierung zwischen vorwiegend terrigenen tonig-sandigen Serien und biogenen karbonatisch-mergeligen Ablagerungen, unter denen insbesondere Riffbildungen auf vulkanischen Rücken oder alten Schollenrändern Bedeutung erlangten. Weiter nördlich, im Bereich des externen Schelfs, sind ausgeglichenere paläogeographische Verhältnisse kennzeichnend. Auf Rügen wurde, eingeleitet im höheren Givet, eine bis ca. 1500 m mächtige Folge mariner mergelig-toniger, zuweilen auch vermehrt kalkig-dolomitischer Gesteine mit nur untergeordneten Silt- und Sandsteinzwischenschaltungen abgelagert, die erst im Famenne mit erhöhtem Anteil klastischer Komponenten, mit gelegentlichen Rotfärbungen sowie spezifischer Faunenführung wieder gewisse regressive Züge erkennen läßt. Ähnlich, wenngleich faziell stärker variierend, ist die Ausbildung des höheren Devons auch im nordpolnischen Raum.

Das Unterkarbon wird paläotektonisch durch den Gegensatz zwischen Kulm der variszischen Geosynklinale und Kohlenkalk des prävariszischen Vorlands charakterisiert. Dabei wird der Südabschnitt der Mitteleuropäischen Senke, wie durch zahlreiche Bohrungen in der Hessischen Senke, im Raum der Altmark, in Nordbrandenburg und auf der subsudetischen Monoklinale belegt werden konnte, noch von der bis ins tiefere Namur hineinreichenden klastischen Kulmfazies beherrscht. Nördlich schließt sich wahrscheinlich ein Bereich geringmächtiger pelagischer Tonstein-Kieselschiefer-Ablagerungen an (vgl. Bohrung Münsterland 1), der als äußere Zone der Kulmentwicklung zum Karbonatschelf des Vorlands vermittelt. Das Ergebnis der Bohrung Loissin 1 läßt vermuten, daß Verzahnungen kulmischer Elemente mit solchen des Kohlenkalks sowohl im vertikalen Profilaufbau als auch in der horizontalen Verbreitung auftreten.
Der Nordrand der Mitteleuropäischen Senke wird von einem von den Britischen Inseln über Belgien, die BRD, Dänemark (Bohrung Ørslev 1), Rügen, Nordpolen bis in das Lubliner Becken und das Karpatenvorland reichenden „Kohlenkalkgürtel" eingenommen. Auf geotektonisch unterschiedlichen (präkambrischen und kaledonischen) Einheiten angelegt, kamen hier hauptsächlich karbonatisch-tonige Sedimente eines Flachschelfs zur Ablagerung. Fazielle Sonderentwicklungen, wie sie in den stärker klastischen Profilen von Hiddensee auftreten, besitzen offenbar nur lokalen Charakter bzw. sind auf die stratigraphisch höheren Bereiche (Obervisé) beschränkt.

Auf Rügen begann die eigentliche Kohlenkalkausbildung bereits im höchsten Devon (Etroeungt) und reichte ohne nennenswerte Unterbrechungen bis in das obere Visé (vgl. HOFFMANN, LINDERT, WEYER & ILLERS 1975). Die Mächtigkeiten erlangen Werte bis zu 2000 m und weisen somit — wie schon im Devon — auf die auch postkaledonisch starke Senkungstendenz im Bereich des Südwestrandbruchs der Osteuropäischen Tafel hin. Die erhöhte Mobilität des Untergrunds wird weiterhin durch engräumige Fazies- und Mächtigkeitsschwankungen, durch Diskordanzen und Schichtlücken sowie vulkanische Aktivitäten angezeigt. So erfolgten zeitlich synchron mit den sudetischen orogenetischen Bewegungen in den inneren Teilen der variszischen Geosynklinale im Tafelrandbereich Hebungen, bruchtektonische Dislozierungen sowie Abtragungen, die eine unterschiedlich große, nordostwärts zunehmende Schichtlücke und Winkeldiskordanzen zwischen Unter- und Oberkarbon bedingten. Während an der Festlandsküste oberes Visé 3c und Namur A fehlen, transgrediert am Nordrand der heutigen Karbonverbreitung (Mittelrügen) Westfal A auf verschiedene Einheiten des Unterkarbons, örtlich sogar auf Oberdevon.

Gegen Ende des Unterkarbons wurde infolge der nach N gerichteten Ausweitung des variszischen Geosynklinalbereichs auch das ursprüngliche Schelfgebiet in das variszische Sedimentationsregime einbezogen. Eine tonig-sandige, flyschoide Fazies herrschte in weiten Teilen der Mitteleuropäischen Senke vor (vgl. SCHMIDT & FRANKE 1975). Sie erstreckte sich während des höheren Visé bei Kornverfeinerung offensichtlich bis in das Küstengebiet der DDR. Es bildete sich eine Randsenke heraus, deren Hauptsenkungsachse bis zum hohen Westfal eine kontinuierliche Verlagerung von S (Flechtinger Scholle) nach N (Nordost-Mecklenburg) erfuhr und dort zugleich als Tafelrandsenke fungierte (Mecklenburg-Pommersche Senke).
Lithologisch kennzeichnend für das molassoide Oberkarbon im Zentralabschnitt der Mitteleuropäischen Senke sind Sandstein-Siltstein-Tonstein-Wechsellagerungen mit geringmächtigen Einschaltungen von einzelnen Kohleflözchen, Konglomeratbänken, Kaolin-Kohlentonsteinlagen und tuffitischen Horizonten. Die unteren paralisch entwickelten Profilabschnitte sind überwiegend grau, die höheren limnisch-fluviatilen bis semiarid-kontinentalen Serien dagegen rot- bis violettbraun gefärbt. Die Grenze zwischen „Grauer Folge" und „Roter Folge" liegt im unteren Westfal C. Biostratigraphische Einstufungen sind auf der Grundlage der Makro- und Mikroflorenführung sowie lokaler mariner Schichtlagen (insbesondere Ägir-Horizont im Grenzbereich Westfal B/C) möglich. Danach sind höchstes Namur A und Namur B sowie Westfal A—C nachgewiesen. Auf das Vorhandensein von Westfal D/Stefan wird vor allem aus der Profilentwicklung geschlossen. Die Gesamtmächtigkeiten erreichen am Beckenrand (Rügen—Hiddensee) durchschnittlich 1000 m, in den weiter beckenzentral gelegenen Abschnitten der Senke mehr als 3000 m.

Entgegen bisherigen Annahmen (FABIAN 1971, HEDEMANN & TEICHMÜLLER 1971) bestand östlich der Elbe (Ostelbisches Massiv) zumindest während des tieferen Oberkarbons kein größeres Festland (SCHMIDT 1975, SCHMIDT & KRULL, im Druck). Dies ist insbesondere durch den Nachweis von mächtigem Namur B in der Bohrung Parchim 1 (allein mehr als 500 m oberes R 1a bis unteres R 2b — SCHMIDT & FRANKE, im Druck) gesichert.

Die von S vorrückende Tektogenese hat — von der Rhenoherzynischen Zone ausgehend — auch die Randsenke ergriffen und zur Auffaltung der südlichen Randzone (Vor- oder Saumsenke) vermutlich an der Wende Westfal/Stefan geführt; der überwiegende Teil der Senke ist allerdings ungefaltet geblieben. Es entstand der asturische Teil des variszischen Tektogens, dem ein nichtgefaltetes, jedoch bruchtektonisch disloziertes Vorland über kaledonisch (und präkambrisch?) konsolidiertem Untergrund vorgelagert ist.
Nach der Heraushebung und Denudation am Ende des Karbons und wohl noch zu Beginn des Autuns setzte im Variszikum und im Vorland über einer regionalen Diskordanz ein intensiver Vulkanismus ein; die magmatischen Aktivitäten waren wohl vor dem Maximum der saalischen tektonischen Vorgänge beendet (BENEK, KATZUNG & RÖLLIG 1976). Im Anschluß daran entwickelte sich die das ganze nördliche Mitteleuropa in W—E-Richtung einnehmende Mitteleuropäische Saxonsenke. Es kam zur Ablagerung einer über 1000 m mächtigen klastischen Folge, der im Bereich des Elbeunterlaufs und der Deutschen Bucht salinare Sedimente eingeschaltet sind (TRUSHEIM 1971, KATZUNG & SIGENEGER, im Druck). Während des Zechsteins und älteren Mesozoikums breitete sich diese embryonale Tafelsenke zur großen Mitteleuropäischen Epikontinentalsenke aus.

Struktureller Bau und geotektonische Rayonierung

Das variszische Tektogen erstreckt sich weiter nach N als noch bis vor kurzem angenommen worden ist. Die Nordgrenze liegt nördlich der Bohrungen Lehrte Z1, Peckensen 7, Gransee 2, Angermünde 1 und Myslibórz 1 (vgl. SCHMIDT & FRANKE 1975, GLUSCHKO, DIKENSCHTEIN, SCHMIDT & GOLDBECHER 1976). Ihr genauer Verlauf und ihre Ausbildung — vor allem hinsichtlich der Bedeutung von Tiefenbrüchen — sind jedoch noch ungeklärt.

Eine Interpretation geht davon aus, daß das durch die positiven regionalen gravimetrischen und magnetischen Prignitz-Anomalien abgebildete Ostelbische Massiv trotz der gesamten, unter verschiedenen Gesichtspunkten diskutierten Problematik als präkambrisch konsolidierte und eventuell teilweise kaledonisch überprägte Scholle existiert und die variszische Tektogenese maßgeblich beeinflußt hat. Die Faltung endete mehr oder weniger abrupt an den das Massiv im SW (Wittenburg-Havelberger Störung) und SE (Neuruppiner Tiefenbruch) begrenzenden Bruchzonen, weiter östlich biegt der variszische Faltenbogen weit nach N bis an den Südostabschnitt des Rostock-Gramzower Tiefenbruchs aus (GLUSCHKO, DIKENSCHTEIN, SCHMIDT & GOLDBECHER 1976). Von dort setzt er sich in SE-Richtung in der VR Polen fort.
Bei einer anderen Deutung spielt das Ostelbische Massiv keine dominierende Rolle. Die vom Südrand des Brabanter Massivs durch das Münsterland und den Raum Hannover verlaufende Nordgrenze der Faltung streicht — nach stärkerer Ausbuchtung nach N — südlich der Bohrung Parchim 1 in W—E-Richtung durch das Gebiet der Prignitz-Anomalien und biegt dann in der Uckermark (etwa im Bereich des Rostock-Gramzower Tiefenbruchs) nach SE um. Die Faltung klingt — wie in Nordrhein-Westfalen (BRD) — bei „freier" Entwicklung zum Vorland allmählich aus. An den alpinotypen Baustil schließen ohne scharfe Grenze zunächst mediotype Strukturen und schließlich der Bruchschollenbau des Vorlands an (SCHMIDT 1975, KATZUNG & KRULL, im Druck, FRANKE, im Druck).

Südwestlich der präbaikalisch konsolidierten Osteuropäischen Tafel, deren Rand durch die Fennoskandische Randzone und die TORNQUIST-TEISSEYRE-Linie markiert wird, liegt — vermutlich unter Einschaltung einer jungpräkambrisch (dalslandisch bzw. baikalisch) konsolidierten Zone mit ebenfalls jüngstpräkambrisch-altpaläozoischem Deckgebirge — das oben bereits erwähnte jungkaledonische Falten- und Dislokationssystem, das sich im Nordteil der DDR vermutlich bis zum Rostock-Gramzower Tiefenbruch nach SW ausdehnt. Es handelt sich wahrscheinlich um ein aulakogenartiges, jedenfalls aber selbständiges Krustenelement 1. Ordnung (TESCHKE 1975), dessen Sonderstellung durch die hohe Mobilität über einen sehr langen Zeitraum unterstrichen wird: Unmittelbar vor der stabilen alten Tafel wurden mehrere tausend Meter Ordovizium und Silur, über diesen deformierten Serien bis über 5000 m Devon und Karbon abgelagert; mit lokal mehr als 2000 m mächtigen Eruptiva des Autuns begann ein Zeitabschnitt wiederholter vulkanischer Aktivitäten (s. unten); auch während des Mesozoikums wurden maximale Absenkungsbeträge erreicht (Dänisch-Polnische Furche). Die Aktivität dieser Zone zeigt sich überdies in der nichtstationären Lage der Senkungsachsen, die vom Devon bis zum Saxon im Raum Rügen—Küstengebiet der DDR nach SW wanderten.
Während an diese kaledonisch beanspruchte Zone im SE das variszische Faltensystem direkt anschließt, schiebt sich im NW das Ostelbische Massiv ein, für das in Analogie zum Ringkøbing-Fyn-Rücken ein dalslandisches Konsolidationsalter angenommen werden könnte. Im Gegensatz zum Ringkøbing-Fyn-Rücken ist es aber, spätestens mit dem Oberkarbon beginnend, tief abgesunken. Die weitgehende Kongruenz der gravimetrischen und magnetischen Anomalien mit den Bereichen sehr hoher Mächtigkeiten des Saxons und der Trias sowie dem Tiefenlinienplan der Zechsteinbasis verweist zumindest auf eine während dieser Zeitabschnitte und bis zur Gegenwart besonders mobile Scholle im Untergrund.

Eine sehr alte, prävariszische, ja präkaledonische Anlage der durch diese Scholle begrenzenden Brüche sowie des gesamten Bruchsystems im nördlichen Mitteleuropa überhaupt liegt auf der Hand. Das gilt nicht nur für den Tafelrand (Nordsee-Dobrudscha-Lineament) und die NW—SE streichenden Brüche bis weit in das südwestliche „Vorfeld" der Tafel (Rostock-Gramzower Tiefenbruch, Sudeten-Nordrandstörung, Lausitzer Hauptabbruch, Gardelegen-Wittenberger Abbruch und Elbe-Lineament, Abbruch von Haldensleben, Harz-Nordrandstörung, Verwerfungssystem der Thüringer Senke, Fränkisches Lineament), sondern gleichermaßen für ein submaridionales („rhenotypes") Bruchsystem, welches vom Rhone-Rhein-Rift im W ostwärts bis zu Oder-Kalmarsund-Störung reicht (vgl. LAUTERBACH 1953/54).

Die Durchkreuzung beider Systeme im zentralen Mitteleuropa bedingt ein mannigfaltiges Schollenmosaik des Unterbaus, das nur teilweise im heutigen Kartenbild in Erscheinung tritt, sich im Gefolge der geophysikalischen und geologischen Tiefenerkundung aber auch in den durch mächtiges Deckgebirge verhüllten Bereichen immer deutlicher abzeichnet (vgl. GLUSCHKO, DIKENSCHTEIN, SCHMIDT & GOLDBECHER 1976). Für die Entstehung vieler Deckgebirgsstrukturen der Norddeutsch-Polnischen Senke ist überdies ein Zusammenhang mit Aktivitäten an diesen Dislokationen des Untergrunds offensichtlich, wie z. B. die Anordnung der Salinarstrukturen und die Erstreckung der Salzwände zeigt, für andere kann ein solcher angenommen werden. Vor allem in der Endphase der variszischen Entwicklungsetappe waren diese regionalen Brüche in unterschiedlichem Maße aktiv und haben sowohl die Abtragungs- und Sedimentationsvorgänge der posttektogenetischen Molassen als auch die magmatischen Prozesse der „Subsequenzperiode" im Variszikum gesteuert bzw. nachhaltig beeinflußt. Inwieweit das auch für den Magmatismus im nördlichen Mitteleuropa zutrifft, wird im folgenden untersucht.

4. Die Entwicklung des Magmatismus im nördlichen Mitteleuropa

Magmatite des Deckgebirges

Magmatische Gesteine treten im Deckgebirge der Mitteleuropäischen Senke und deren Umrandung häufiger auf, als auf den ersten Blick erscheinen mag. Die magmatischen Aktivitäten umfassen den Zeitraum vom jüngsten Präkambrium bis zum Quartär:

1. basische Vulkanite des Riphäikums und Wendiums im Grenzbereich VR Polen/UdSSR (Westflanke des Ukrainischen Schilds) — (vgl. TESCHKE 1973);
2. saure bis intermediäre Laven, Tuffe und subvulkanische Körper von sehr wahrscheinlich jüngstpräkambrischem Alter im Bereich des Midlandkratons von Großbritannien (DUNNING & WATSON 1977);
3. Gänge und Eruptionsschlote von Alkaligesteinen (und Karbonatiten) im präkambrischen Basement Südnorwegens, für die radiometrisch ein eokambrisches Alter gesichert erscheint (RAMBERG & BARTH 1966);
4. Diabase im Silur Jütlands (Dänemark) von allerdings unklarer geotektonischer Position (CHRISTENSEN 1971, RASMUSSEN 1971);
5. basische und saure Effusiva sowie Diabasgänge von wahrscheinlich kambrosilurischem Alter im Nordostteil der VR Polen (ZNOSKO & PAJCHLOWA 1968);
6. basische bis saure, petrographisch sehr variable Eruptiva des Unter- und Mitteldevons in Schottland (MERCY 1965)

— Kalkalkalimagmatite der kaledonischen Subsequenzperiode;

7. ganz vorherrschend alkali-basische Laven und Sills des Dinants, Namurs und Westfals im Midland-Valley Schottlands (FRANCIS 1965);
8. basische und saure Effusiva, Tuffe und Tuffite des Obervisés im Lubliner Becken, im Krakauer Hochland, im Oberschlesischen Becken (LENDZION et al. 1970, BUKOWY 1970) und im Küstengebiet der DDR (Bohrung Loissin 1);
9. die weit verbreiteten Kaolinkohlentonsteine des Westfals in der Randsenke und im Vorland (z. B. Frankreich, Belgien, Niederlande, BRD, DDR) sowie in den Innensenken (z. B. Saar-Senke — BRD) des variszischen Tektogens einschließlich kleinerer Effusionen (z. B. Erzgebirge — DDR, Innersudetische Senke — VR Polen/ČSSR) — vgl. KIMPE (1967); BURGER, ECKARDT & STADLER (1962); KNEUPER (1971); PIETZSCH (1962); GROCHOLSKI & KOZŁOWSKI (1970);
10. die in der Mitteleuropäischen Senke und deren Umrandung sowie weit darüber hinaus verbreiteten Magmatite des Stefans und Autuns (vgl. Abschnitt spätvariszischer Magmatismus);
11. jurassische Alkali-Olivin-Basalte in der südlichen und nördlichen Nordsee, Südwestengland, den nordwestlichen Niederlanden und Zentralschonen (HOWITT, ASTON & JACQUÉ 1975; HALLAM & SELLWOOD 1968; COTTENÇON, PARANT & FLACELIÈRE 1975; KLINGSPOR 1976);
12. der frühoberkretazische Bramscher Lakkolith im Bereich des Niedersächsischen Tektogens (BRD), gleichalte Diabas- und Doleritgänge des Westemslands (BRD) und der östlichen Niederlande, nur wenig ältere Basalte in Zentralschonen sowie Tuffite der Oberkreide im N der BRD und der DDR (STADLER & TEICHMÜLLER 1971; KLINGSPOR 1976; DORN & BRÄUTIGAM 1959; STÖRR 1967);
13. vermutete größere Intrusivkörper sowie Sills und Gänge vor der englischen Ostküste, für die ein oberkretazisch-tertiäres Alter und ein Zusammenhang mit der Intrusion von Bramsche angenommen wird (EAMES 1975);
14. Basaltaschen des Paläozän/Eozäns in der Nordsee, den Niederlanden, Südost-England, Dänemark sowie im Nordteil der BRD und DDR (PETERSEN, ENGELL & RØNSBO 1975; JACQUÉ & THOUVENIN 1975; HENNING 1977 u. a.); in diese Periode vulkanischer Aktivitäten gehören auch die im Skagerrak nachgewiesenen bzw. vermuteten Basalte (NOE-NYGAARD 1965, ÅM 1973) sowie Basalte in den Kohlenfeldern Schottlands;
15. miozäne bis altpliozäne Basalte im Solling, Teutoburger Wald und im Braunschweiger Raum der BRD (vgl. DORN 1957);
16. geringmächtige Tufflagen des Laacher Bimsvulkanismus im Spätglazial des Südhannoverschen Berglands, Brandenburgs und Mecklenburgs (FIRBAS 1954, MÜLLER 1965), als letzte Anzeichen des erlöschenden neogenen Vulkanismus.

Der Chemismus der Magmatite variiert von sauer bis extrem basisch. Neben den dominierenden, teilweise sehr charakteristischen Alkaligesteinen sind kalkalkalische Eruptiva vertreten. Die publizierten Daten über den Stoffbestand erlauben die Schlußfolgerung, daß sowohl in der regionalen Verteilung als auch in der zeitlichen Folge beider Typen die jeweiligen Krustenzustände abgebildet werden:

Der Deckgebirgsmagmatismus auf der „alten" Osteuropäischen Tafel (1, 3, 8 z. T., 10 z. T.) sowie während des Meso- und Känozoikums (11, 12, 14, 15), d. h. im präriphäischen Konsolidationsbereich bzw. (und!) mit großem zeitlichen Abstand nach den präkambrischen und paläozoischen Tektogenesen, ist vorherrschend basisch und alkalibetont. Die intermediären und sauren Glieder dieser Tafelmagmatite (permische Eruptiva im Oslogebiet sowie paläozän-eozäne Aschen Jütlands) sind als Differentiationsprodukte der aus dem oberen Mantel stammenden basischen Magmen anzusprechen.

Im Gegensatz dazu weisen die kurzzeitig nach den Tektogenesen im Tektogenbereich und in dessen unmittelbarer Nachbarschaft geförderten Eruptiva (6, 10 z. T., eventuell 2) kalkalkalischen und gemischt sauer-intermediär-basischen Chemismus auf. Die Magmen entstanden ganz vorherrschend durch Aufschmelzungen in krustalen Niveaus im Gefolge der tektogenetischen Prozesse. Für basische Glieder muß allerdings zumindest teilweise eine Herkunft aus dem oberen Mantel bei mehr oder weniger stärkerer Kontamination mit krustalen Schmelzen in Betracht gezogen werden.

Die Entwicklung der Kruste vom „quasikratonischen" zum „vollkratonischen" Zustand ist beispielhaft im Midland Valley der schottischen Kaledoniden durch die kalkalkalischen Eruptiva des Unter- und Mitteldevons (6) sowie die Alkaligesteine des Dinants bis Westfals (7) belegt. Eine regionale Differenzierung des Magmatismus auf Grund des unterschiedlichen Konsolidationsgrads zeichnet sich im Anschluß an die variszische Tektogenese während des Stefans und Autuns ab.

Spätvariszischer Magmatismus

Eruptiva des Stefan-Autuns sind vom Mittelmeerraum (Pyrenäen und Korsika) bis in die nördliche Nordsee (Brent-Erdölfeld) sowie von Devonshire in Südwest-England und den Southern Uplands Schottlands südostwärts bis in das Karpaten-Balkan-Gebiet (Meczek, Munții Apuseni, Stara Planina u. a.) verbreitet. Gehäuft und teilweise in großen Mächtigkeiten treten sie in einer etwa 300 km breiten N-S streichenden Zone auf, die im W von der Mittelmeer-Mjösen-Zone im Sinne STILLES begrenzt wird (Abb. 2). Dazu gehören die sehr zahlreichen Vorkommen

— in den Westalpen und im Westteil der Südalpen,
— am Westrand der Süddeutschen Großscholle,
— auf der Mitteldeutschen Großscholle,
— im Nordteil und am Nordrand der Böhmischen Masse,
— im Zentralabschnitt der Mitteleuropäischen Senke und
— im Oslograben.

Sowohl hinsichtlich der flächenmäßigen Erstreckung als auch in Bezug auf die Menge des geförderten Materials handelt es sich um die bedeutendste Eruptivperiode in der — unterschiedlich lange Zeitabschnitte umfassenden — Deckgebirgsentwicklung des hier betrachteten Areals.

Die magmatischen Aktivitäten waren an die ausklingenden tektonischen Prozesse des variszischen Zyklus gebunden. Sie sind deshalb in ihrer Gesamtheit als spätvariszisch zu bezeichnen, trotz des Auftretens in verschieden alten (prävariszischen, variszischen und postvariszischen) Konsolidationsbereichen und des unterschiedlichen Charakters der Magmen. Die Eruptiva im Variszikum und Alpidikum besitzen kalkalkalischen Chemismus. Es sind Produkte des variszisch-subsequenten Magmatismus, der mit seiner weiten Verbreitung bis Süd- und Südosteuropa die Wirksamkeit der variszischen Tektogenese auch in dem später alpidisch geprägten bzw. überprägten Raum nachdrücklich unterstreicht. Die basischen Alkaligesteine und deren intermediäre bis saure Derivate im nördlichen Vorland der variszischen Faltung (Nordengland und Südschottland, britischer und dänischer Sektor der Nordsee, Oslograben, Jütland, Schonen) repräsentieren den Tafelmagmatismus der spätvariszischen Eruptivperiode.

Unter den spätvariszischen Eruptivgebieten nimmt die im Zentralabschnitt der Mitteleuropäischen Senke gelegene (Abb. 2) quantitativ und im Hinblick auf die aus der präpermischen Entwicklung abgeleitete regionaltektonische Situation (Abschnitt 3) eine Sonderstellung ein. Insgesamt handelt es sich um eine sedimentarme bis sedimentfreie Eruptivserie, die ein mehr oder weniger geschlossenes Areal vom Nordteil der BRD bis in die westlichen Gebiete

Zeitschrift für angewandte Geologie, Bd. 23 (1977), Heft 9

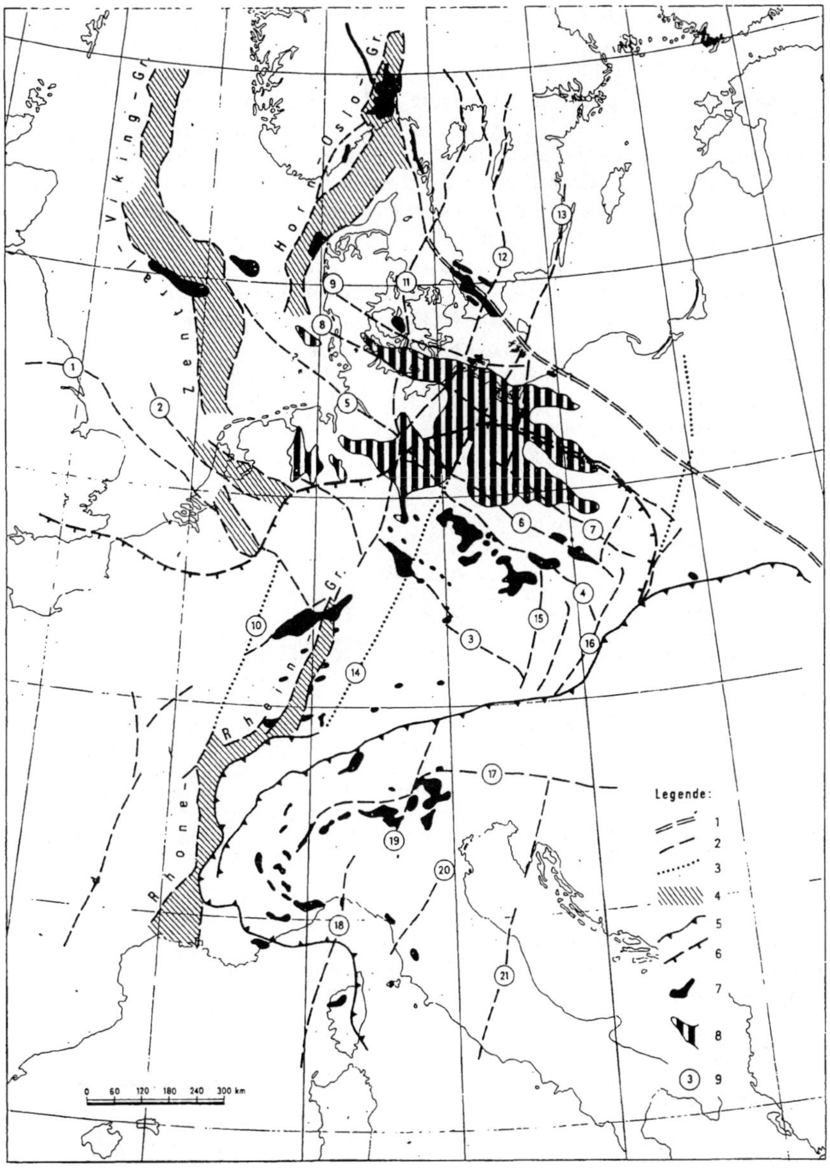

Abb. 2. Verbreitung jungpaläozoischer Magmatite im Kreuzungsbereich rhenotyper und herzynischer Brüche Mittel-, Nord- und Südeuropas

(Die vergleichsweise unbedeutenden und nur sehr schwer auszugliedernden jungoberkarbonischen und unterpermischen Vulkanite der Ostalpen und Westkarpaten sind nicht dargestellt!)
1 — Nordsee-Dobrudscha-Lineament (Fennoskandische Randzone — TORNQUIST-TEISSEYRE-Linie); 2 — bedeutende Bruchzonen; 3 — bedeutende Schwächezonen; 4 — bedeutende Grabensysteme; 5 — alpidischer Außenrand; 6 — variszischer Außenrand; 7 — bedeutende Vorkommen jungpaläozoischer Vulkanite (einschließlich zugehöriger Intrusivkörper) außerhalb der Mitteleuropäischen Senke; 8 — Verbreitung jungpaläozoischer Vulkanite im Untergrund der Mitteleuropäischen Senke;
9 — Bezeichnungen bedeutender Bruchzonen bzw. Schwächezonen:
1 — Dowsing-Linie, 2 — Sole Pit-Linie, 3 — Fränkische Linie, 4 — Elbe-Linie, 5 — Fair Isle-Unterelbe-Linie, 6 — Lausitz-Sudeten-Linie, 7 — Oder-Linie, 8 — Flensburg-Warta-Linie, 9 — Odense-Wieker Bruch (Linie), 10 — Trierer Zone, 11 — Gifhorn-Vänernsee-Linie, 12 — Vätternsee-Linie, 13 — Neuruppin-Kalmarsund-Linie, 14 — Hegau-Unstrut-Zone, 15 — Blanice-Linie, 16 — Boskovice-Linie, 17 — Insubrische Linie, 18 — Sestri-Voltaggio-Linie, 19 — Judicarien-Linie, 20 — Livorno-Sillaro-Linie, 21 — Ancio-Ancona-Linie

der VR Polen einnimmt. Im variszisch gefalteten Bereich liegt sie diskordant auf Präperm, in dem von der variszischen Faltung nicht erfaßten Raum annähernd konkordant und mit Schichtlücke auf Oberkarbon. Im Hangenden folgen mit markanter Grenze Sedimente des Saxons (vgl. KATZUNG, im Druck). Auf Grund der Mächtigkeitsverteilung muß mit herzynisch und rheinisch streichenden Strukturen gerechnet werden. Die Aufstiegswege dürften vorzugsweise die gleichen Richtungen besessen haben. Laven, Ignimbrite und Tuffe wurden vor allem in vulkanotektonischen Kompensationssenken akkumuliert, die Absenkungsbeträge bis 2000 m und mehr aufweisen.

Die weitaus größte Fläche des ausgedehnten Magmatitareals wird von sauren bis intermediären Eruptiva eingenommen; letztere tendieren gebietsweise zu basischen Gesteinen. Auf Grund ihrer zeitlich, räumlich und stofflich engen Beziehungen zu den typischen Subsequentiten des „inneren" Variszikums (BENEK, KATZUNG & RÖLLIG 1976) werden diese Eruptiva in den variszischen Magmenzyklus eingeordnet und wegen ihrer Lage am Rande und außerhalb des Tektogens — bezogen auf den oben dargestellten Verlauf des variszischen Außenrands (vgl. Abb. 2) — als peri- bzw. exotektogene Subsequentite bezeichnet.

Am Nordrand des Eruptivareals, auf den Inseln Rügen und Hiddensee, treten basische bis extrem basische Effusiva (Basalte) sowie sillartige und gangförmige Intrusiva (Diabase) auf. Auf Mittelrügen und im Küstengebiet der DDR werden die Basalte von den sauren bis intermediären Laven überlagert. Im Gegensatz zu den dominierenden Kalkalkaligesteinen, die typische Aufschmelzungsprodukte der Kruste darstellen, stimmen die basischen Eruptiva am Nordrand weitgehend mit dem olivinbasaltischen Magmentyp überein. Die Magmen sind in den von den variszischen Aufschmelzungsvorgängen nicht erfaßten Bereichen des Vorlands — wie auf Schonen, in der Nordsee und in Großbritannien — in herzynisch streichenden, d. h. dem Südwestrand der Osteuropäischen Tafel parallelen Schwächezonen aus subkrustalen Tiefen aufgestiegen.

Der spätvariszische Magmatismus im Zentralabschnitt der Mitteleuropäischen Senke stellt ein nach den bisherigen regionalgeologischen Erkenntnissen nicht erwartetes, für die tektonische Interpretation dieses Raums allerdings bedeutungsvolles Phänomen dar. Er ist an einen Bereich gebunden, der sich zunächst durch Sedimentation auf einem labilen Schelf (Devon und tiefes Unterkarbon) und dann durch miogeosynklinale und Vorsenkenentwicklung auszeichnet. Außerdem setzt sich der Untergrund aus altersverschiedenen (präkambrischen, kaledonischen, variszischen) Baueinheiten zusammen, die zwar teilweise überprägt, aber nicht im eigentlichen Sinne variszisch konsolidiert worden sind.

Es stellt sich die Frage, welche Beziehungen zum intratektogenem subsequenten Magmatismus bestehen und wie diese magmatischen Aktivitäten überhaupt zu bewerten sind:

1. Die (stefanisch-)unterpermischen Eruptiva im Zentralabschnitt der Mitteleuropäischen Senke entsprechen altersmäßig, substantiell und hinsichtlich des Ausbruchsmechanismus den subsequenten Magmatiten des inneren Variszikums (Mitteldeutsche Großscholle, Nordteil und Nordrand der Böhmischen Masse, Westteil der Süddeutschen Großscholle).
2. In beiden Bereichen ist eine gleichartige Bindung an meridional und herzynisch streichende lineamentäre Zonen und regionale Bruchsysteme — speziell in deren Kreuzungsbereichen — festzustellen; dazu gehören u. a. Fränkische Linie, Elbelinie, Lausitz-Sudeten-Linie, Oderlinie, Flensburg-Warta-Linie, Gifhorner Tiefenbruch, Neuruppiner Tiefenbruch, Hegau-Unstrut-Linie (vgl. Abb. 2).
3. Wie im intratektogenen Raum ist eine Kopplung mit Tiefenmagmatismus zu beobachten (Granite von Flechtingen, Roxförde und Greifswald).

Unterschiede bestehen darin, daß — offenbar infolge der besonderen Untergrundverhältnisse (prävariszische Konsolidierung mit nur relativ schwacher Überprägung während der variszischen Tektogenese) —

1. keine sedimentären Senken im Sinne der ,,intermontanen" Molassebecken entwickelt sind,
2. das von den Eruptiva eingenommene Areal eine sehr große, mehr oder weniger geschlossene Ausdehnung besitzt,
3. die pro Flächeneinheit geförderten Magmamengen mehrere Potenzen größer sind und
4. strukturell und substantiell weitestgehend Autonomität gegenüber dem variszischen Bauplan besteht.

Die Bewertung der spätvariszischen magmatischen Aktivitäten im Zentralabschnitt der Mitteleuropäischen Senke muß einer eingehenderen petrographisch-geochemischen und vulkanotektonischen Analyse vorbehalten bleiben. Ohne dieser vorzugreifen, können drei Feststellungen getroffen werden:

1. Der vermutete Außenrand der variszischen Tektogenese zeichnet sich nicht signifikant (Variante 1) bzw. überhaupt nicht (Variante 2) ab. Kalkalkaligesteine sind noch in 100 km Entfernung vom äußeren variszischen Faltungsbereich in großer Mächtigkeit verbreitet.
2. Die palingenetische Remobilisierung und Magmenbildung in der Kruste erreicht am Rand des Tektogens und unmittelbar im Vorland das absolute Maximum, unter der Voraussetzung, daß keine weitreichenden lateralen Magmenwanderungen stattgefunden haben (vgl. demgegenüber EIGENFELD & SCHWAB 1974).
3. Nach magmatologischen Kriterien liegt der Außenrand des ,,Variszikums" weit nördlich der ausklingenden variszischen Faltung, dort wo der krustale subsequente Magmatismus vom subkrustalen Tafelmagmatismus abgelöst wurde.

Im zentraleuropäischen Raum zeigt sich insgesamt, daß der variszisch-subsequente Magmatismus nicht an bestimmte geosynklinale und tektogenetische Baueinheiten der Varisziden gebunden ist; er bildet demzufolge nicht Großstrukturen des Tektogens ab. Die generell W—E verlaufenden Faltenzüge werden vielmehr von einer N—S-Zone maximaler Intensität des subsequenten Magmatismus gekreuzt, die sich von den Alpen nordwärts über den variszischen Außenrand hinweg bis in das Küstengebiet der DDR verfolgen läßt. Mit Annäherung an die „alte" Tafel ändert sich der Sippencharakter, und auf dieser selbst treten die spätvariszischen magmatischen Aktivitäten nur noch in einer schmalen Grabenzone (Oslograben) in Erscheinung. Das absolute Maximum des subsequenten und zugleich des Deckgebirgsmagmatismus im nördlichen Mitteleuropa überhaupt liegt dort, wo sich diese meridionale Zone mit dem herzynischen Bruchfeld unmittelbar vor der Osteuropäischen Tafel kreuzt. Der spätvariszische Magmatismus weist damit nicht nur schlechthin enge Beziehungen zur Taphrogenese während des variszischen Orogenstadiums auf, sondern ist selbst ein spezifisches Merkmal dieses diktyogenetischen Entwicklungsabschnitts im variszischen geotektonisch-magmatischen Zyklus.

Zusammenfassung

Ausgehend von den bisherigen Anschauungen über den Bau des Untergrunds im nördlichen Mitteleuropa werden Vorstellungen über die Entwicklung des Präperms und die Bedeutung des Magmatismus für die großräumige tektonische Rayonierung dargelegt. Neben den bekannten Baueinheiten unterschiedlichen Konsolidations- bzw. Faltungsalters treten ein ,,herzynisch" und ein ,,rheinisch" orientiertes Bruchsystem hervor. Der den Zeitraum vom jüngsten Präkambrium bis zum Quartär umfassende Deckgebirgsmagmatismus weist entsprechend dem jeweiligen Krustenzustand alkalischen oder kalkalkalischen Chemismus auf und bildet die Kratonisierung in Zeit und Raum ab. Die bedeutendste Eruptivperiode war an die ausklingenden tektonischen Prozesse des variszischen Zyklus gebunden. Das meridionale und das dem Südwestrand der Osteuropäischen Tafel parallele Bruchsystem haben diesen spätvariszischen Vulkanismus gesteuert bzw. nachhaltig beeinflußt. Im Kreuzungsbereich beider Systeme lag das absolute Maximum des variszisch-subsequenten und zugleich des Deckgebirgsmagmatismus im nördlichen Mitteleuropa überhaupt.

Резюме

Исходя из до теперещных рассмотрений о строении подслоев в северной части Средней Европы раслагаются представления о развитии допермии и о значении магматизма для крупнопространственного тектонического районирования. Кроме известных единиц строения различного возраста консолидации и складчатости выступает ориентированная в ,,герцинское" и ,,ренское" направления разломная система. Охватывающий интервал от молодейшего докембрия до четвертичного магматизм покровных гор имеет соответствующий данного времени коркового состояния щелочной или известково-щелочной химизм и отражает кратонизацию во время и в пространстве. Наиболее значительный эруптивный период был связан с заканчивающимися тектоническими процессами варисцийского цикла. Меридиональная, и параллельная югозападному краю Восточно-Европейской платформы разломные системы управляли поздневарисцийский вулканизм и сильно влияли на него. В области пересечения обоих систем распологался абсолютный максимум варицийско-субсеквентного и одновременно магматизма покровных гор в северной части Средней Европы совсем.

Summary

Starting with a summary of hitherto existing opinions concerning the basement structure in northern Central Europe ideas are presented on the Prepermian developement and the consequence of magmatism to the spacious structural arrangement of this area. Besides already known tectonic units of different ages of consolidation or folding N.W.—S.E. and N.N.E.—S.S.W. trending fault systems are coming into prominence. In accordance with the crustal state the magmatism of the platform cover including the periods from latest Precambrian up to Quaternary shows an alkaline or calc-alkaline chemism and is therefore reflecting the cratonization in time and space. The most important eruptive period was connected with the decaying tectonic processes of the Variscan cycle. This late Variscan volcanism was respectevely controlled and highly influenced by the meridional system of faults and that parallel with the southwestern border of the Eastern European platform. In the area of intersection of the two systems there was the absolute maximum of the Variscan-Subsequent magmatism, and with that of the platform cover in northern Central Europe in general.

Literatur

ÅM, K.: Geophysical indications of Permian and Tertiary igneous activity in Skagerrak. – Norges geol. Unders., 287, Bull. 13, 1–25 Trondheim 1973.

BENEK, R.; KATZUNG, G.; RÖLLIG, G.: Variszischer subsequenter Vulkanismus und tektogene Entwicklung im Gebiet der DDR. – Jb. Geol., 7/8, 17–31, Berlin 1976.

BOCHMANN, M.; SCHMIDT, K.: Der Einfluß der sowjetischen Geologie auf die Entwicklung der Erdöl- und Erdgasgeologie in der DDR. – Z. angew. Geol., 18, 12 (Beil.), 7–10, Berlin 1972.

BOGDANOW, A. A.: Einige Bemerkungen über Randsenken. – Z. angew. Geol., 3, 17–20, Berlin 1957.

– Über einige Probleme der Tektonik Europas (russ.). – Vestn. mosk. gos. Univ., Ser. geol., 1961, 5, 46–66, Moskwa 1961.

– Über den tektonischen Bau des westlichen Randes der Europäischen Tafel (russ.). – Vestn. mosk. gos. Univ., Ser. geol., 1968, 5, 3–12, Moskwa 1968.

BRAUSE, H.: Ur-Europa und das gefaltete sächsische Paläozoikum. – Ber. d. Ges. geol. Wiss., A, 15, 327–367, Berlin 1970.

BROCKAMP, B.: Zum Werdegang der Vortiefen. – Geologie, 4, 363–396, Berlin 1955.

BROUWER, A.: Caledonian movements and Devonian sedimentation in Western Europe. – Intern. Symp. Devonian System Calgary 1967, 2, 1149–1155, Calgary 1967.

BUKOWY, S.: Volcanic rocks in the Silesia-Cracow upland. In: Geology of Poland, 1: Stratigraphy, part 1: Pre-Cambrian and Palaeozoic, 495–497, Warsaw 1970.

BURGER, K.; ECKARDT, F.-J.; STADLER, G.: Zur Nomenklatur und Verbreitung der Kaolin-Kohlentonsteine im Ruhrkarbon. – Fortschr. Geol. Rheinland Westfalen, 3, 525–540, Krefeld 1962.

CHRISTENSEN, O. B.: Øvre Silur i dybdeboringen Nøvling nr. 1 i Midtjylland (dän.). – Danm. geol. Unders., Rapp. 7, 24 S., København 1971.

COTTENÇON, A.; PARANT, B.; FLACELIÈRE, G.: Lower Cretaceous gasfields in Holland. In: A. W. WOODLAND (Ed.): Petroleum and the continental shelf of North-West Europe, 1, 403–412, Barking 1975.

CZERMINSKI, J.; ZNOSKO, J.: Zum Problem der Kaledoniden in Südostpolen. – Ber. d. Ges. geol. Wiss., A, 12, 141–148, Berlin 1967.

DORN, P.: Der junge Vulkanismus im Braunschweiger Raum. – Geol. Jb., 74, 105–116, Hannover 1957.

DORN, P.; BRÄUTIGAM, F.: Hinweise auf Oberkreidevulkanismus in NW-Deutschland. – Abh. braunschweig. wiss. Ges., 11, 1–4, Braunschweig 1959.

DUNNING, F. W.; WATSON, J.: Über die mögliche Erstreckung der Osteuropäischen Tafel bis England und Wales. – Z. angew. Geol., 23, 9, Berlin 1977.

DVOŘÁK, J.; PAPROTH, E.: Über die Position und die Tektogenese des Rhenoherzynikums und des Sudetikums in den mitteleuropäischen Varisziden. – N. Jb. Geol. Paläont., Mh., 1969, 65–88, Stuttgart 1969.

EAMES, T. D.: Coal rank and gas source relationships – Rotliegendes reservoirs. In: A. W. WOODLAND (Ed.): Petroleum and the continental shelf of North-West Europe, 1, 191–201, Barking 1975.

EIGENFELD, E.; SCHWAB, M.: Zur geotektonischen Stellung des permosilesischen subsequenten Vulkanismus in Mitteleuropa. – Z. geol. Wiss., 2, 115–137, Berlin 1974.

FABIAN, H.-J.: Das Oberkarbon im Untergrund von Nordwestdeutschland und dem angrenzenden Nordseebereich. In: Die Karbon-Ablagerungen in der Bundesrepublik Deutschland. – Fortschr. Geol. Rheinland u. Westfalen, 19, 87–100, Krefeld 1971.

FABIAN, H.-J.; MÜLLER, G.: Zur Petrographie und Altersstellung präsalinarer Sedimente zwischen der mittleren Weser und der Ems. – Fortschr. Geol. Rheinland u. Westfalen., 3, 1115–1140, Krefeld 1962.

FIRBAS, F.: Die Vegetationsentwicklung im Spätglazial von Wallensen im Hils. – Nachr. Akad. Wiss. Göttingen, math.-nat., Kl. IIb, biol.-physiol.-chem. Abt., 5, 37–54, Göttingen 1954.

FRANCIS, E. H.: Carboniferous-Permian igneous rocks. In: G. Y. CRAIG (Ed.): The Geology of Scotland, 359–382. – Oliver & Boyd, Edinburgh–London 1965.

FRANKE, D.: Der erste Aufschluß im tieferen Paläozoikum Norddeutschlands und seine Bedeutung für die tektonische Gliederung Europas. – Jb. Geol., 1, 119–165, Berlin 1967 (1967a).

– Zu den Varisziden und zum Problem der Kaledoniden im nördlichen Mitteleuropa. – Ber. d. Ges. geol. Wiss., A, 12, 83–140, Berlin 1967 (1967b).

– (mit Beiträgen von P. KRULL und H. PFEIFFER): Palaeogeography and tectonic development of the external zones of the central European Variscides and their northern foreland (im Druck).

v. GAERTNER, H.-R.: Über die Verbindung der Bruchstücke des kaledonischen Gebirges im nördlichen Mitteleuropa. – Internat. Geol. Congr., Rep., 21th Sess. Norden, 19, 96–101, (1960).

GLUSCHKO, W. W.; DIKENSCHTEIN, G. CH.; SCHMIDT, K.: Die Kaledoniden der Insel Rügen (russ.). – Dokl. AN SSSR, 214, 885–888, Moskwa 1974.

GLUSCHKO, W. W.; DIKENSCHTEIN, G. CH.; SCHMIDT, K.; GOLDBECHER, K.: Zur tektonischen Rayonierung des Nordteils der DDR nach dem Alter des gefalteten Untergrunds. – Jb. Geol., 7/8, 9–16, Berlin 1976.

GROCHOLSKI, A.; KOZŁOWSKI, S.: Volcanic rocks in the Sudetes. In: Geology of Poland, vol. 1: Stratigraphy, part 1: Pre-Cambrian and Palaeozoic, 490–495, Warsaw 1970.

GÜNTHER, K.: Ergebnisse meeresgeologischer und geophysikalischer Untersuchungen in der nördlichen Tyrrhenis und im Ligurischen Meer und ihre Konsequenzen für die Deutung der Orogenese des Nordapennins (Teil 1 und 2). – N. Jb. Geol. u. Paläont. Abh., 142, 191–264 und 205–296, Stuttgart 1973.

HALLAM, A.; SELLWOOD, B. W.: Origins of Fuller's Earth in the Mesozoic of South England. – Nature, 220, 1193–1195, London 1968.

HEDEMANN, H.-A.; TEICHMÜLLER, R.: Die paläogeographische Entwicklung des Oberkarbons. In: Die Karbon-Ablagerungen in der Bundesrepublik Deutschland. – Fortschr. Geol. Rheinland u. Westfalen, 19, 129–142, Krefeld 1971.

HOFFMANN, N.; LINDERT, W.; WEYER, D.; ILLERS, K.-H.: Zum Unterkarbonvorkommen auf den Inseln Rügen und Hiddensee. – Z. geol. Wiss., 3, 7, 851–873, Berlin 1975.

HOTH, K.; HIRSCHMANN, G.: Das Jungpräkambrium im Bereich der Varisziden und Kaledoniden West- und Nordeuropas und seine Beziehungen zu den paläozoischen Entwicklungsetappen. – Ber. d. Ges. geol. Wiss., A, 15, 379–424, Berlin 1970.

HOTH, K.; PAECH, H.-J.; KAMPE, A.: Hinweise auf Intrusivkörper im nördlichen Teil der Flechtingen-Roßlauer Scholle. – Z. geol. Wiss., 1, 861–866, Berlin 1973.

HOWITT, F.; ASTON, E. R.; JACQUÉ, M.: The occurences of Jurassic volcanics in the North Sea. In: A. W. WOODLAND (Ed.): Petroleum and the continental shelf of North-West Europe, 1, 379–386, Barking 1975.

JACQUÉ, M.; THOUVENIN, J.: Lower Tertiary tuffs and volcanic activity in the North Sea. In: A. W. WOODLAND (Ed.): Petroleum and the continental shelf of North-West Europe, 1, 455–465, Barking 1975.

JANSCHIN, A. L.: Tafeln und Randsenken Eurasiens. – Ber. dt. Ges. geol. Wiss., A, 12, 65–77, Berlin 1967.

KATZUNG, G.: Tektonik, Klima und Sedimentation in der Mitteleuropäischen Saxon-Senke und angrenzenden Gebieten. – Z. geol. Wiss., 3, 1453–1472, Berlin 1975.

– Die posttektogenetischen Molassen und Subsequentite am Außenrand und im nördlichen Vorland des variszischen Tektogens (im Druck).

KATZUNG, G.; KRULL, P.: Zur tektonischen Entwicklung Mittel- und Nordwesteuropas während des Jungpaläozoikums. – Jb. Geol., 13 (im Druck).

KATZUNG, G.; SIGENEGER, W.-D.: Zur Verbreitung und Ausbildung des Rotliegendsalinars in der Mitteleuropäsichen Senke. – Jb. Geol., 13 (im Druck).

KIMPE, W. F. M.: Occurence, development and distribution of Upper Carboniferous tonsteins in the paralic West German and Dutch coalfields and their use as stratigraphic marker horizons. – Meded. geol. Sticht., N. S., 18, 31–38, Maastricht 1967.

KLINGSPOR, I.: Radiometric age-determination of basalts, dolerites and related syenite in Skåne, southern Sweden. – Geol. Fören. i Stockh. Förh., 98, 195–216, Stockholm 1976.

KNEUPER, G.: Das Saar-Nahe-Gebiet. Stratigraphie. In: Die Karbon-Ablagerungen in der Bundesrepublik Deutschland. – Fortschr. Geol. Rheinland u. Westfalen, 19, 149–158, Krefeld 1971.

KÖLBEL, H.: Stand und Ergebnisse der Kartierung des tieferen Untergrundes Norddeutschlands und angrenzender Gebiete. – Ber. geol. Ges. DDR, 4, 115–156, Berlin 1959.

– Der Grundgebirgsbau Nordostdeutschlands im Gesamtrahmen der benachbarten Gebiete. – Geologie, 12, 674–682, Berlin 1963.

– Regionalgeologische Stellung der DDR im Rahmen Mitteleuropas. In: Grundriß der Geologie der Deutschen Demokratischen Republik, 1, 18–66, Berlin 1968.

KRAMER, W.; MUCKE, D.: Beziehungen zwischen Magmatiten und Sedimenten in sedimentären Komplexen. – Z. geol. Wiss., 1, 531–548, Berlin 1973.

LAUTERBACH, R.: Beiträge zur tektonischen Deutung der geomagnetischen Übersichtskarte der Deutschen Demokratischen Republik. – Wiss. Z. Karl-Marx-Univ. Leipzig, math.-nat. Reihe, 3, 271–279, Leipzig 1953/54.

LENDZION, K.; NIEMCZYCKA, T.; KIEZEL, W.; CEBULAK, S.: Volcanic rocks in the Lublin district. In: Geology of Poland, vol. 1: Stratigraphy, part 1: Pre-Cambrian and Palaeozoic, 497–498, Warsaw 1970.

LEWIN, L. E.: Über das gefaltete Fundament und die Struktur der Nordsee- und Ostseesyneklise (russ.). – Iswest. AN SSSR, Ser. geol., 1970, 3, 70–81, Moskwa 1970.

– Über das gefaltete Fundament und die Struktur der Nord- und Ostseesenke. – Z. angew. Geol., 17, 381–388, Berlin 1971.

MERCY, E. L. P.: Caledonian igneous activity. In: G. Y. CRAIG (Ed.): The geology of Scotland, 229–267. – Oliver & Boyd, Edinburgh–London 1965.

MÖBUS, G.: Tektogenese und Magmatismus im Gebiet der Deutschen Demokratischen Republik. – Geologie, 17, 631–646, Berlin 1968.

MÜLLER, H. M.: Vorkommen spätglazialer Tuffe in Nordostdeutschland. – Geologie 14, 1118–1123, Berlin 1965.

NOE-NYGAARD, A.: Dredged basalt from Skagerrak, – Medd. dansk geol. Foren., 17, 285–287, København 1967.

OLSZAK, G.: Zur Rolle möglicher Konvektionsbewegungen, speziell bei der Bildung von Senken. – Internat. Forsch.-Ber. (1973).

OLSZAK, G.; THIERBACH, H.: Einige geologisch-geophysikalische Strukturelemente der Norddeutsch-Polnischen Senke und ihre möglichen Beziehungen zu Tiefenbau und Entwicklung dieses Krustenabschnittes. – Z. geol. Wiss., 1, 155–172, Berlin 1973.

PAPROTH, E.; TEICHMÜLLER, R.: Die paläogeographische Entwicklung der subvariszischen Saumsenke in Nordwestdeutschland im Laufe des Karbons. – C. R. 4. Congr. Strat. Géol. Carbonif. Heerlen 1958, 2, 471–490 (1961).

PEDERSEN, A. K.; ENGELL, J.; RØNSBO, J. G.: Early Tertiary volcanism in the Skagerrak: New chemical evidence from ash-layers in the mo-clay of northern Denmark. – Lithos, 8, 255–268, Oslo 1975.

PIETZSCH, K.: Geologie von Sachsen. – VEB Deutscher Verlag Wissensch., 870 S., Berlin 1962.

PILGER, A.; STADLER, G.: Das Rhein-Ruhr-Revier. Blei-Zink-Vererzung. In: Die Karbon-Ablagerungen in der Bundesrepublik Deutschland. – Fortschr. Geol. Rheinland u. Westfalen, 19, 57–60, Krefeld 1971.

RAMBERG, I. B.; BARTH, T. F. W.: Eocambrian volcanism in southern Norway. – Norsk geol. Tidsskr. 46, 219–236, Oslo 1966.

RASMUSSEN, C. B. (Red.): Dybdeboringen Rønde nr. 1 pa Djursland. (dän.). – Danm. geol. Unders., III. Raekke, Nr. 39, 123 S., København 1971.

RAST, H.: Zur Frage rheinisch gerichteter Strukturen im Thüringer Becken. – Geophysik u. Geologie, 9, 33–43, Leipzig 1969.

SCHATSKI, N. S.: Aufbau und Entwicklung der Osteuropäischen Tafel. – Fortschr. sowj. Geologie, 4, 15–79, Berlin 1961 (1961a).

– Über die strukturellen Beziehungen zwischen Tafeln und geosynklinalen Faltungsgebieten. – Fortschr. sowj. Geol., 4, 121–141, Berlin 1961 (1961b).

SCHATSKI, N. S.; BOGDANOW, A. A.: Über die Internationale Tektonische Karte von Europa, Maßstab 1 : 2500000 (russ.). – Izvest. AN SSSR, Ser. geol., 1961, 4, 3–25, Moskwa 1961.

SCHERP, A.; SCHRÖDER, E.: Der Albit-Quarzporphyr von Langerfeld-Delle – eine spätorogene Intrusion in das Obere Mitteldevon des Bergischen Landes. – Fortschr. Geol. Rheinland u. Westfalen, 3, 1205–1224, Krefeld 1962.

SCHMIDT, K.: Lithology and palaeogeography of the Upper Carboniferous in the northern part of Central Europe. – Vortrag 8. Int. Congr. Carbonif. Strat. Geol., Moscow 1975.

SCHMIDT, K.; FRANKE, D.: Stand und Probleme der Karbonforschung in der Deutschen Demokratischen Republik. Teil I: Unterkarbon. – Z. geol. Wiss., **3**, 819–849, Berlin 1975.
– Zur lithologisch-faziellen Entwicklung des Präperms im Nordteil der DDR. – Z. angew. Geol., **23**, **11**, Berlin 1977.
– Das Präperm der übertiefen Forschungsbohrung Parchim 1. – Jb. Geol., **13** (im Druck).
SCHMIDT, K.; KRULL, P.: Lithologie und Paläogeographie des Oberkarbons in Nordwest- und Mitteleuropa. – Jb. Geol., **13** (im Druck).
SCHROEDER, E.: Variszische Gebirgsbildung. In: Grundriß der Geologie der Deutschen Demokratischen Republik, **1**, 238–261, Berlin 1968.
SHURAWLEW, W. S.: Vergleichende Tektonik der Petschora-, Kaspi- und Polnisch-Norddeutschen Senke. – Geologie, **14**, 11–25, Berlin 1965 (1965)a.
– Kulissenförmige Randnähte der Osteuropäischen Tafel (in Zusammenhang mit der wahrscheinlichen Lage der südwestlichen Tafelgrenze). – Geologie, **14**, 1137–1147, Berlin 1965 (1965b).
STADLER, G.; TEICHMÜLLER, R.: Zusammenfassender Überblick über die Entwicklung des Bramscher Massivs und des Niedersächsischen Tektogens. – Fortschr. Geol. Rheinland u. Westfalen, **18**, 547–564, Krefeld 1971.
STÖRR, M.: Die nichtkarbonatischen, mineralischen Bestandteile der weißen Schreibkreide von Jasmund auf Rügen. – Ber. dt. Ges. geol. Wiss., A, **12**, 549–554, Berlin 1967.
TEICHMÜLLER, R.: Die Entwicklung der subvariszischen Saumsenke nach dem derzeitigen Stand unserer Kenntnis. – Fortschr. Geol. Rheinland u. Westfalen, **3**, 1237–1254, Krefeld 1962.
TEICHMÜLLER, M.; TEICHMÜLLER, R.: Das Rhein-Ruhr-Revier. Inkohlung. In: Die Karbon-Ablagerungen in der Bundesrepublik Deutschland. – Fortschr. Geol. Rheinland u. Westfalen, **19**, 47–56, Krefeld 1971 (1971a).
– Das Revier von Aachen-Erkelenz. In: Die Karbon-Ablagerungen in der Bundesrepublik Deutschland. – Fortschr. Geol. Rheinland u. Westfalen, **19**, 61–68, Krefeld 1971 (1971b).
TESCHKE, H.-J.: Entwicklung und tektonischer Bau des südwestlichen Randbereiches der Osteuropäischen Tafel. – Schriftenr. geol. Wissensch., **4**, 151 S., Berlin 1975.
THIERBACH, H.: Zur Genese von Keilspalten (Sphenochasmen). – Internat. Forsch.-Ber. (1973).
TRUSHEIM, F.: Zur Bildung der Salzlager im Rotliegenden und Mesozoikum Mitteleuropas. – Beih. geol. Jb., **112**, 51 S., Hannover 1971.
VALETON, I.: Vulkanische Tuffiteinlagerung in der nordwestdeutschen Oberkreide. – Mitt. geol. Staatsinst. Hamburg, **29**, 26–41, Hamburg 1960.
VOIGT, E.: Über Randtröge vor Schollenrändern und ihre Bedeutung im Gebiet der Mitteleuropäischen Senke und angrenzender Gebiete. – Z. dt. geol. Ges., **114**, 378–418, Berlin 1962.
WIENHOLZ, R.: Über den geologischen Bau des Untergrundes im Nordostdeutschen Flachland. – Jb. Geol., **1**, 1–87, Berlin 1967.
ZNOSKO, J.: Tektonische Probleme des außerkarpatischen Teils Polens (poln.). – Inst. Geol. Prace, **30**, 71–109, (1963).
– Ansichten über die Verbreitung der Kaledoniden in Europa (poln.). – Kwart. geol., **8**, 697–720, Warschau 1964.
– Jetzige Kenntnisse über die Kaledoniden und die Grenze der Osteuropäischen Tafel in Polen. – Ber. geol. Ges. DDR, **10**, 113–146, Berlin 1965.
ZNOSKO, J.; PAJCHLOWA, M.: Devonian. In: Geological Atlas of Poland 1 : 2000000. – Geological Institute, Warsaw 1968.

Die Deckgebirgsstrukturen in der Bjelorussischen SSR und in den baltischen Sowjetrepubliken

GAREZKI, R. G.; AISBERG, R. E., Minsk; SUVEJSDIS, P. I., Wilnjus; BRANGULIS, A. P., Riga; PUURA, W. A., Tallin

Das Territorium der Bjelorussichen SSR und des sowjetischen Baltikums gehören zur westlichen Russischen Platte der Osteuropäischen Tafel, deren Deckgebirge sich aus mehreren Strukturkomplexen zusammensetzt, die durch regionale Lücken und Diskordanzen getrennt werden. Diese Komplexe sind Ausdruck der tektonischen Hauptentwicklungsetappen dieses Raums, d. h. der unterriphäischen, der mittelriphäisch-unterwendischen (frühbaikalischen), der oberwendisch-unterkambrischen (spätbaikalischen), der unterkambrisch-unterdevonischen (kaledonischen), der unterdevonisch-mitteltriassischen (variszischen) und der obertriassisch-anthropogenen (kimmerisch-alpidischen)[1]) Entwicklungsetappe. Da sich der stratigraphische Umfang der Strukturkomplexe sowohl im Bereich der Platte insgesamt als auch in deren Westteil ändert, muß die stratigraphische Unter- und Obergrenze jedes Komplexes für die Teilbereiche des Untersuchungsraums eindeutig definiert werden.

Die rezenten tektonischen Deckgebirgselemente lassen sich am besten in den für die einzelnen Komplexe typischen Strukturflächen unterscheiden (GAREZKI 1976, SUVEJSDIS u. a. 1977). Die wichtigste tektonische Grenze der Platten, d. h. die Grenze zwischen Deckgebirge und Fundament, wird durch die Strukturkarte der Deckgebirgsunterkante (der Fundamentoberfläche) gekennzeichnet. Aus den überlagernden Strukturbezugsflächen können die Hauptmerkmale der Strukturkomplexe des Deckgebirges abgeleitet werden. Im folgenden werden die in der Deckgebirgsunterkante und in den verschiedenaltrigen Deckgebirgskomplexen erkennbaren Hauptstrukturen kurz beschrieben.

Die Strukturelemente der Deckgebirgsunterkante

(der Fundamentoberfläche) bringen alle tektonischen Bewegungen zum Ausdruck, die im Laufe der Tafelentwicklungsetappen (Abb. 1) vor sich gingen. Den Zentral- und Westteil des Untersuchungsgebiets nehmen die Bjelorussische (Masurisch-Bjelorussische) Anteklise, die das Zentralbjelorussische Massiv, die verdeckten Aufragungen von Bobrujsk, Iwanzewitschi, Masuren und Wilejka einschließt, die Baltische und die Orschamonoklinale ein.

Im Topbereich der Anteklise steigt die Fundamentoberfläche bis +100 m NN an. Innerhalb der Periklinalenden der Woroneshanteklise ließen sich die verdeckten Aufragungen von Jarzewo, Gremjatschi und Surash aushalten, die durch den Klinzy- (Unetscha-) Graben getrennt sind. Die Pripjatsenke besteht aus dem Pripjatgraben i. e. S. und seinem Nordast, der Gorodok-Chatezkaja-Stufe. Entscheidend für die Gliederung der Fundamentoberfläche der Senke sind Brüche, die die Verteilung der Strukturen 2. Ordnung (Brüche, Horste, Gräben, verdeckte Aufragungen) und der diesen untergeordneten Strukturen 3. Ordnung (Zonen bruchnaher Hochlagen und Senken, isometrische Hochlagen) bestimmen. Südöstlich der Pripjatsenke erstreckt sich, durch den Bragin-Lojew-Sattel getrennt, die Dnepr-Donez-Senke, die sich in den Dneprgraben, den Nord- und Südrand gliedert. Der Polessjesattel trennt Pripjatsenke und Podlasie-Brester Senke voneinander. Letztere besitzt die Form einer sich nach W, in Richtung der perikratonen Masuren-Lubliner Senke öffnenden Strukturbucht, die von dieser durch einen Tiefenbruch getrennt ist. Südlich der Podlasie-Brester Senke liegt der Lukuw-Ratno-Horst, der die Russische Platte von den Wolhynischen Monoklinalen der Wolhynien-Asow-Platte trennt.

Den Nordwestteil des Untersuchungsgebiets nimmt die etwa E–W streichende und sich nach W hin öffnende Baltische Syneklise ein. Diese gliedert sich in zwei große Senken, in die Mittelbaltische Senke in der Ostsee und in die Polnisch-Litauische Senke auf dem Festland. Im nördlichen Baltikum wurde die Südflanke des Baltischen Schilds, die Südestnische Monoklinale (als selbständiges Element) ausgehalten. Innerhalb der Syneklise sind weiter zu unterscheiden: die Liepajasenke, die Elgawasenke, die Klaipedasenke, die Kretingasenke und die Pregoljasenke, ferner der Pregoljagraben, die große Liepaja-Saldus-Aufragung und die kleineren Aufragungen von Waljmiera-Loknow, Teljschjai, Boljschakowo, Kaliningrad u. a.

Die Orschasenke trennt die Bjelorussische von der Woroneshanteklise und wird im S, N und NW vom Shlobin-, Welish- und Lettischen Sattel begrenzt. Innerhalb der

Eingang des Manuskripts in der Redaktion: 22. 3. 1977.
Übers.: Dr. F. WENDLAND.

[1]) Im Westteil des Untersuchungsgebiets endete die variszische Etappe mit dem Unterperm, mit dem Oberperm begann die kimmerisch-alpidische Etappe.

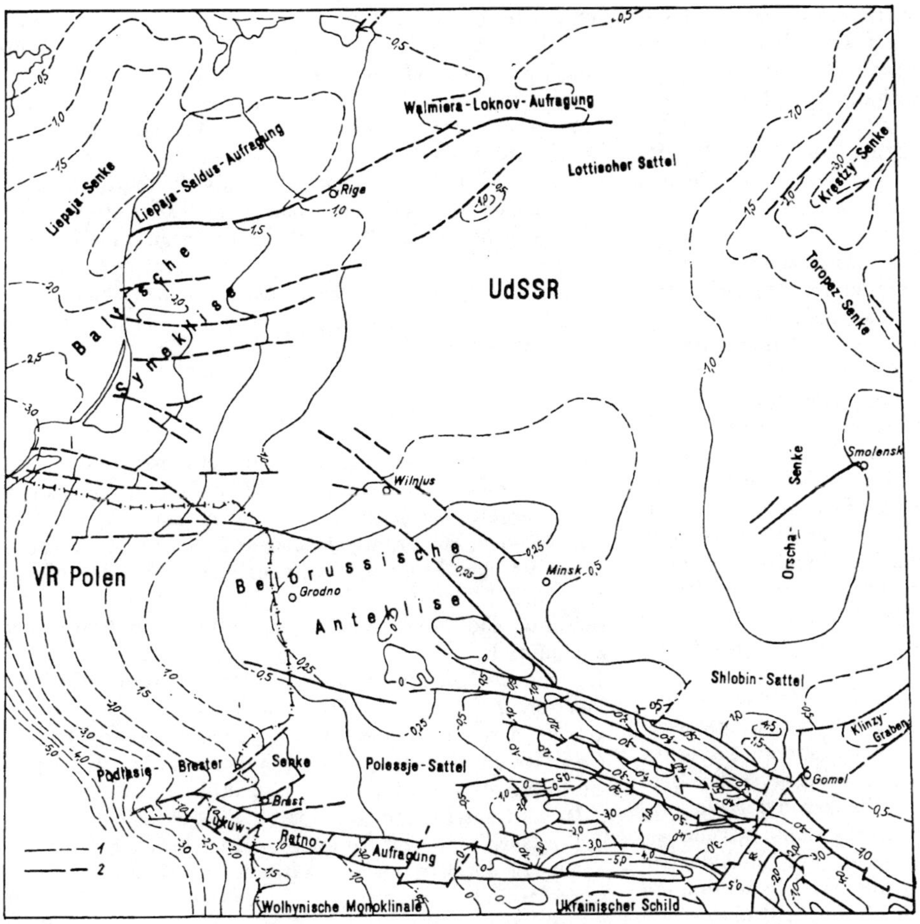

Abb. Schema der Hauptstrukturen des Territoriums von Bjelorußland und des sowjetischen Baltikums

1 — Stratoisohypsen der Fundamentoberfläche; 2 — Brüche;
Zahlen. Senken: 1 — Elgawa; 2 — Klajpeda; 4 — Kretinga; 6 — Pregolja;
verdeckte Aufragungen: 3 — Teljschjai; 5 — Kaliningrad; 7 — Masuren; 8 — Wilejka; 10 — Iwanzewitschi; 11 — Bobrujsk; 12 — Jarzewo; 13 — Surash; 14 — Gremjatschi; 9 — Zentralbjelorussisches Massiv; 15 — Gorodok-Chatezkaja-Stufe; 16 — Bragin-Lojew-Sattel

Orschasenke werden weiter die Witebsker und die Mogilewmulde, die Tscherwanstrukturbucht und der Zentralorschahorst unterschieden. Im Nordwestteil des Untersuchungsgebiets liegen der Gshatgraben, die Toropez-Wjasma-Senke und die Nelidowaaufragung.

Die Strukturen des unterriphäischen (?) Komplexes

werden von der Owrutsch-Grabensynklinale am Nordrand des Ukrainischen Schilds, von kleinen grabenartigen Senken innerhalb der verdeckten Masurischen Aufragung der Bjelorussischen Anteklise und unbekannten Strukturformen im Gebiet von Glusk und Bobruisk vertreten. Diese Strukturen sind mit Sedimenten und Effusiva gefüllt, die in Plikativ-Blockdislokationen des Tafeltyps deformiert sind.

Die Strukturen des frühbaikalischen Komplexes

liegen innerhalb der größten Senke, der Wolhynien-Orscha-Paläosenke, die sich nach SW über die rezente Orschasenke, den Klinzygraben und den Shlobinsattel, die Ostflanke der Bjelorussischen Anteklise, die westliche und nördliche Pripjatsenke, den Polessjesattel, den Südostsektor der Podlasie-Brester Senke, den Ostteil des Lukuw-Ratno-Horstes und die Wolhynische Monoklinale erstreckt. Diese rotgefärbten, vorwiegend terrigenen Ablagerungen werden maximal über 800 m mächtig und sind an die Orschasenke und an die nordöstliche Wolhynische Monoklinale gebunden.

Der frühbaikalische Komplex ist in den Teilbereichen des Untersuchungsgebiets verschiedenartig disloziert. Seine Oberfläche ist in tiefe Senkungsgebiete (Orschasenke und Pripjatsenke) und in relative Hochgebiete gegliedert. In der Pripjatsenke sind die Ablagerungen des Komplexes am stärksten beansprucht worden, wo sie — auch in der Fundamentoberfläche — komplizierte Plikativ-Blockstrukturen bilden. Der Strukturbau dieser Einheit stimmt in den Grundzügen mit der Struktur der Fundamentoberfläche überein. Vergleicht man Struktur und Mächtigkeit dieses Komplexes miteinander, so zeigt sich, daß seine rezente Struktur nur in der Orschasenke, im Klinzygraben und benachbarten Gebieten der primären ähnelt. Im übrigen Gebiet, in dem Isopachen und Isohypsen einander weder im Streichen noch quantitativ entsprechen, ist die primäre Struktur des frühbaikalischen Komplexes im Oberwendium und im Phanerozoikum erheblich deformiert worden.

Zu den Strukturen des spätbaikalischen Komplexes

rechnen die Baltische Syneklise, die Podlasie-Brester und die Orschasenke, die abgesunkenen Flanken der Bjelorussischen Anteklise, der äußerste Westteil der Pripjatsenke und der Klinzygraben. In der Orschasenke, in der Pripjatsenke und im Klinzygraben besteht er nur aus dem Oberwendiumstockwerk, in der westlichen Podlasie-Brester Senke, in der zentralen und westlichen Baltischen Syneklise nur aus dem Unterkambriumstockwerk (Baltische Serie). Den Lagerungsverhältnissen entsprechend werden tief abgesenkte Gebiete (Podlasie-Brester Senke, Baltische Syneklise, westliche Zentriklinale der Pripjatsenke, Orschasenke, Moskauer Syneklise) und Gebiete mit flacher Lagerung des spätbaikalischen Komplexes unterschieden.

Im äußersten SW des Untersuchungsgebiets existiert eine geschlossene Zone mit erhöhten Mächtigkeiten (bis 700 m), die der submeridionalen Kbron-Kowel-Paläosenke entspricht. Östlich des Polessjesattels liegt innerhalb der rezenten Zentriklinale der Pripjatsenke eine weitere submeridionale Zone erhöhter Mächtigkeiten (über 300 m) vor, bei der es sich um die spätbaikalische Klezk-Stolin-Paläomulde handelt. Im nördlichen Untersuchungsgebiet wird der spätbaikalische Komplex nach NE, in Richtung auf den Achsialbereich der Moskauer Syneklise, mächtiger. Der spätbaikalische Strukturplan wird im Baltikum durch das herausgehobene Unternjemenmassiv und die Loknowhochlage charakterisiert, die vielleicht eine einheitliche Hochlagenzone bildeten. Diese Hochgebiete wurden von Senkungszonen umgeben, in denen das Unterkambrium über 100 m erreicht.

Der Vergleich der Mächtigkeit mit dem Strukturbau des spätbaikalischen Komplexes ergibt eine Richtungsdiskrepanz in der Podlasie-Brester Senke, in der Baltischen Syneklise und der Zentralklinale der Pripjatsenke, dem eine generelle Koinzidenz an den Flanken der Bjelorussischen Anteklise und der Moskauer Syneklise gegenübersteht. Offensichtlich ist die primäre Struktur im südlichen und westlichen Untersuchungsgebiet im Phanerozoikum deformiert worden, während sie im Nordostteil weitgehend unverändert blieb. Da der Strukturbau dieses Komplexes mit dem der Fundamentoberfläche in der Podlasie-Brester Senke, in der Baltischen Syneklise, der Zentriklinale der Pripjatsenke und an den Flanken der Bjelorussischen Anteklise übereinstimmt, kann sein rezenter Strukturplan in die gleichen Strukturformen gegliedert werden, die (auch) in der Fundamentoberfläche ausgehalten werden.

Im nordöstlichen Untersuchungsgebiet spiegeln sich die Strukturen der Fundamentoberfläche — Orschasenke, Toropez-Wjasma-Senke, Gshatgraben und Jarzewoaufragung — im spätbaikalischen Komplex nicht wider, der in diesem Gebiet die Südwestflanke der Moskauer Syneklise bildet.

Die Strukturen des kaledonischen Komplexes

sind im westlichen Untersuchungsgebiet im Bereich der Südflanke des Baltischen Schilds, in der Baltischen Syneklise, in der Podlasie-Brester Senke, dem Lukuw-Ratno-Horst, in der Wolhynischen Monokline und an der Nordflanke der Bjelorussischen Anteklise verbreitet. Dieser Komplex wird in der Podlasie-Brester Senke und in der Baltischen Syneklise über 2000 m mächtig. Auf dem Lukuw-Ratno-Horst ist seine Mächtigkeit infolge Abtragung stark reduziert, auf der Bjelorussischen Anteklise bereits vollkommen abgetragen.

Die Isopachen des kaledonischen Komplexes zeichnen in der Podlasie-Brester Senke und in der Baltischen Syneklise den Bau der Fundamentoberfläche vollkommen nach. Dort ändert sich seine Mächtigkeit entsprechend der Tiefenlage der Fundamentoberfläche bzw. des Ordoviziums und Silurs. In großen Zügen kehren die Strukturen in der Oberfläche des kaledonischen, des spätbaikalischen Komplexes und des Fundaments wieder. Erst im oberen Profilabschnitt verflachen die Strukturen, werden die Versatzbeträge der Brüche kleiner und ändert sich ihre Lage etwas. Diese Übereinstimmung ist Ausdruck dafür, daß die an der Fundamentoberfläche entwickelten Strukturen auch denen des kaledonischen Komplexes entsprechen, die postgenetisch nicht radikal überprägt wurden. Die Strukturen dieser Einheit hängen mit dem perikratonen Masuren-Dnepr-Senkensystem zusammen, das sich intensiv im Altpaläozoikum am Südwestrand der Osteuropäischen Tafel entwickelte.

Die Strukturen des variszischen Komplexes

sind im Untersuchungsgebiet weit verbreitet und fehlen nur in seinem Südwestteil. Im W umfaßt er unterdevonische bis unterpermische Ablagerungen[2]), im übrigen Gebiet Mitteldevon- bis Untertriasablagerungen. In der Pripjatsenke ist der Komplex am vollständigsten ausgebildet. Im Bereich der übrigen tektonischen Elemente finden sich nur die Stockwerke seines unteren, mitunter des oberen Teils.

Die variszischen Strukturen charakterisieren in Abhängigkeit von ihrer Stellung im Strukturplan des Untersuchungsgebiets den unterschiedlichen Deformationsgrad. In der Pripjatsenke sind sie stockwerksweise in Plikative Block-, Block-plikative und plikative Strukturen disloziert, wie z. B. tektonische Stufen, Horste, Gräben, Zonen bruchnaher Hochlagen und Senkungsgebiete, Wälle und Synklinalen. In der Pripjatsenke wirkten (außerdem) intensive salztektonische Prozesse, die im Frasnes- und Famennesalinar Salzwälle und Hochlagen (einschließlich Kryptodiapiren und Salzkissen) und diesen synchrone Kompensations- und Setzungsmulden u. a. entstehen ließen. Innerhalb der Baltischen Syneklise ist der variszische Komplex nach dem gleichen Strukturplan disloziert, der auch für den kaledonischen Komplex charakteristisch ist.

Gegenüber den unterlagernden Strukturen weisen die variszischen Strukturen eine geringere Amplitude und Gegensätzlichkeit auf. Die Brüche, die den kaledonischen und spätbaikalischen Komplex gliederten, bestimmten in den Ablagerungen der variszischen Etappe den heutigen tektonischen Baustil der prämesozoischen Strukturkomplexe erheblich.

Die Strukturen des kimmerisch-alpidischen Komplexes

überdecken als geschlossene Decke den Bereich der westlichen Russischen Platte. Im westlichen Untersuchungsgebiet liegt ein gegenüber den Strukturen der liegenden Deckgebirgskomplexe schroff diskordanter Strukturplan dieser Einheit vor; er spiegelt die Nordostflanke der Dänisch-Polnischen Furche (Bjelostokmonoklinale) wider. Im SE bilden Pripjat-Dnepr-Senke und Dneprmonoklinale, die von der Bjelostokmonoklinale durch den Polessje-Bjelorussischen Sattel getrennt ist, selbständige Strukturelemente. Im zentralen und nördlichen Untersuchungsgebiet ist der kimmerisch-alpidische Komplex herausgehoben.

Generell unterscheidet man Präplattenkomplexe (Riphäi-

---

[2]) Die Untergrenze des Komplexes bildet in der Baltischen Syneklise die Unterfläche der Schjaschuwskajafolge.

kum—Unteres Wendium) und Platten[3])- oder Tafelkomplexe (Oberwendium-Phanerozoikum) des Deckgebirges. Die Strukturelemente der Präplattenkomplexe und der Fundamentoberfläche entsprechen einander weitgehend. Die Beziehungen der Strukturelemente der Plattenkomplexe untereinander und zu den Präplattenkomplexen sind komplizierter. Die größten Unterschiede bestehen im nordöstlichen Untersuchungsgebiet, in dem der mittelriphäisch-unterwendischen Orschapräplattensenke und den benachbarten negativen Strukturen in den Orthotafelkomplexen die Südwestflanke der Moskauer Syneklise entspricht. In den anderen Gebieten (Pripjatsenke, Baltische Syneklise, Podlasie-Brester Senke) „ordneten" die Strukturpläne der mächtigkeitsmäßig dominierenden Komplexe die älteren Strukturen ihrem tektonischen Baustil „unter".
Der Dislozierungsgrad der Strukturkomplexe nimmt im allgemeinen vom Liegenden zum Hangenden ab. Diese bekannte Gesetzmäßigkeit wird jedoch, sofern „disharmonische" Stockwerke mit mächtigen Halitserien (Pripjatsenke, Baltische Syneklise) entwickelt sind, durch salztektonische Vorgänge gestört, die sich ihrerseits in den Suprasalinarstockwerken auswirkt. Die Bruchstrukturen, die hauptsächlich für die prämesozoischen Komplexe typisch sind, bestimmten die Differenzierung des Tafeldeckgebirges in Blöcke. Die Tiefenbrüche waren für den Postumitätsprozeß der Strukturpläne entscheidend.

Zusammenfassung

Das Tafeldeckgebirge Bjelorußlands und des Baltikums gliedert sich in Strukturkomplexe, die Ausdruck der tektonischen Entwicklungsetappen der westlichen Russischen Platte der Osteuropäischen Tafel sind. Die großen Deckgebirgsstrukturen lassen sich in ihrer zeitlich-räumlichen Entwicklung anhand von Strukturarten beschreiben. Die Strukturpläne des unterriphäischen (?), früh- und spätbaikalischen und des kaledonischen Strukturkomplexes folgen etwa dem der Fundamentoberfläche. Zwar trifft das auch auf den variszischen Komplex zu, jedoch sind für die variszischen Strukturen unterschiedliche Deformationsgrade und -typen, Bruchtektonik sowie z. T. Salztektonik (Pripjatsenke) typisch. Der Strukturplan des kimmerisch-alpidischen Komplexes weicht gegenüber den liegenden Komplexen stark ab.

[3]) Das Deckgebirge der Tafeln kann in Präplattenkomplexe untergliedert werden, die vor der Plattenbildung entstanden, und die Plattenkomplexe, welche die Struktur der Platte ausmachen. Zum rezenten Tafel-(Orthotafel-)Deckgebirge können die Plattenbildungen gerechnet werden. Unter den Präplattendeckgebirgen sind ein Quasitafel- und ein Katatafeldeckgebirge zu unterscheiden. Zum ersteren rechnet der unterriphäische Komplex der Owrutschgrabensynklinale, zu letzterem die frühen Tafelkomplexe sowie Wolhynien-Orscha- und andere Senken.

Резюме

Платформенные покровные горы Белоруссии и Балтика расчленяются на структурные комплексы, являющиеся выражением этапов тектонического развития западной Русской плиты Восточно-Европейской платформы. Крупные структуры покровных гор возможно описывать в их временно-пространственном развитии на основе структурных карт. Структурные планы нижнерифейских (?), ранне- и позднебайкалских и каледонских структурных комплексов следуют приблизительно поверхности фундамента. Но это и относится к варисцийскому комплексу, но для варисцийских структур типичны различные степени деформации и типы деформации, разломная тектоника как и частично соляная тектоника (Припятская впадина). Структурный план киммериджско-альпидского комплекса сильно отклоняется по сравнению с лежащими комплексами.

Summary

The platform cover of White Russia and the Baltic countries is divided into structural complexes giving expression of the stages of tectonic development in the western Russian plate of the Eastern European Platform. The development in time and space of the large cover structures can be described by means of structural maps. The structural plans of the Lower Riphaean (?), early and late Baikalian, and Caledonian structural complex approximately follow the basement surface. This, certainly, proves right for the Variscan complex, too, but different degrees and types of deformation, fracture tectonics as well as salt tectonics (Pripyat depression) in part are typical of the Variscan structures. The structural plan of the Kimmerian-Alpidic complex highly departs from that of the lying complexes.

Literatur

GAREZKI, R. G. (Red.): Tektonika Bjelorussii (Die Tektonik Bjelorußlands. — Isdat. Nauka i technika, 200 S., Minsk 1976.
SUVEJSDIS, P. I.; BRANGULIS, A. P.; BRIO, CH. S.; LASKOW, E. M.; PUURA, V. A.: Tektonika Pribaltika (maket nowoi tektonitscheskoi karty masschtaba 1 : 500000 (Die Tektonik des Baltikums (Entwurf einer neuen tektonischen Karte i. M. 1 : 500000)). In: Regionalnaja tektonika Belorussii i Pribaltiki. — Isdat. Nauka i technika, Minsk 1977.

Über den geologischen Bau in der Zone der Tornquist-Teisseyre-Linie zwischen Ostsee und Swietokrzyskie Gory

ZNOSKO, J., Warszawa

Die südwestliche Randzone der präbaikalischen Osteuropäischen Tafel, in der VR Polen mit der Tornquist-Teisseyre-Linie identisch (ZNOSKO 1969), ist in zahlreichen Reflexions-, Refraktions- und seismischen Tiefenprofilen sowie in Bohrungen untersucht worden. Letztere haben verschiedene paläozoische und präkambrische Bildungen angetroffen. Der größte Teil dieser Zone ist tief unter jüngerem meso-känozoischen Deckgebirge verhüllt. Lediglich im SW streicht das relativ kleine paläozoische Massiv der Swietokrzyskie Gory aus. Die Südwestrandzone spielte zur Zeit des Wendiums, Paläozoikums und Mesozoikums eine entscheidende Rolle. Sie bestimmte die Mächtigkeits- und Faziesverteilung der einzelnen Gesteinskomplexe sowie die Gesetzmäßigkeiten ihrer geologischen Entwicklung.

Eingang des Manuskripts in der Redaktion: 25. 2. 1977.

Dänisch-Polnische Furche und Mittelpolnischer Wall

Innerhalb des sedimentären Deckgebirges prägt sich die tektonisch-morphologische Großeinheit des Mittelpolnischen Walls aus; sie hat sich aus der ehemaligen Dänisch-Polnischen Furche entwickelt und ist genetisch eng mit ihr verknüpft. Furche und Wall liegen am Rande des osteuropäischen Kratons oder — genauer gesagt — in der Kontaktzone zwischen paläozoischer Tafel Mittel- und Westeuropas und präbaikalischer Osteuropäischer Tafel. Beide streichen NW—SE.
Die Dänisch-Polnische Furche, auf der Mächtigkeitskarte der Zechstein-Mesozoikum-Sedimente besonders klar er-

kennbar, zeichnet sich ebenfalls in der Oberflächengestaltung des konsolidierten Fundaments ab. Sie deckt sich mit der Zone maximaler Tiefenlage des konsolidierten Fundaments nicht näher bestimmten Alters (sehr wahrscheinlich kaledonisch). Das Fundament befindet sich im kujawisch-pommerschen Abschnitt der Furche in Teufen von 4 bis 12 km.

Im SW ist das konsolidierte Fundament der Dänisch-Polnischen Furche an zahlreichen Stellen von einem Bruchsystem umgeben. Außerhalb der Brüche — in südwestlicher Richtung — bildet es bereits die Unterlage der postvariszischen Tafel. Hier steigt es auf —5 bis —2,5 km an und streicht weiter gegen SW in den variszischen Sudeten zutage aus.

Das Fundament der Dänisch-Polnischen Furche ist nach den Ergebnissen refraktionsseismischer Sondierungen durch Grenzgeschwindigkeiten von 5,8 bis 6,0 km/s ausgezeichnet. Nur in vereinzelten Fällen werden Werte von 6,2 und 6,4 km/s erreicht. Nordöstlich der Tornquist-Teisseyre-Linie liegen die Grenzgeschwindigkeiten in der Regel über 6,0 km/s. Südwestlich der Dänisch-Polnischen Furche treten in der paläozoischen Unterlage sehr unterschiedliche Grenzgeschwindigkeitswerte von 4,7 bis 6,6 km auf.

Die Dänisch-Polnische Furche ist mit Sedimenten des Wendiums, Paläozoikums und Mesozoikums gefüllt. Ihre Gesamtmächtigkeit erreicht fast 12 km, wovon maximal 5 km auf das Mesozoikum entfallen. Die ältesten paläontologisch gut belegten Ablagerungen sind in der Zone von Koszalin-Chojnice (nordwestlicher pommerscher Abschnitt der Tornquist-Teisseyre-Linie) festgestellt worden. Es sind ordovizische Gesteine des Arenigs. Aus regionalen Daten und Bohrungen in Ostpommerce (u. a. Łeba und Kościerzyna) zu schließen, darf an dem Vorkommen von Kambrium und Wendium in der Dänisch-Polnischen Furche nicht gezweifelt werden. Vermutlich sind sie in toniger Fazies entwickelt. Unbekannt ist nur, ob sie metamorph sind und wenn, in welchem Grade.

In der Zone von Koszalin—Chojnice sind tonige Ablagerungen des Ordoviziums und des Untersilurs durch starke tektonische Beanspruchung, tiefe Diagenese und zuweilen durch eine zweite Schieferung ausgezeichnet. Ablagerungen des Unter- bzw. Mitteldevons greifen in dieser Zone über verschiedene Horizonte des Silurs und Ordoviziums sowie über fossilfreie, möglicherweise noch ältere Komplexe hinweg (ZNOSKO 1965, 1974, DADLEZ 1974).

Innerhalb der Transgressionssedimente des Unter- und Mitteldevons wurden in den Konglomeraten Gerölle quarzitserizitischer Gesteine gefunden (DADLEZ 1967). In Gościno sind unter epikontinentalem Devon Pyrophyllitschiefer mit Quarziteinschaltungen und recht gut erhaltenen *Tentaculites* sp. erbohrt worden (CZERMIŃSKI 1967, HAJŁASZ 1967). Diese mittelbaren Daten lassen vermuten, daß das Altpaläozoikum und Wendium in der Unterlage der Dänisch-Polnischen Furche teilweise metamorph sein dürfte und daß sie Refraktionshorizonte für die Wellen mit Geschwindigkeiten von etwa 6,0 km/s darstellen. Trifft das zu, dann müßte der 12 km mächtige Gesteinskomplex der Dänisch-Polnischen Furche nur aus Devon, Karbon, Perm und Mesozoikum bestehen.

Die Mächtigkeit des Wendiums und Kambrosilurs in der Furchenunterlage kann nur auf Grund von Vergleichen mit den Profilen der Swietokrzyskie Gory einerseits und mit denen von Arkona (JUBITZ 1967, JAEGER 1967) andererseits geschätzt werden. Ihre ursprüngliche Mächtigkeit vor der tektonischen Beanspruchung müßte demnach mindestens 5 bis 6 km erreicht haben. Die Komplexe des Wendiums und Kambrosilurs können also die Unterlage bilden, auf der mit scharfer Winkeldiskordanz und stratigraphischer Lücke verschiedenen Umfangs Sedimente des Devons oder Karbons und am Furchenrand sogar erst des Zechsteins liegen. Der Devon-Unterperm-Komplex bildet das untere, der Zechstein-Mesozoikum-Komplex das obere Deckgebirgsstockwerk der Dänisch-Polnischen Furche (DADLEZ 1967, 1974; ZNOSKO 1968, 1969).

Unterdevon

Das in Oldredfazies ausgebildete Unterdevon ist nicht allgemein verbreitet. Es füllt eine prädevonische tektonische und morphologische Depression und ebnet diese ein. Die Einebnung des Reliefs setzte sich im Eifel und Givet fort, die örtlich noch in der Oldredfazies entwickelt sind. Das Mitteldevon ist teilweise, das Oberdevon gänzlich in mariner Karbonat- und Tonfazies ausgebildet. Die Gesamtmächtigkeit des Devons der Dänisch-Polnischen Furche kann mit mindestens 1500 bis 2500 m angenommen werden (DADLEZ 1964, 1967; ŁOBANOWSKI 1968, ZNOSKO 1969).

Unterkarbon

Die Sedimente des Unterkarbons sind in karbonatisch-toniger mariner Fazies, z. T. mit Grauwacken, entwickelt und erreichen in der Zone Koszalin — Chojnice Mächtigkeiten von 600 bis 700 m. Im zentralen Teil der Furche können sie sogar 1200 m erreichen. Demgegenüber wird das Oberkarbon von einem sandig-tonigen limnischen Komplex vertreten, der in unvollständigen Profilen über 700 m mächtig ist. Die vollständigen primären Mächtigkeiten mögen einige tausend Meter betragen. Devon und Karbon liegen im allgemeinen horizontal bzw. subhorizontal mit Ausnahme der synvariszischen Verwerfungszonen, in denen das Schichtfallen kontinuierlich steiler wird (DADLEZ 1967, 1974; ZNOSKO 1968, 1969).

Unterperm

Das Unterperm ist in der Fazies des Rotliegenden mit Porphyren und deren Tuffen ausgebildet. Bereits der obere sedimentäre Teil des Unterperms (Saxon) erreicht Mächtigkeiten von 600 bis 800 m. Vulkanite sind nicht erbohrt worden, es ist aber bekannt, daß sie im mecklenburgischen Raum bis 1500 m mächtig werden können (KORICH 1967, ROST & SCHIMANSKY 1967, POKORSKI & WAGNER 1975).

Zechstein

Der zur oberen Stufe des sedimentären Deckgebirges gehörige Zechstein liegt transgressiv auf Unterperm. Darüber hinaus wurde beobachtet, daß er häufig unmittelbar auf Karbon bzw. Devon oder sogar auf verschiedenen Gliedern des Ordoviziums und Silurs — auf letzterem allgemein mit großer Winkeldiskordanz — liegen kann (ZNOSKO 1969, DADLEZ 1974). Der Zechstein ist durch Bildungen der vier Stein- und Kalisalzzyklen mit maximaler Mächtigkeit von 1200 bis 1500 m vertreten (POKORSKI & WAGNER 1975).

Mesozoikum

Die mesozoischen Bildungen der Dänisch-Polnischen Furche sind in Fazies entwickelt, die für epikontinentale Becken Mitteleuropas charakteristisch sind. Sie werden hier nicht näher betrachtet, da sie in zahlreichen Veröffentlichungen der letzten Zeit beschrieben worden sind. Es sei lediglich darauf hingewiesen, daß die maximalen Mächtigkeiten der Trias 3000 m, des Juras 2500 m und der Kreide 3500 m erreichen, wobei die Zonen höchster Mächtigkeiten gegeneinander verschoben sind. Die wichtigsten Lücken und Diskordanzflächen, die das sedimentäre Deckgebirge in Strukturstufen gliedern, sind:

1. Liegendgrenze des Devons, das auf verschiedenen älteren Komplexen liegt;
2. im Liegenden des Oberperms, das transgressiv auf Unterperm, zuweilen auch auf älteren Gesteinskomplexen vom Ordovizium bis zum Karbon liegt;
3. im Liegenden des Tertiärs, das transgressiv auf verschiedenen Gliedern des Mesozoikums liegt.

Aus den Diskordanzflächen ergeben sich die Hauptentwicklungsetappen des sedimentären Deckgebirges der Dänisch-Polnischen Furche (DADLEZ 1967, 1974; ZNOSKO 1968, 1969). Im Verbreitungsgebiet der Salztektonik treten lokal noch weitere untergeordnete Lücken und Diskordanzflächen auf (SOKOŁOWSKI 1975).

Die Dänisch-Polnische Furche und der aus ihr aufsteigende Mittelpolnische Wall gliedern das Gebiet Polens in zwei Teile; den nordöstlichen mit präbaikalisch kosolidiertem Fundament und den südwestlichen, der zum Raum paläozoischer Tektonik gehört. Durch sie entstanden die variszischen Sudeten, Moravo-Silesiden sowie die vorsudetische und oberschlesische Vortiefe. Sie sind nur teilweise verdeckt. Die Sudeten und Moravo-Silesiden setzen sich sicherlich unter sedimentärer Bedeckung nach N und NW fort.

Die äußere Verbreitungsgrenze der Varisziden und die Lage der „sudetischen Vortiefe" — beide unter sedimentärer Bedeckung — sind bisher nicht präzisiert. Somit bleiben die Beziehungen zwischen der Dänisch-Polnischen Furche bzw. des Mittelpolnischen Walls zu der unter Deckgebirge verhüllten Front variszischer Einheiten weiterhin ungeklärt und umstritten. Diese Front müßte durch die variszische Vorsenke klar umrissen sein (ZNOSKO 1968, 1969, 1974, 1975; DADLEZ 1974).

Die Stellung der Dänisch-Polnischen Furche und des Mittelpolnischen Walls kann verschieden betrachtet werden. Entweder entstanden sie in der Fugenzone zwischen präkambrischer und paläozoischer Tafel bzw. teilweise auf dem Randabbruch der präkambrischen Osteuropäischen Tafel (ZNOSKO 1965, 1974; MAREK & ZNOSKO 1972a, b, 1974; DADLEZ 1974) oder gänzlich auf der perikratonen Senke (SCHATSKI & BOGDANOW 1961, BOGDANOW 1964, 1968; POŻARYSKI 1969). Sie konnten schließlich postum auf einem altpaläozoischen (BOGDANOW 1968) oder auf einem permisch-kretazischen (POŻARYSKI 1975) Aulakogen angelegt sein. Dieses entwickelte sich nach NW in Richtung Rügen und nach SE in Richtung Swietokrzyskie Gory zu einem sich ausweitenden Geosynklinalbecken. Im Devon und Karbon entstand auf dem ausgefüllten, gehobenen und abgetragenen Gebiet des Aulakogens die jungpaläozoische Syneklise. Nach der Oberkreide und vor dem Obereozän (WOŻNY 1968) erfolgte die Inversion, und es kam zur Bildung des Mittelpolnischen Walls.

Auf Grund tiefenseismischer Untersuchungen ergeben sich auch über den Charakter der M-Diskontinuität über die Genese des Mittelpolnischen Walls und der Dänisch-Polnischen Furche neue Gesichtspunkte. GUTERICH u. a. (1975a, b, 1976a, b) und POŻARYSKI (1975a, b) nehmen an, daß unter dem Mittelpolnischen Wall und — paläotektonisch gesehen — unter der Dänisch-Polnischen Furche innerhalb der M-Diskontinuität ein Riftsystem besteht.

Die Senkung der Moho-Fläche in der Zone des Mittelpolnischen Walls und somit die Mächtigkeitszunahme der Lithosphäre sowie die fehlenden Hinweise für eine sogenannte innere Erosion der Sialhülle beweisen folgendes:

1. Von der Existenz einer Riftstruktur, die immer nur als eine Initialerscheinung gilt und während des Spreading ozeanischer Kruste wirksam ist, kann keinesfalls die Rede sein. In unserem Falle darf höchstens vermutet werden, daß die Narbenzone an der Grenze zwischen präkambrischer und paläozoischer Tafel einer ehemaligen Benioffzone vergangener tektonischer Epochen entspricht. In dieser Zeit fand eine fortschreitende Auflösung des Ozeanbodens statt, und das ehemalige Riftsystem unterlag im Bereich seiner einzelnen Segmente zwangsläufig ebenfalls fortschreitender Subduktion sowie magmatischer und metamorpher Überprägung, in gleichem Maße, wie sich die neuen Geosynklinalen und danach Orogenketten bildeten und dem alten Kraton angegliedert wurden.

2. Dänisch-Polnische Furche und Mittelpolnischer Wall haben sich nie auf einem Aulakogen entwickelt. Die bis heute erkundete Struktur der Moho-Fläche sowie die Mächtigkeitszunahme der Erdkruste im Bereich der Furche und des Walls zeugen nur davon, daß in dieser Zone tiefe Gebirgswurzeln vorhanden sind, deren Struktur und Aufbau erst noch eingehend erkundet werden müssen. Diese Vermutung wird durch das Bild der Wärmeflußverteilung auf dem Gebiet der VR. Polen und die daraus resultierenden Folgerungen gestützt (MAJOROWICZ 1975, 1976a, b). Aus dem Gesagten folgt, daß die Tornquist-Teisseyre-Zone eine tektonische Grenze ersten Ranges ist und daß sie das präbaikalische Konsolidationsgebiet von der paläozoischen Tafel West- und Mitteleuropas trennt. Wahrscheinlich enthält sie im Untergrund begrabene zirkumfennosarmatische Kaledoniden, wie der Autor mehrmals und konsequent in den zu diesem Thema in den Jahren 1962 bis 1974 publizierten Arbeiten hervorgehoben hat. Kürzlich ist diese Meinung auf Grund neuer Angaben aus dem Untergrund der Nordsee auch durch ZIEGLER (1975) geteilt worden.

Im Bereich des Mittelpolnischen Walls sowie der ihn umgebenden Becken zeichnen sich kleinere Strukturen zweiter und dritter Ordnung ab: Brachyantiklinalen und Brachysynklinalen, die überwiegend als Ergebnis halokinetischer und bruchtektonischer Struktur der Furche und des Walls und den Strukturen niederer Ordnung (insbesondere linear gestreckte Wälle und Salzkämme) besteht ein enger Zusammenhang, der in der beinahe ausnahmslosen Richtungsgleichheit zwischen beiden zum Ausdruck kommt. Man beobachtet eine allgemeine Übereinstimmung zwischen dem Verbreitungsgebiet der Salzstrukturen und dem Gebiet des Kujawischen und des Pommerschen Walls sowie der Becken von Mogilno—Lódz und von Szczecin.

Außerhalb dieser tektonischen Einheit fehlen intensiv ausgeprägte Salzstrukturen. Salztektonik zeigt sich auch im Deckgebirge der paläozoischen Tafel in charakteristischer Weise, da beinahe sämtliche Strukturen einen direkten oder indirekten Zusammenhang mit halokinetischen Vorgängen erkennen lassen.

Es ist gelungen, im Verbreitungsgebiet von Salzstrukturen folgende wichtigste Entwicklungsgesetzmäßigkeiten nachzuweisen. Im Zechstein-Mesozoikum-Komplex entstehen Gebiete mit wechselnder Senkungszeit, bedingt durch tief angelegte und postum reaktivierte Störungen. Diese Störungszonen waren für die z. T. extrem wechselnden Mächtigkeiten des Zechstein-Mesozoikum-Komplexes von entscheidender Bedeutung (DADLEZ & MAREK 1969; MAREK & ZNOSKO 1972a, b). Als Folge der differenzierten Absenkung des Untergrunds entstand eine Gliederung in Gebiete mit in Form und Intensität unterschiedlicher Salztektonik, während jedoch die Verteilung der Salzstrukturen dem Strukturplan des Mittelpolnischen Walls selbst nicht untergeordnet ist (DADLEZ & MAREK 1969, 1974; MAREK & ZNOSKO 1972a, Abb. 1, DADLEZ 1974b, Abb. 1). In Gebieten mit maximal abgesunkenem Zechstein treten auch die am intensivsten ausgebildeten Salzstrukturen auf: Salzstöcke und Salzkämme, die sich auf

mesozoische Ablagerungen gänzlich oder teilweise durchpausen.
Die beiden Gebiete intensiver Salztektonik sind konzentrisch von einer Zone umgeben, in der das Liegende des Zechsteins flacher liegt, und die Salzstrukturen schwächer, und zwar nur noch als Salzkissen und Salzwälle ausgebildet sind, die durch das Mesozoikum nicht mehr hindurchsetzen. Entsprechend dieser Gesetzmäßigkeit hat sich als dritte Einheit die äußerste Randzone ausgebildet, in der keine salztektonischen Strukturen mehr festgestellt wurden. An ihre Stelle treten Blockstrukturen und Plakantiklinalen, Horste und Gräben, an die nicht selten Plakantiklinalen noch niederer Ordnung gebunden sind (DADLEZ & MAREK 1969, 1974; MAREK & ZNOSKO 1972a, DADLEZ 1974b).

Swietokrzyskie Gory, Fundament der Miechowmulde und der Senke von Gorny Slask

Der paläozoische Kern der Swietokrzyskie Gory gliedert sich in zwei tektonische Einheiten: die Lysagoraeinheit im N und die Kielceeinheit im S. Sie unterscheiden sich in ihrer Entwicklung, insbesondere während des jüngeren Paläozoikums, und durch die Tiefe des Anschnittniveaus. Die Grenze bildet die Lysagoraaufschiebung.
Die Swietokrzyskie Gory entwickelte sich in drei Großzyklen. Der älteste präkambrisch-silurische Zyklus zeigt Merkmale miogeosynklinal-orogener Entwicklung und teilt sich in diastrophische Entwicklungsphasen, die für Randsenkenkomplexe von Geosynklinalsystemen typisch sind. Im Mitteldevon-Karbon-Zyklus beginnt die Bildung des sedimentären Deckgebirges; dieser Zyklus ist für die Herausbildung dieses Gebirges als Übergangsetappe zu betrachten. Im jüngsten permo-mesozoischen Zyklus setzt die Entwicklung des Deckgebirges unter Tafelverhältnissen ein.

Präkambrium

Das etwa 8000 m mächtige jüngste Präkambrium (TOKARSKI 1962) besteht aus drei bisher erkundeten Einheiten. Die älteste — sie bildet die sogenannte Kleinpolnische Strukturstufe — liegt als Grauwackensandstein und -schluffstein, Tonschiefer und Tuffit vor. Diskordant darauf liegen Arkosekonglomerate, die wiederum von Schiefern und tonigen Schluffsteinen mit Glaukonit und Einschaltungen von Arkosesandsteinen überlagert sind (KOWALCZEWSKI 1971, JURKIEWICZ 1975). Diese Gesteine sind sehr stark gefaltet und weisen Merkmale einer Anchimetamorphose auf (KICULA & WIESER 1970). Die höchsten Profilteile können bereits zum Wendium gehören.

Wendium-Kambrium

Wendium sowie Unter- und Mittelkambrium sind in der Swietokrzyskie Gory durch pelitisch-psammitische Bildungen, vorwiegend durch Ton- und Schluffsteine mit Arkose-Grauwackensandsteinen vertreten (ZAKOWA & JAGIELSKA 1970), ferner durch Quarzite und Schluffsteine des Oberkambriums, die in der Lysagora mit Dictyonematonsteinen des Tremadocs abschließen (TOMCZYKOWA 1968). Die Mächtigkeit des Wendiums und Kambriums einschließlich Tremadoc — sie bilden die sandomirische Strukturstufe — wird auf 2300 bis 3700 m geschätzt, wobei auf das Wendium 1000 bis 1500 m und auf das Kambrium-Tremadoc 800 bis 1200 m entfallen.

Nach dem Tremadoc setzten die kräftigsten Bewegungen der sandomirischen Phase ein, die zum strukturellen Umbau der altpaläozoischen Geosynklinale führten (ZNOSKO & CHLEBOWSKI 1976). Es bildeten sich zwei Hebungszonen heraus, eine im S (heutiges Fundament der Karpatenvortiefe), in der auf riphäischen Schiefern winkeldiskordant Areniggesteine liegen, die andere im Raum von Kielce, wo verschiedene Gesteine des Wendiums, Unter- und Mittelkambriums ebenfalls winkeldiskordant von Arenig überlagert werden.

Ordovizium

Die nächste Entwicklungsphase wird von Gesteinen des Arenig (Llandeilo) — Ludlow (Gedinne), der zweiten Strukturstufe, vertreten. Die Ausbildung des Ordoviziums weist auf unruhige Sedimentation in einem differenzierten Beckenboden als Folge der von Rhyolithvulkanismus begleiteten sandomirischen Phase (CHLEBOWSKI 1971) ein. Llandovery und Unterludlow sind beinahe ausschließlich als tonig-kieselige Graptolithenschiefer entwickelt. Das Oberludlow ist durch synorogene Grauwacken und Arkosen vertreten, die nach TOMCZYK (1962) in der Kielceeinheit Mächtigkeiten bis 500 m und in der Lysagora bis zu 2000 m erreichen. In den Grauwacken und Arkosen treten tuffogenes Material sowie Einschaltungen von polymikten Konglomeraten auf. Die Gerölle haben Durchmesser bis zu 3 cm und setzten sich fast ausschließlich aus Magmatiten, Eruptiva und Metamorphiten zusammen (LYDKA, SIEDLECKI & TOMCZYK 1963). Sedimentologische Merkmale in den Grauwacken, Arkosen und Konglomeraten sprechen dafür, daß das Material aus dem südlich der Swietokrzyskie Gory liegenden Raum stammt. Das während der synorogenen Sedimentation abgedeckte Gebiet muß aus kristallinen Gesteinen aufgebaut gewesen sein (ZNOSKO 1974).
Zwischen den Graptolithenschiefern des Unterludlows und den Arkosen des Oberludlows treten Diabase auf, die von gleichaltrigen Lamprophyren begleitet werden (CZARNIKOCKI 1939, KOWALCZEWSKI 1974a, b).

Devon

Während des Gedinne und Untersiegen hielt in der Lysagora brackische Sedimentation mit Bildung von Schluff- und Sandsteinen an, während das Gebiet von Kielce zusammen mit den im S, SE und SW angrenzenden Gebieten nach dem Ludlow gefaltet, gehoben und stark erodiert wurde. Die Faltung der Kielceeinheit war sehr intensiv. Sie führte nicht nur zu einer starken Durchbewegung des Kambrosilurs, sondern auch zur Bildung von Abscherungs- und Keilschuppen ordovizisch-silurischer Gesteine, die diskordant im Kambrium eingelagert sind. Ähnliche Verhältnisse werden im Grundgebirge der Miechowmulde (zwischen Swietokrzyskie Gory und Gorny Śląsk) beobachtet und sind auch im Untergrund der Vorkarpatensenke zu vermuten.
In der Nordostumrandung der Senke von Gorny Śląsk nimmt die von ECKLERT (1971) eingehend beschriebene Grauwacken-Arkosen-Formation ebenfalls eine klar definierte Stellung ein. Sie ist von gleichem Alter wie in den Swietokrzyskie Gory. Das weitgehend aus kristallinen Gesteinen aufgebaute Liefergebiet muß in jener Zeit im Raum des heutigen Karpatenflyschs gelegen haben.
Die bisherigen Untersuchungsergebnisse im Profil Swietokrzyskie Gory — Miechowmulde — Gorny Śląsk lassen

im Auftreten des sedimentären und anchimetamorphen Präkambriums und Kambrosilurs keine charakteristische Gesetzmäßigkeit erkennen. Das Gebiet der Swietokrzyskie Gory ist ausschließlich aus sedimentären Gesteinen, vor allem des Kambrosilurs, untergeordnet des Präkambriums, aufgebaut. Im Fundament der Miechowmulde treten vorwiegend Sedimentkomplexe des Präkambriums und untergeordnet des Ordoviziums — Silurs auf. In den zum Präkambrium gehörenden Komplexen werden recht häufig anchimetamorphe Schiefer angetroffen. Diese Anzeichen einer initialen Metamorphose nehmen nach S und SW so stark zu, daß in der Fugenzone im Untergrund der Miechowmulde und des Blocks von Gorny Śląsk (Zone Lubliniec—Zawiercie—Kraków—Rzeszotary) bereits präkambrische und kambrosilurische Sedimentgesteine vorkommen, die zusammen mit den Metamorphiten des Silurs und Ordoviziums (in Grünschieferfazies ausgebildet) eingefaltet sind (ECKLERT 1971, RYKA 1973). Das nächste Gebiet ist der Block Gorny Śląsk, dessen Untergrund ausschließlich aus präkambrischen Magmatiten (meso-bis epizonal) aufgebaut (KOTAS 1973) ist; die von terrigenem Unterkambrium sowie von Devon und Karbon überlagert werden.

In der Verteilung der präkambrischen und kambrosilurischen Gesteine zeichnen sich somit drei gesetzmäßig angeordnete Zonen ab. Sie spiegeln den primären Bauplan der kaledonischen Geosynklinale wider. Die äußere, jüngste Zone, in der sich die Swietokrzyskie Gory befinden, stellt die Randsenke des Geosynklinalsystems dar, aus der die kaledonischen Externiden auftauchten. Die nächstfolgende Zone, in der sedimentäre und anchimetamorphe Gesteine nachgewiesen worden sind, ist mit dem inneren Graben des Geosynklinalsystems identisch, aus dem die kaledonischen Interniden entstanden sind. Sie sind als Folge horizontaler Kompression erheblich gekürzt. Das ergibt sich aus Schuppen (sehr oft in Bohrprofilen) sedimentärer und metamorpher Gesteine, die sich ursprünglich in voneinander unabhängigen und getrennten Geosynklinalgräben gebildet haben mußten. Die Interniden entwickelten sich zum präkambrischen Kristallinblock von Gorny Śląsk, der im Geosynklinalsystem die Rolle eines intermontanen Massivs spielte. Jenseits des Blocks mußte sich eine ähnliche Zonenanordnung gebildet haben, deren Spuren in Mähren und den slowakischen Gemeriden im Bereich der Innerkarpaten vorliegen.

Die Swietokrzyskie Gory sind vorwiegend aus kambrosilurischen Gesteinen, die zentralen Teile des Untergrunds der Miechowmulde dagegen eher aus präkambrischen als aus silurischen Serien aufgebaut. Letztere wurden offensichtlich erodiert. In der sehr intensiv gefalteten und geschuppten Fugenzone des Grundgebirges der Miechowmulde und des Blocks von Gorny Śląsk (Zone von Lubliniec—Zawiercie—Kraków) finden sich häufiger metamorphe Gesteine des Kambrosilurs als des Präkambriums, ein Beweis dafür, daß der Bau der kambrosilurischen Swietokrzyskie Gory einem Synklinorium entspricht, während der des Zentralteils vom Grundgebirge der Miechowmulde den Charakter eines Antiklinoriums besitzt. Die Zone von Lubliniec—Zawiercie—Kraków weist ebenfalls Merkmale eines Synklinoriums auf. Es ist damit zu rechnen, daß stärker metamorphe Gesteine, die ursprünglich eben in dieser Zone entstanden sind, während des synklinorialen Faltungsvorgangs tiefer eingepreßt und möglicherweise im Kontaktbereich mit dem Block von Gorny Śląsk aufgesaugt worden sind.

In der beschriebenen Zonenanordnung bestätigt sich das Prinzip der Polarisation einer Geosynklinale und der Vergenz des Faltungsvorgangs sowie die mit ihnen verknüpften Bildungsstadien diastrophischer Sedimentärformationen.

Auf Grund der bisherigen Untersuchungen festigt sich die Ansicht, daß das Fundament der Vorkarpatensenke und die Miechowmulde Bestandteile des sogenannten Vistulikums (STILLE 1951), eines ausgedehnten kaledonischen Konsolidationsgebiets sind. Es gibt zahlreiche Anzeichen, die darauf hinweisen, daß das Vistulikum, von einer Seite durch die variszischen Sudeten und Moravo-Silesiden, von der anderen durch das Fundament der präbaikalischen Osteuropäischen Tafel begrenzt, auch das Gebiet von Kujawien und Pomorze umfaßt (ZNOSKO 1974).

Im Oberludlow klingt im kaledonischen Teil der Swietokrzyskie Gory, im Untergrund der Miechowmulde sowie in der Zone Lubluniec—Zawiercie—Rzeszotary die kaledonische Entwicklung aus. Sie ist durch deutlich ausgeprägte Phasen (sandomirische, krakauer und abschließende jungkaledonische Phase) belegt. Lediglich in der Lysagoraeinheit hielt die sandig-tonige Sedimentation während des gesamten Gedinne (brackisch) und Untersiegen (limnisch) ununterbrochen an. Im Obersiegen herrschte ohne Ausnahme die Oldred-Fazies. Das Lysagoragebiet war eine Innensenke mit fortschreitender Gedinne-Siegen-Sedimentation. Zu gleicher Zeit war das Gebiet von Kielce, das Grundgebirge der Miechowmulde und der Vorkarpatensenke sowie der Raum nördlich der Lysagora teilweise gehoben. Sie lieferten Material für die Sedimentation von Obersiegen und Ems (ŁOBANOWSKI 1971) und früher auch für die Suspensionsströme (turbidity currents) im Oberludlow (JAWOROWSKI 1972).

Karbon — Perm

Im Oberkarbon und Unterperm werden die Kielce- und Lysagoraeinheit schollenartig herausgehoben und zu einem tektonischen Block orographisch vereinigt. Daraus ergibt sich der scheinbare variszische Charakter der ganzen Swietokrzyskie Gory, der durch die mesozoische und tertiäre Tektonik noch unterstrichen wird (STUPNICKA 1972). Tatsächlich beschränkte sich aber die „variszische" Tektonik auf Block- und Faltungsdeformationen, wobei Kofferfalten entstanden, in denen früher orogenetisch gefaltete Prädevonkomplexe als Kerne auftreten. Es erfolgte damals wohl eine orographische Wiederverjüngung der Swietokrzyskie Gory, die sogar durch Kliffküsten im Oberperm belegt ist. Die Gesamtausbildung des Devons und Karbons spricht jedoch nicht für eine geosynklinal-orogene Entwicklung.

Zusammenfassung

Das Gebiet im Bereich der Tornquist-Teisseyre-Linie, die südwestliche Randzone der präbaikalischen Osteuropäischen Tafel, zwischen Ostsee und Swietokrzyskie Gory, unterliegt einer Betrachtung. Es wird im weiteren auf den Mittelpolnischen Wall bzw. die Dänisch-Polnische Furche eingegangen, deren tektonische und petrographische Entwicklung beschrieben werden. Die Dänisch-Polnische Furche und der aus ihr aufsteigende Mittelpolnische Wall gliedern das Gebiet der VR Polen in zwei Teile: in einen nordöstlichen präbaikalisch konsolidierten und in einen südwestlichen, der zur paläozoischen Tektonik gehört. In diesem Zusammenhang wird das Problem Verbreitungsgrenze der Variszideu und der Beginn der sudetischen Vortiefe noch einmal aufgegriffen. Bereits bestehende Ansichten (STILLE) über die Genese des behandelten Raums konnten durch neuere Forschungen des Autors bestätigt und erweitert werden.

Резюме

Область в окрестности Торнквист-Тайссере-линии, югозападная краевая зона добайкальской Восточно-Европейской плиты, между Балтийским морем и Светокржыженскими горами, подлежит рассмотрению. В дальнейшем устанавливается на Среднепольском вале а также на Данско-Польской борозде, тектоническое и петрографическое развитие которых описывается. Данско-Польская борозда и поднимающийся из нее Среднепольский вал расчленяют территорию НР Польши на две части: в северовосточной добайкалско консолидированной и в югозападной, относящейся к палеозойской тектонике. В связи с этим устанавливается ещераз на проблеме границы распространения варисцидов и начала судетского краевого прогиба. Уже существующие взгляды (Стилле) о генезисе обсужденного пространства утверждены и расширены новейшими исследованиями автора.

Summary

The area considered is situated within the Tornquist-Teisseyre line, the south-western marginal zone of the Prebaikalian Eastern European Platform, between Baltic Sea and Swietokrzyskie Gory. The Central Polish wall and Danish-Polish groove are also investigated, whose tectonic and petrographical development are described. By the Danish-Polish groove and the Central Polish wall ascending from it the territory of the People's Republic of Poland is divided into two parts, into a north-eastern, Prebaikalian consolidated one, and into a south-western one pertaining to the Palaeozoic tectonics. In this connection a discussion is once more presented of the problem Variscide distribution boundary and beginning of the Sudetic foredeep. Views already existing (STILLE) on the genesis of the area of investigation could be confirmed and extended by the author's more recent research.

Literatur

BOGDANOW, A. A.: Über einige allgemeine Fragen der Tektonik alter Tafeln (am Beispiel der Osteuropäischen Tafel (russ.). – Sow. geol., 9, 3–28, Moskau 1964.
– Über den tektonischen Bau der Westecke der Europäischen Tafel (russ.). – Westm. mosk. Univ., 5, 3–12, Moskau 1968.
CHLEBOWSKI, R.: Petrographie der ordovizischen Ablagerungen der Bardomulde im Südteil der Swietokrzyskie Gory (poln.). – Archiwum Mineralog. PAN-Kom. Nauk Geol., 24, 1 u. 2, 193–304, Warszawa 1971.
CZARNIKOCKI, J.: Die Geländearbeiten in den Swietokrzyskie Gory 1938 (poln.) – Biul. Panstw. Inst. geol., 15, 1–41, Warszawa 1939.
CZERMINSKI, J.: Der metamorphe Untergrund des Devons von Goscino nahe Kolobrzeg (poln.). – Kwart. geol., 11, 3, 693–696, Warszawa 1967.
DADLEZ, R.: Neue Profile des Zechsteinsubstrats in Nordwestpolen (poln.). – Kwart. geol., 11, 3, 572–585, Warszawa 1967.
–: Tectonic position of Western Pomerania (North-Western Poland) prior to the Upper Permian (poln.). – Biul. Inst. geol., 274, 49–82, Warszawa 1974.
DADLEZ, R.; MAREK, S.: Strukturstil des Zechstein-Mesozoikum-Komplexes in einigen Gebieten der polnischen Tiefebene (poln.). – Kwart. geol., 13, 3, 543–565, Warszawa 1969.
DADLEZ, R.; MAREK, S.: General outline of the tectonics of the Zechstein-Mesozoic complex in central and North-Western Poland (poln.). – Biul. Inst. geol., 274, Warszawa 1974.
ECKLERT, F.: Geologische Struktur des subpermischen Untergrunds am Nordostrand des Kohlenbeckens von Gorny Slask (poln.). – Prace Inst. geol., 66, 5–77, Warszawa 1971.
GUTERICH, A.: Structure and physical properties of the Earth's crust in Poland in the light of new data of the DSS. – Publ. of the Inst. Geophys. Pol. Ac. Sci., Warszawa 1976.
– Seismic refraction study of the Earth's crust in the Teisseyre-Tornquist line zone in Poland along the regional profile LT-2. – Publ. Inst. Geophys. Pol. Ac. Sci., A-2 (101), 15–23, Warszawa 1976.
GUTERICH, A. u. a.: Untersuchungen der Erdkruste Polens durch Sprengseismik (poln.). – In: Wspolczesne i neotektoniczne ruchy skorupy ziemskiej w Polsce, 11–27, Warszawa 1975.
– Die seismische Struktur des Erdmantels und der Kruste des internationalen Profils VII im Lichte der Untersuchungen durch tiefenseismische Sondierung (poln.). – Przegl. geol., 4, 153–163, Warszawa 1975a.
– Crustal structure from deep seismic sounding along International Profile VII on the territory of Poland. – 14th General Assembly of the European Seismological Commission, Nationalkomitee für Geodäsie und Geophysik, Z. d. Akademie d. Wissensch. DDR, 281–293, Berlin 1975 (1975b).
HAJŁASZ, B.: Über einen Fund von Tentaculites sp. in der Bohrung Goscino IG-1. – Kwart. geol., 11, 697–698, Warszawa 1967.
JAEGER, H.: Ordoviz auf Rügen, Datierung und Vergleich mit anderen Gebieten (vorläufige Mitteilung). – Ber. dt. Ges. geol. Wiss. DDR, A, Geol. Paläont., 12, 1/2, Berlin 1967.
JAWOROWSKI, K.: Sedimentary structures of the Upper Silurian siltstones in the Polish Lowland. – Acta geol. pol., 21, 4, 519–570, Warszawa 1971.
JUBITZ, K.-B.: Zum geologischen Fortschritt im Norddeutschen Flachland. – Ber. dt. Ges. geol. Wiss. DDR, A, Geol. Paläont., 12, 1/2, 41–50, Berlin 1967.
JURKIEWICZ, H.: Geologische Struktur des Untergrundes des Mesozoikums im Zentralteil der Miechowmulde (poln.). – Biul. Inst. geol., 283, 5–100, Warszawa 1975.
KORICH, D.: Eruptivgesteine im Rotliegenden des Nordteils der DDR. – Ber. dt. Ges. geol. Wiss. DDR, A, Geol. Paläont., 12, 3/4, 231–242, Berlin 1967.
KOTAS, A.: Vorkommen kambrischer Bildungen im Untergrund des Kohlenbeckens von Gorny Slask (poln.). – Przegl. geol., 1, 37, Warszawa 1937.
KOWALCZEWSKI, Z.: Grundzüge der Tektonik der Swietokrzyskie Gory (poln.). – Przewodnik 43 Zjazdu Pol. Tow. geol. Krakow, 10–19, Warszawa 1971.
– Geologische und strukturelle Aspekte des Magmatismus in den Swietokrzyskie Gory im Lichte heutiger Untersuchungen (poln.). – Biul. Inst. geol., 275, 11–62, Warszawa 1974.
KOWALCZEWSKI, Z.; LISIK, R.: Neue Ergebnisse über Diabase und geologische Struktur des Gebiets von Pragowiec, Swietokrzyskie Gory (poln.). – Biul. Inst. geol., 275, 113–158, Warszawa 1975.
ŁOBANOWSKI, H.: Vorläufige Mitteilungen über das Devon in den Strukturzone von Chojnice (NW-Polen) (poln.). – Acta Geol. Pol., 18, 4, 765–785, Warszawa 1968.
– The Lower Devonian in the western Part of the Klonow Belt (Holy Cross Mts.), Part I – Upper Emsian. – Acta Geol. Pol., 21, 4, 629–686, Warszawa 1971.
LYDKA, K.; SIEDLECKI, S.; TOMCZYK, H.: On the Middle Ludlovian Conglomerates in the Cracow Region. – Biul. Acad. Pol. Sci., 11, 2, 93–99, Warszawa 1963.
MAJOROWICZ, J.: Der Wärmestrom im Gebiet der Polnischen Tiefebene (poln.). – Acta Geophys. Pol., 23, 3, 259–275, Warszawa 1975.
– Karte des Wärmestroms in Polen innerhalb des geothermischen Felds von Europa und einige Aspekte seiner Interpretation (poln.). – Acta Geophys. Pol., 24, 2, 147–156, Warszawa 1976 (1976a).
– The new studies on the distribution of values of terrestrial heat flow in the North of Polish Lowland and some aspects of interpretation. – Publs. Inst. Geophys. Pol. Ac. Sci., A-2, (101), 173–184, Warszawa 1976 (1976b).
MAREK, S.; ZNOSKO, J.: Tektonik Kujawiens (poln.). – Kwart. geol., 16, 1, 1–18, Warszawa 1972 (1972a).
– Geologische Entwicklungsgeschichte von Kujawien (poln.). – Kwart. geol., 16, 2, 233–248, Warszawa 1972 (1972b).
– Die tektonische Stellung Kujawiens und Großpolens (Zentralpolen). – vor dem Oberperm. – Biul. Inst. geol., 274, 89–106, Warszawa 1974.
POKORSKI, J.; WAGNER, R.: Stratigraphy and Palaeontology of the Permian. – Geol. Inst. Bull., 50th Anniversary Symposium of the Geological Institute, 115–129, Warszawa 1975.
POŻARYSKI, W.: Gliederung des Gebiets von Polen in tektonische Einheiten (poln.). – Przegl. geol., 2, 57–64, Warszawa 1969.
– Stabilitätsdifferentiation im Untergrund des Dänisch-Polnischen Trogs. – In: Wspolczesne i neotektoniczne ruchy skorupy ziemskiej w Olsce, 1, 33–46, Warszawa 1975 (1974a).
– Vertical movements along Plish Margin of the East-European Subcontinent. – Publ. Inst. Geophys. Pol. Ac. Sci., 82, 3–14, Warszawa 1975 (1975b).
ROST, W.; SCHIMANSKY, W.: Übersicht über das Oberkarbon und das Rotliegende im Nordteil der DDR. – Ber. dt. Ges. geol. Wiss. DDR, A, Geol. Paläont., 12, 3/4, 201–221, Berlin 1967.
RYKA, W.: Metamorphe Gesteine des kaledonischen Untergrunds in der Umgebung von Zawiercie (poln.). – Kwart. geol., 17, 4, 667–682, Warszawa 1973.
SCHATSKI, N. S.; BOGDANOW, A. A.: Über die Internationale tektonische Karte Europas (russ.). – Isw. AN SSSR, ser. geol. 1961, 4, 3–25, Moskau 1961.
SOKOLOWSKI, J.: The role of the Zechstein Salt Tectonics in the Modelling of the Meso-Cainozoic Cover. – Geol. Inst. Bull., 252, 50th Anniversary Symposium of the Geological Institute, 93–112, Warszawa 1975.
STILLE, H.: Das mitteleuropäische variszische Grundgebirge im Bilde des gesamteuropäischen. – Beih. Geol. Jb., 2, 1–138, Hannover 1951.
STUPNICKA, E.: Tektonik des Südwestrands der Swietokrzyskie Gory (poln.). – Biul. geol. Wydz. Geol. UW, 14, 21–114, Warszawa 1972.
TOKARSKI, A.: Die Struktur von Niwiska (poln.). – Prace geol. Kom. Nauk Geol. PAN Oddz. w Krakowie, 13, 1–60, Warszawa 1962.
TOMCZYK, J.: Stratigraphische Probleme des Ordoviziums und Silurs im Lichte neuer Untersuchungen (poln.). – Prace Inst. geol., 35, 5–134, Warszawa 1962.
TOMCZYKOWA, E.: Stratigraphy of the Uppermost Cambrian deposits in the Swietokrzyskie Mountains. – Prace Inst. geol., 54, 3, 5–85, Warszawa 1968.
WOŻNY, E.: Stratigraphy of the Tertiary of Northern Poland. – Mem. Bur. Rech. geol. et min., 58, 683–692, Paris 1968.
ŻAKOWA, H.; JAGIELSKA, L.: Die ältesten Fossilien des Unterkambriums in den Swietokrzyskie Gory (poln.). – Kwart. geol., 14, 1, 9–27, Warszawa 1970.
ZNOSKO, J.: Geologie Kujawiens und des östlichen Großpolens (poln.). – In: Inst. geol., Przewodnik, 41, Zjazdu PTG, Konin, 5–48, Warszawa 1969.
– Das Problem der Kaledoniden und der Rand der präkambrischen Tafel in Polen (poln.). – Biul. Inst. geol., 188, 5–72, Warszawa 1965.
– Abriß der Tektonik Polens und das Problem des Vistulikums und Varistikums in der Tektonik Europas. – Biul. Inst. geol., 274, 7–38, Warszawa 1974.
– Tectonic Units of Poland Against the Background of the Tectonics of Europe. – Geol. Inst. Bull., 252, 50th Anniversary Symposium of the Geol. Inst., 61–75, Warszawa 1975.
ZNOSKO, J. (Edit.): Geological Atlas of Poland, 1:2000000. – Warszawa 1968.
ZIEGLER, P. A.: North Sea Basin History in the Tectonic Framework of North-Western Europe. – Petr. and the Continental Shelf of North-West Europe, 1, Geology, 131–163, Hague 1975.
ZNOSKO, J.; CHLEBOWSKI, R.: Revision der Stratigraphie des Unteren Ordoviziums in den Swietokrzyskie Gory (Zentralpolen) (poln.). – Rocz. Pol. Tow. Geol., 46, 1–2, 135–157, Krakow 1976.

Zeitschrift für angewandte Geologie, Bd. 23 (1977), Heft 9

Über die Ausbildung des Ordoviziums am Südwestrand der Osteuropäischen Tafel in der VR Polen

Modliński, Z., Warszawa

Der vorliegende Versuch, ein paläotektonisches Bild der Entwicklung des Südwestrands der Osteuropäischen Tafel während des Ordoviziums zu geben, stützt sich auf die Analyse der Mächtigkeiten und der Lithofazies ordovizischer Ablagerungen im N und W der VR Polen und in angrenzenden Gebieten der UdSSR sowie der Insel Rügen und Bornholm. Die Grundlage dafür lieferten etwa 100 Bohrungen, die im Bereich der präkambrischen Tafel Polens das Ordovizium durchteuften. In ihnen wurde unter den überdeckenden Ablagerungen des Silurs die gesamte, zwischen 25 m und 100 m schwankende primäre Mächtigkeit des Ordoviziums angetroffen. In der Mehrzahl der Fälle handelt es sich um Stufen vom Arenig bis Ashgill, deren Ablagerungen als Karbonate, Mergel- und Tonsteine ausgebildet sind. Nur an manchen Stellen trifft man Erosionsreste klastischer Bildungen — Sandsteine, Konglomerate der untersten Stufe des Ordoviziums, des Tremadocs. Ähnliche Bildungen und Materialverteilungen sind durch Bohrungen auf dem Gebiet der baltischen Sowjetrepubliken und der Bjelorussischen SSR erschlossen worden.
Im nördlichen Teil der VR Polen, in der Zone Koszalin—Chojnice, wurde das Ordovizium ebenfalls erreicht, jedoch nicht durchteuft. Einzelne Bohrungen durchörterten die ordovizischen Ablagerungen nur einige Meter (Miastko 1), andere bis etwa 1000 m (Skibno 1). Nur stellenweise wurden tektonisch stark beanspruchte Sedimente nachgewiesen. Man findet hier hauptsächlich Schluffstein und tonige Ablagerungen mit Tuffiteinlagerungen sowie Dolomit- und Sideritlinsen. In diesem Gebiet ist die Feststellung der tatsächlichen Mächtigkeit der einzelnen Stufen und der Gesamtmächtigkeit des Ordoviziums sehr schwierig. Sicher ist nur, daß sie dort mehrfach größer ist als auf dem benachbarten Gebiet der präkambrischen Tafel. Zu diesem Schluß gelangt man durch den Vergleich der Ordovizmächtigkeiten in der Zone von Koszalin—Chojnice und der Insel Rügen. Sie beträgt auf Rügen mehr als 2000 m (Gluschko, Dikenschtein & Schmidt 1974).
Die Analyse betrifft nur die Ablagerungen des Ordoviziums vom Arenig bis Ashgill. Die Bildungen des Tremadocs wurden nicht berücksichtigt. Sie sind vom übrigen Teil des Ordoviziums durch eine deutliche Sedimentationslücke abgegrenzt, die die höchsten Schichten des Tremadocs und die untersten Teile des Arenigs umfaßt. In diesem Zeitabschnitt herrschten in nördlichen und östlichen Bereichen der VR Polen vorwiegend Denudationsprozesse, die zur Vernichtung der Bildungen des Tremadocs führten. Von den ursprünglich vollständigen oder fast vollständigen Tremadocablagerungen blieben nur Erosionsreste erhalten, so in der baltischen Syneklise im Gebiet von Zareby und Sepopol und in der Podlasiedepression bei Lochow und Białowieza. Die Mächtigkeit des Tremadocs ist im allgemeinen sehr gering und reicht von einigen Zentimetern bis zu 1 bis 2 m. Nur im Gebiet von Białowieza wurden größere Mächtigkeiten angetroffen (Znosko 1964, Szymański 1973). Die Begrenztheit der Tremadocvorkommen und der Mangel an geeignetem Material stehen der mengenmäßigen Analyse des Ablagerungsumfangs entgegen.
In den letzten Jahren hat sich in vielen Ländern die Ansicht verstärkt (Großbritannien, Sowjetunion), das Tremadoc dem Kambrium zuzurechnen. Ich möchte dazu nur bemerken, daß es für die Zwecke dieser Abhandlung zweckmäßig war, das Tremadoc von den übrigen Teilen des Ordoviziums abzutrennen.

Mächtigkeitsanalyse

Die Mächtigkeitsanalyse wurde anhand einer Karte der ursprünglichen Mächtigkeiten durchgeführt. Dort, wo das Ordovizium epigenetischen Erosionen unterlag, wurde der ursprüngliche Verlauf der Mächtigkeitslinien rekonstruiert. Die Herstellung einer solchen Karte war jedoch nur für das Gebiet der präkambrischen Tafel möglich. Es enthält Zonen von großer und geringer Mächtigkeit des Ordoviziums (Abb. 1). Ihr Verlauf wird durch die Lage zweier wichtiger Elemente bestimmt, nämlich durch das paläotektonische Bjelorussische Massiv (Mannil 1966) im E und durch die kaledonische Geosynklinale im W. Im Tafelbereich handelt es sich meist um eine Subsidenz, kompensiert durch die Sedimentation, so daß man annehmen kann, daß die verschiedenen Mächtigkeitszonen den paläotektonischen Depressions- und Hebungszonen folgen.
Das östlichste Element ist das Bjelorussische Massiv. Es bildet ein Festlandsgebiet, begrenzt durch eine Zone geringer Ordovizmächtigkeiten. Nicht in allen Fällen ist die Mächtigkeit erhalten geblieben, da die Ablagerungen des unteren Silurs über verschiedenen Gliedern des Caradocs oder des Ashgills liegen. Wir haben es hier mit einer erosiv bedingten Schichtlücke zu tun. Die Zeit der Abtragung fällt in das obere Ordovizium oder in das untere Silur. Sie ist ein Merkmal des ordovizischen paläotektonischen Regimes.
In der anschließenden Zone treten ordovizische Ablagerungen von größerer Mächtigkeit auf. Sie verlaufen von der Litauischen SSR über Suwałki und Brest in Richtung Chełm. In ihr unterscheidet man folgende Elemente:

Die von R. Mannil (1966) nachgewiesene Depression. In der Achse dieses Elements auf dem Territorium der Litauischen SSR erreicht die Ordovizmächtigkeit fast 200 m. Ins Gebiet der VR Polen greift nur sein Südteil ein; hier beträgt die Mächtigkeit bis zu 100 m.

— Die Depression von Brest stellt wahrscheinlich die südliche Verlängerung der Mittellitauischen Depression dar. Ihre Achse verläuft durch das Gebiet von Siemiatycze. Die nachgewiesenen Ordovizmächtigkeiten übersteigen 60 m. Diese Depression wird von der nächsten durch ein Gebiet von Ablagerungen geringerer Mächtigkeiten, durch den Terespoler Sattel, abgegrenzt.

— Die Chełm Depression: Der südliche Teil der Zone ist durch mehrere Bohrungen erforscht (z. B. Łopiennik IG 1, Białopole IG 1). Die Mächtigkeit des Ordoviziums beträgt hier 80 bis 90 m.

Weiter nach W hin tritt ein Bereich mit verminderten Ordovizmächtigkeiten auf, der von Stoniszki in der Sowjetunion über Ketrzyn und Sokołów Podlaski bis nach Parczew verfolgt werden kann. Sein nördlicher Teil wird als Ketrzyn-Stoniszki-Elevation (Jaworowski & Modlinski 1968) oder auch als Untere-Memel-Elevation bezeichnet (Lapinskas 1968). Seinen südlichen Abschnitt bildet die Sokołów-Podlaski-Elevation. In den achsialen Partien dieser Elevationen beträgt die Mächtigkeit des Ordoviziums 25 bis 40 m.
Nach W schließt sich an diese Hebungszone eine weitere Depressionszone an. Sie verläuft von Kaliningrad nach S über Elbląg bis in das Gebiet von Warszawa. Ihr nördlicher Teil tritt in Gestalt der Elblągdepression besonders deutlich hervor. Die Achse dieses Teilelements folgt der SSW—NNE-Richtung, etwa die Ortschaften Pasłęk, Młynary, Żelazna Góra, Ładuszkino und Kulikowo be-

Eingang des Manuskripts in der Redaktion: 25. 2. 1977.

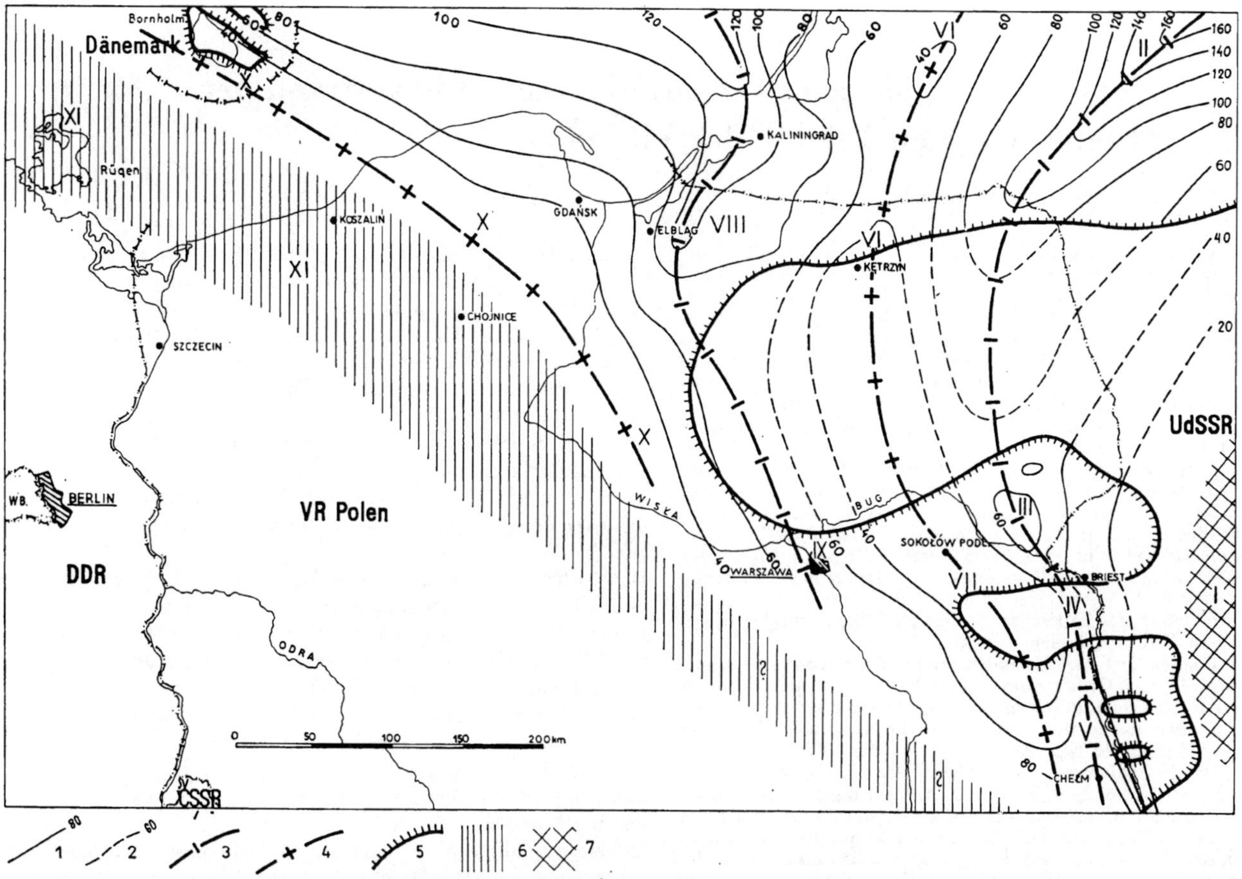

Abb. 1. Mächtigkeitskarte der Ablagerungen des Ordoviziums (ohne Tremadoc)

1 – Isopachen; 2 – rekonstruierter Isopachenverlauf im Bereich, in dem sie epigenetischen Erosionen unterlagen; 3 – Depressionsachsen; 4 – Achsen der Hebungszonen; 5 – Grenze der heutigen Verbreitung des Ordoviziums; 6 – Bereich großer Mächtigkeiten (geosynklinale Zone); 7 – Bereich mit primär fehlendem Ordoviz

Paläotektonische Elemente: I – Bjelorussisches Massiv; II – Mittellitauische Depression; III – Depression von Brest; IV – Terespol Sattel; V – Depression von Chełm; VI – Kętrzyn–Stoniszki-Hebungszone; VII – Sokołów Podlaski-Hebungszone; VIII – Depression von Elbląg; IX – Depression von Warszawa; X – der „erhobene" Tafelrand; XI – geosynklinale Zone von Rügen–Koszalin–Chojnice

rührend, wo sie in die Ostsee streicht. In der Elbląg-depression übersteigt die Ordovizmächtigkeit 100 m. Im südlichen Teil der Senkungszone hebt sich die Teildepression von Warszawa ab. Ihre Achse ist wahrscheinlich zwischen den Bohrungen Płońsk IG 2a und Okuniew IG 1 einzuordnen.

Die westlichste, noch zum Bereich der präkambrischen Tafel gehörende Zone ordovizischer Ablagerungen wird durch einen Gürtel verminderter Mächtigkeiten dargestellt, der von der Insel Bornholm über die Bohrungen Smołdzino 1, Słupsk IG 1, Kościerzyna IG 1 und Szczawmo 1 verläuft. Es ist dies der sogenannte „erhobene" Rand der Tafel (MODLIŃSKI 1975). Aus der Mächtigkeits- und Lithofaziesanalyse ergibt sich jedoch, daß der Tafelrand keine besondere Hebungszone bildet. Es handelt sich vielmehr um einen Bereich, in dem die Absenkung nicht durch Sedimentation kompensiert wurde. Dem „erhobenen" Tafelrand ist eine von Rügen über Koszalin und Chojnice ziehende Zone vorgelagert, die mächtige ordovizische Ablagerungen geosynklinalen Typs enthält (JAEGER 1967; MODLIŃSKI 1969; BEDNARCZYK 1974).

Diese Zone ist eine paläotektonische Einheit höherer Ordnung, die allerdings noch nicht, wie im Fall der besprochenen Tafelbereiche, in Elemente niederer Ordnung unterteilt werden kann. Ungelöst bleibt vorerst auch das Problem der Mächtigkeit ordovizischer Sedimente im Übergangsbereich von der Tafel zur geosynklinalen Zone. Im Grenzbereich beider Großeinheiten fehlen bisher noch Bohrungen ausreichender Teufe. Man kann annehmen, daß am Tafelrand die ordovizischen Bildungen entweder vollständig fehlen, und auch die Abgrenzbarkeit beider Bereiche auf dem Fehlen von Sedimenten beruht, oder es besteht eine schmale Übergangszone von vermittelnden Mächtigkeiten, so daß die Verhältnisse in der Mächtigkeitsverteilung denen des Oslograbens ähnlich sein könnten.

Aus der Mächtigkeitsanalyse der einzelnen Ordovizstufen, vorgenommen an einem W–E verlaufenden paläotektonischen Schnitt (Abb. 2), kann man eine Reihe von Schlüssen über die ordovizische Paläostrukturentwicklung im Tafelbereich ableiten.

Im Arenig nimmt die Mächtigkeit relativ stetig von E nach W zu, hiervon ausgenommen ist nur der „erhobene" Tafelrand. Im E, bei Suwałki, beträgt die Arenigmächtigkeit 3,5 m und steigt bis Zarnowiec auf ungefähr 25 m an. Die Mächtigkeitszunahme ist durch die Neigung der denudierten Oberfläche des Präarenig nach SW verursacht. Diese Oberfläche war nicht vollkommen eingeebnet, denn auf polnischem Gebiet wurden bisher zwei lokale Erhebungen (Paläoinseln) festgestellt, die im ersten Zeitabschnitt der Transgression, also im unteren Arenig, noch nicht überflutet wurden. Eine dieser Paläoinseln lag in der Gegend Suwałki, wo das ordovizische Profil mit Ablagerungen des oberen Arenig beginnt. Eine zweite

Zeitschrift für angewandte Geologie, Bd. 23 (1977), Heft 9

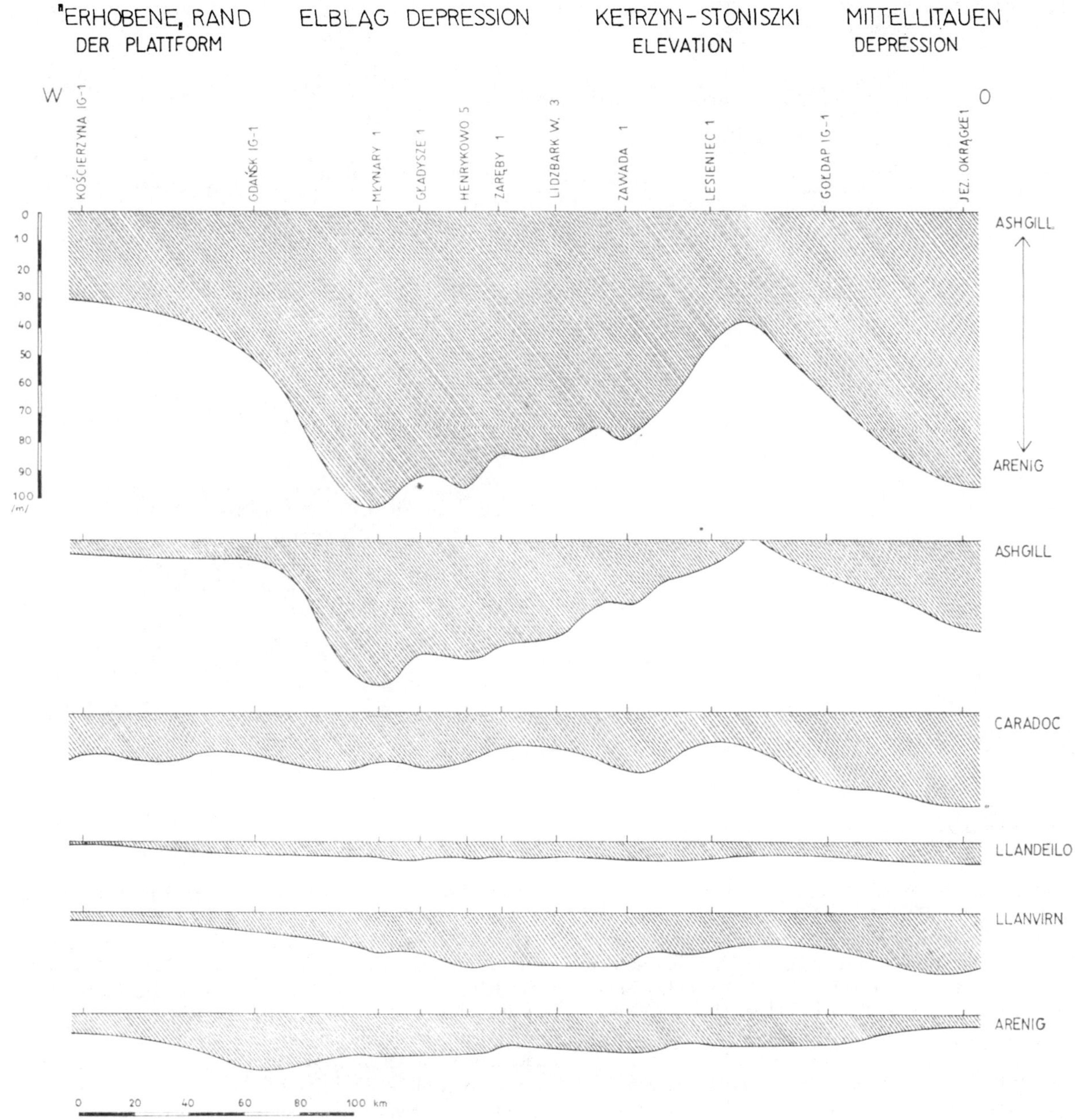

Abb. 2. Paläotektonische Ost-West-Schnitte für die Zeit vom Arenig bis zum Ashgill

Paläoinsel wurde bei Szczawno festgestellt. Sie wurde wahrscheinlich erst im Llanvirn überflutet.

Im Llanvirn, im Llandeilo und im unteren Caradoc sind die Unterschiede in den Sedimentationsgeschwindigkeiten nicht groß, dennoch kann man die langsame Herausbildung der verschiedenen Paläostrukturen bereits nachweisen. Die intensivste Entwicklung der erwähnten paläotektonischen Elemente fällt die in Zeit des oberen Caradocs und des Asghills. Besonders deutlich zeichnet sich die Elevation Stonieszki—Kętrzyn—Sokołów Podlaski ab. In ihrem Bereich sind die Mächtigkeiten stark reduziert, vor allem die des Ashgill. Manche Punkte der Hebungszonen lagen im oberen Ashgill über dem Meeresspiegel, einige Orte auch während des ganzen Ashgill. Westlich und östlich der genannten Hebungsgebiete trat zu dieser Zeit stellenweise Sedimentation in größerem Umfang als in den anderen Stufen des Ordoviziums auf. Darauf weist die Mächtigkeit des Ashgills im Gebiet von Elbląg hin, die hier 50 m erreicht.

Analyse der Lithofazies

Die faziellen Änderungen des Ordoviziums auf der Tafel können durch den Karbonatkoeffizienten gut charakterisiert werden. Er gibt das Verhältnis der summierten Mächtigkeiten aller Karbonatschichten zur Mächtigkeit der übrigen Ablagerungen an. Innerhalb der letztgenannten Sedimente dominieren Tonsteine und Mergelsteine. Mit Hilfe des Karbonatkoeffizienten lassen sich Felder unterschiedlichen lithofaziellen Aufbaus gegeneinander abgrenzen (Abb. 3).

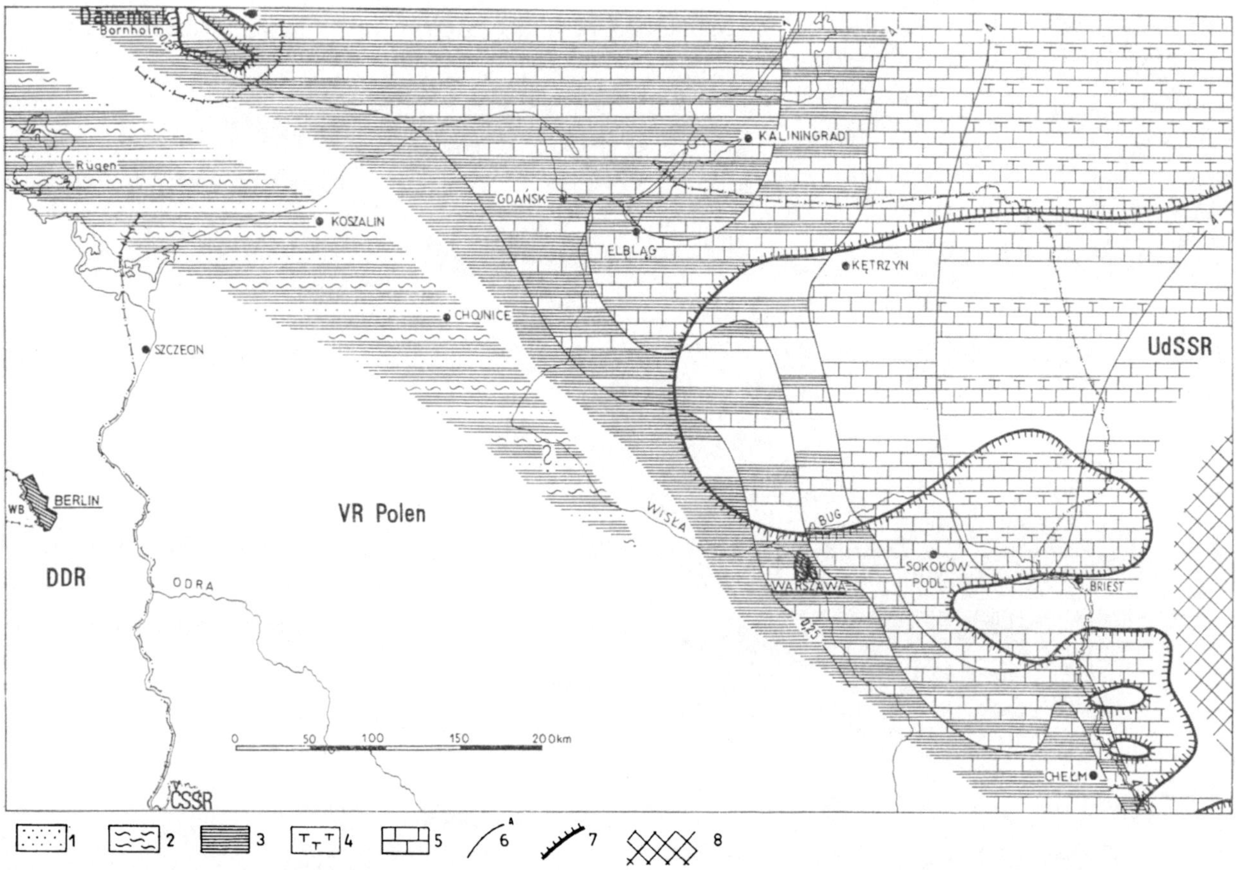

Abb. 3. Lithofazieskarte der Ablagerungen des Ordoviziums (ohne Tremadoc)
1 — Sandsteine und Grauwacken; 2 — Schluffsteine; 3 — Tonsteine; 4 — Mergel; 5 — Kalksteine; 6 — Isolinie des karbonatischen Koeffizienten; 7 — Grenze der heutigen Verbreitung des Ordoviziums; 8 — Bereich mit primär fehlendem Ordovizium

Der größte Karbonatanteil (Koeffizient über 4) ist kennzeichnend für die Ränder des Bjelorussischen Massivs und für die mittleren Teile der Stoniski—Kętrzyn—Sokołów Podlaski-Elevation. Die Gebiete der Mittellitauischen Depression und der Depression von Brest werden ebenfalls von Karbonaten und Mergeln beherrscht, der Karbonatkoeffizient liegt jedoch bereits unter 4.

An den westlichen Abhängen der Stoniszki—Kętrzyn—Sokołow Podlaski-Hebungszone sind vor allem Karbonate und Tonsteine verbreitet. Hier schwankt der Koeffizient in den Grenzen von 4 bis 1. Nach W schließt sich ein Verbreitungsbereich von Tonsteinen und Karbonaten an (Koeffizient 1 bis 0,25); er umfaßt den achsialen Teil der Depression von Elbląg und die Depression von Warszawa und Chełm. Eine weitere Verminderung des Karbonatanteils ist im Bereich des „erhobenen" Tafelrands zu beobachten (Koeffizient 0,25).

Aus der Verteilung der Lithofazies im Ordovizium ist also ersichtlich, daß auf der präkambrischen Tafel, ausgehend von der Stoniszki—Kętrzyn—Sokołow Podlaski-Hebungszone, nach W eine allmähliche Abnahme des Karbonatanteils und eine parallele Zunahme toniger Ablagerungen erfolgt. Unter Beachtung der Veränderungen von Mächtigkeiten und Lithofazies ist zu erkennen, daß sich mit der Annäherung an den Tafelrand nicht nur die Mächtigkeit der Ablagerungen vermindert, sondern auch der Karbonatanteil. Hieraus kann man folgern, daß die ordovizische Sedimentation sich in einem nach W eintiefenden Becken abspielte, in dem die Absenkung in gleicher Richtung immer weniger durch Sedimentation kompensiert werden konnte, und daß der „erhobene" Tafelrand keine Hochlage darstellte.

Die Ursache der anscheinend ungewöhnlich langsamen Sedimentationsgeschwindigkeit nahe dem Tafelrand könnte auf submarine Erosionsvorgänge, also auf Bodenströmungen im oberen Teil des Kontinentalabhangs zurückzuführen sein. Auch die Gründe für die lithofaziellen Veränderungen im Ordovizium in der geosynklinalen Zone Rügen—Koszalin—Chojnice sind anhand der bisher vorliegenden fragmentarischen Materialien noch nicht rekonstruierbar. Man kann sie jedoch ganz allgemein als ein Gebiet mit tonig-schluffiger und sandiger (Grauwacken-) Sedimentation charakterisieren und einen tiefen Beckenraum annehmen.

Die ausgeführten Beobachtungen betreffen das Ordovizium in der Nähe des Rands der präkambrischen Tafel. Es erhebt sich die Frage, ob die Entwicklung dieses Gebiets im Kambrium und Silur ähnlich verlief und ob es möglich ist, für diese Zeitabschnitte das Prinzip postumer Entwicklungen zu erkennen.

Für das Kambrium stehen nur Daten im Bereich der präkambrischen Tafel zur Verfügung. Die Analyse der Mächtigkeitsänderungen des Mittleren und Oberen Kambriums zeigt eine ähnliche Mächtigkeitsabnahme in Richtung des Tafelrands wie im Ordovizium. Dieses Phänomen wurde sowohl auf der Insel Bornholm als auch in der Bohrung Słupsk IG 1 beobachtet. Es gilt dagegen nicht für das Untere Kambrium und das Silur. Die Mächtigkeiten silurischer Sedimente, und vor allem die der untersilurischen Stufen, steigen in Richtung zum Tafelrand stark an. So beträgt die Silurmächtigkeit z. B. in der Bohrung Słupsk IG 1 über 3300 m, wobei allein die Mächtigkeit des Wenlocks fast 700 m erreicht. Dieser Wert ist mehrfach größer als solche bei Łeba oder Elbląg, die dem Tafelgebiet angehören (TOMCZYK 1976).

Zusammenfassung

Anhand einer Mächtigkeits- und Lithofaziesanalyse ordovizischer Ablagerungen wird ein Überblick über die palaostrukturelle Entwicklung südwestlicher Randbereiche der Osteuropäischen Tafel auf dem Territorium der VR Polen und angrenzender Gebiete für die Zeit des Ordoviziums gegeben.
Ausgehend vom Bjelorussischen Massiv im E kann bis zum Tafelrand im W eine Reihe von Depressions- und Hebungszonen unterschieden werden, die sich im Ordovizium entwickelten und sich während des Caradoc und des Ashgill besonders deutlich hervorheben. Der unmittelbare Tafelrand wird als ein Bereich gedeutet, in dem die Sedimentationsraten hinter der Absenkungsgeschwindigkeit zurückblieben bzw. als ein Gebiet, dessen Sedimente durch submarine Erosion in die vorgelagerte Geosynklinale verlagert wurden. Die Kenntnis über die Geosynklinalzone ist noch lückenhaft. Für die Zeit des Ordoviziums kann weder eine paläostrukturelle Untergliederung noch eine lithofazielle Analyse vorgenommen werden. Unmittelbare Postumitätsbeziehungen sind im Tafelbereich zwischen der mittel- und oberkambrischen Entwicklung einerseits und der des Ordoviziums andererseits zu erkennen.

Резюме

На основе анализа мощности и литофации ордовикских отложений дается обзор о палеоструктурном развитии югозападных краевых областей Восточно-Европейской платформы на территории НР Польши и прилегаемых областей для времени ордовика. Исходя из Белорусского массива на востоке до краю платформы на западе возможно различать ряд зон депрессий и подниманий, которые развивались в ордовике и особенно ясно выдвигались во время карадока и ажгилла. Непосредственный край платформы объясняется как участок, в котором отставались доли осадконакопления по сравнению со скоростью опускания или же как область, отложения которой подморской эрозией перелагались в заложенной впереди геосинклинали. Знание о геосинклинальной зоне еще недостаточно. Для времени ордовика невозможно дать ни палеоструктурного подразделения ни литофациального анализа. Непосредственные отношения постумичности узнаваются в области платформы между средне- и верхнекембрийским развитием с одной стороны и тем ордовика.

Summary

By means of a thickness and lithofacies analysis of Ordovician depositions the palaeostructural development of south-western marginal areas of the Eastern European Platform is reviewed in the territory of the People's Republic of Poland and adjacent areas for the Ordovician period. From the White Russian massif in the E to the margin of the platform in the W a number of zones of depression and upheaval can be distinguished, which developed during the Ordovician and make their appearance with particular clearness during the Caradocian and Ashgillian stages. The immediate margin of the platform is respectively interpreted as an area where the rates of sedimentation were left behind the rate of depression, and as an area whose sediments were shifted by submarine erosion into the geosyncline extended in front of it. The knowledge of the geosynclinal zone is still incomplete. For the Ordovician period neither a palaeostructural subdivision nor a lithofacial analysis can be made. Immediate posthumous relations in the platform area can be recognized, on the one hand, between the Middle and Upper Cambrian development and, on the other, that of the Ordovician.

Literatur

BEDNARCZYK, W.: The Ordovician in the Koszalin — Chojnice Region (Western Pomerania) (engl.). — Acta Geol. Pol., **24**, 4, 581—600, Warszawa 1974.

GLUSCHKO, W. W.; DIKENSCHTEIN, G. CH.; SCHMIDT, K.: Kaledonidy ostrawa Rjugen (russ.). — Dokl. AN SSSR, **214**, 4, 885—887, Moskau 1974.

JAEGER, H.: Ordoviz auf Rügen. Datierung und Vergleich mit anderen Gebieten (Vorläufige Mitteilung). — Ber. dt. Ges. geol. Wiss., A, Geol. Paläont., **12**, 1/2, 165—176, Berlin 1967.

JAWOROSKI, K.; MODLIŃSKI, Z.: Dolnosylurskie wapienie gruzłowe w północno-wschodniej Polsce (poln.). — Kwart. geol., **12**, 3, 493—506, Warszawa 1968.

LAPINSKAS, P.: Lithostratigraphic complexes of the Upper Ordovician — Lower Silurian deposits in the western part of the Southern Baltic. Stratigraphy of the Baltic Lower Paleozoic and its correlation with other areas. — „Mints", 155—169, Vilnius 1968.

MANNIL, R.: Istorija razvitja baltiskogo bassejna v ordovike (russ.). — Inst. Geol. Akad. Nauk Est. SSR, VALGUS, 5—199, Tallin 1966.

MODLIŃSKI, Z.: Ordowik na Pomorzu Zachodnim (poln.). — Kwart. geol., **13**, 4, 488—492, Warszawa 1969.

— Podstawowe zmiany facjelne i miąższosciowe ordowiku platformowego północno-wschodniej Polski (poln.). — Kwart. geol., **19**, 3, 503—513, Warszawa 1975.

SZYMAŃSKI, B.: Osady tremadoku i arenigu na obszarze Białowieży (poln.). — Prace Inst. Geol., **69**, 3—92, Warszawa 1973.

TOMCZYK, H.: Rozwój sedymwntacji syluru w zachodniej czesći syneklizy perybaltyckiej (poln.). — Biul. Inst. Geol., **270**, Warszawa 1976.

ZNOSKO, J.: Ordowik obszaru Białowieży i Mielnika (poln.). — Kwart. geol., 8, 1, 60—72, Warszawa 1964.

Der Südwestrand der Osteuropäischen Tafel im Bereich Schwedens

Überblick über neuere geologische Forschungsergebnisse und die im Rahmen des IGCP-Projekts Nr. 86 geplanten schwedischen Aktivitäten

NORLING, E.; SKOGLUND, R., Stockholm

Einleitung

Hauptinhalt der Arbeiten am Projekt „Südwestrand der Osteuropäischen Tafel" wird unserer Ansicht nach die Zusammenstellung der für den vorgesehenen Atlas bestimmten lithologisch-paläogeographisch-paläotektonischen Karten sein. Ziemlich umfangreiches, im wesentlichen noch unpubliziertes Material dafür liegt beim Schwedischen Geologischen Dienst (Sveriges Geologiske Undersøgelse — SGU) und der OPAB, dem schwedischen Ölprospektionskonsortium, aber auch an den Universitätsinstituten und der Höganäs-Company in Nordwestschonen vor.
Da dem SGU nach langjähriger aufmerksamer Verfolgung der durch die OPAB getätigten Arbeiten Kader zur Verfügung stehen, die mit den geologischen und geophysikalischen Dokumentationen des Konsortiums vertraut sind, wird die Zusammenstellung der Karten für das Projekt hauptsächlich beim Geologischen Dienst durchgeführt werden. Es ist beabsichtigt, daß die diesbezüglichen Arbeiten im Finanzjahr 1976/77 begonnen und während der Laufzeit des Projekts kontinuierlich fortgesetzt werden. In diesem Zusammenhang werden auch die gegenwärtigen stratigraphischen Forschungsarbeiten der Zielstellung des Projekts angepaßt. Weitere Aktivitäten sind auf strukturgeologischem und paläomagnetischem Gebiet sowie in der Untersuchung der magmatischen Ereignisse vorgesehen.

Strukturgeologische Verhältnisse

Im Bereich des Fennoskandischen Schilds scheinen Bruchsysteme mit vorwiegend nordwestlichen und nordöstlichen Richtungen große Bedeutung zu besitzen. Ein System lang-

Eingang des Manuskripts in der Redaktion: 22. 3. 1977.

Abb. Vereinfachte geologische Karte von Südskandinavien mit wichtigen Aufschlüssen und Bohrpunkten (nähere Erläuterungen im Text)

aushaltender nordwestlicher Störungen wurde im Westteil des Schilds erkannt. Diese NW-SE streichenden Lineamente sind in der Regel offensichtlich als mehrere Kilometer breite Störungszonen entwickelt, von denen einige im Verlauf proterozoischer und phanerozoischer Bewegungen rejuveniert wurden. Auch kommen Anzeichen für Seitenverschiebungen vor, die STRÖMBERG (1974, 1976) veranlaßten, die NW gerichteten Störungen als tiefe, schon frühzeitig entstandene Transversalstörungen zu deuten. Der Südwestrand der Osteuropäischen Tafel im Bereich Schwedens scheint als eine ähnliche Störungszone mit nordwestlichem Streichen entwickelt zu sein (Abb.).

Der SGU begann kürzlich mit tektonischen Untersuchungen innerhalb der Randstörungszone des Fennoskandischen Schilds im Gebiet von Schonen. Es ist beabsichtigt, im Rahmen der angestrebten Bestimmung von regionalen Bewegungseffekten und deren Beziehungen zu stratigraphischen Kriterien auch die Deformationsstrukturen in Tektoniten, die mit der Randstörungszone genetisch verbunden sind, zu untersuchen. Dabei scheinen mögliche horizontale Komponenten im Bewegungsbild von besonderem Interesse zu sein. Die Fennoskandische Randzone kann als Teilglied des Südwestrands der Osteuropäischen Tafel aufgefaßt werden. Sie wirkte als Pufferzone zwischen der vornehmlich Senkungstendenz aufweisenden Dänischen Senke und dem mehr starren Fennoskandischen Schild.

Die Tektonik des Onshoreteils der Fennoskandischen Randzone wurde in den letzten Jahren in Publikationen von BÖLAU (1972, 1973), BERGSTRÖM et al. (1973), HJELMQVIST (1975) und anderen behandelt. Über die strukturgeologischen Verhältnisse des Offshorebereichs dieser Zone, einschließlich des Skageraks, des Kattegatts, des Öresunds und der südlichen Ostsee, berichten u. a. FLODEN (1973), BERGSTRÖM et al. (1973), BAARTMANN & CHRISTENSEN (1975) sowie ANDERSEN, LARSEN & PLATOU (1975). Weitere Informationen auf diesem Gebiet wurden durch die von der OPAG durchgeführten Kohlenwasserstofferkundungsarbeiten sowie durch verschiedene Untersuchungen des SGU und des Departement für Marine Geologie der Universität Stockhom gewonnen.

Nach FLODEN (1973) bildete der östliche Skagerrak vom Rhät bis zum Beginn der höheren Kreide einen Teil der Fennoskandischen Randzone. Nach den Ergebnissen der seismischen Profilvermessungen FLODENS scheint das subkambrische Basement von 100 bis 150 m Teufe nahe der Westküste Schwedens auf mehr als 1000 m im N von Jütland abzusinken (1314 m in der Bohrung Fredrikshavn 1).

Im Kattegatt nimmt die Fennoskandische Randzone einen Bereich tiefliegender, mit dem Bau des Basements in Beziehung stehender Bruchschollen ein. Darauf weisen mehrere, offensichtlich Horste darstellende Strukturelemente hin, in denen präkambrische Gesteine bis nahe an die Oberfläche treten. In nordwestlicher Richtung wird die Grenze zwischen Fennoskandischem Schild und Dänischer Senke undeutlicher. Bei Skagen und im Skagerrak sinkt die Oberfläche des präkambrischen Fundaments ganz allmählich nach SE ab. In diesem Raum bildet die Ostgrenze des sedimentären Deckgebirges eine scharfe Schichtstufe bzw. einen Steilhang. Östlich davon existiert nachweislich keine zusammenhängende sedimentäre Decke, obgleich kleinere Restvorkommen, die in den reflexionsseismischen Diagrammen allerdings nicht sichtbar werden, auftreten können. In diesem Zusammenhang ist der vor kurzem gelungene Nachweis geringmächtiger kretazischer Ablagerungen bei Särdal in Halland von besonderem Interesse (BERGSTRÖM et al. 1973). Dieser temporäre Aufschluß, etwa 40 km nördlich des Kreidebeckens von Bastad gelegen, enthält mit einer Gesamtmächtigkeit von etwa 1,5 m konglomeratische Kalksteine mit Cenomanfossilien, die

von glaukonitischen Sanden des Unter- bis Mittelsantons überlagert werden.
Im Bereich der Südgrenze des Kattegattgebiets weisen permische Ablagerungen auf die initiale Bildungsphase der Dänischen Senke hin, deren stärkste Einsenkung während des Buntsandsteins erfolgte. Nordwestlich von Seeland wurde der tiefste seismische Reflektor, der der Zechsteinbasis zuzuordnen ist, in einer Teufe von ca. 5000 m nachgewiesen (Baartmann & Christensen 1975).
Das Departement für Marine Geologie an der Universität Stockholm (Floden 1973 u. a.) plant weitere Untersuchungen zum geologischen Bau des Kattegatts im Zusammenhang mit den Kartierungsarbeiten der SGU in Nordwestschonen und Südhalland sowie den Prospektionsarbeiten der OPAB in diesem Gebiet. Vorerst ist jedoch beabsichtigt, in Kooperation mit dem SGU geologische Arbeiten in der Hanöbai vor der Ostküste Schonens durchzuführen. Über die Geologie der Hanöbai war bislang nur wenig bekannt. Geophysikalische Messungen, die von der SGU, der OPAB und dem Departement für Marine Geologie der Universität Stockholm ausgeführt werden, haben jedoch im letzten Jahrzehnt zahlreiche neue Informationen geliefert. Im Ostteil der Hanöbai scheinen diese Messungen auf ziemlich geringmächtige mesozoische Schichten über steil einfallendem, gestörtem und erodiertem Paläozoikum hinzuweisen. Nach W nimmt die postpaläozoische Schichtenfolge, hier häufig tektonisch stärker beansprucht, an Mächtigkeit zu.
Wie in Schonen scheint die Fennoskandische Randzone auch in ihrer südöstlichen Verlängerung eine hochmobile Zone mit starken strukturellen Dislokationen und intensiver Absenkung darzustellen, die durch Bruchschollen- und Flexurbildungen mit nordwest-südöstlicher Hauptrichtung charakterisiert ist.
Dank der Existenz von zwei durch die OPAB im Jahre 1973 niedergebrachten Bohrungen (Hanöbai 104/13-1, Endteufe 1026 m; Hanöbai 104/14-2, Endteufe 836 m) wurde die Möglichkeit einer gesicherten geologischen Interpretation der geophysikalischen Daten dieses Gebiets beträchtlich erhöht. Die in diesen Bohrungen festgestellte stratigraphische Abfolge sowie einige daraus gezogene stratigraphische und strukturgeologische Schlußfolgerungen über bestimmte mikrofaunistische Umweltbedingungen während des Juras und der Kreide werden ausführlich in den folgenden Abschnitten dieser Arbeit diskutiert.

Paläomagnetismus, magmatische Ereignisse

Ein Teil der im Laboratorium für paläomagnetische Forschung der Universität Lund gegenwärtig laufenden Projekte beschäftigt sich mit der Untersuchung präkambrischer und paläozoischer Hyperite, Syenite, Dolerite und Sedimentgesteine sowie mesozoischer Basalte und Sedimente. Ziel der präkambrischen Projekte ist es, unter Nutzung radiometrischer Datierungen eine Polwanderungskurve für den Fennoskandischen Rand festzulegen. Eine derartige Kurve besitzt für das Studium präkambrischer Bewegungen innerhalb des Schilds Bedeutung. Hinsichtlich des Paläozoikums sind kambrische Sedimente und oberpaläozoische basische Gangsysteme in Südschweden Forschungsobjekte des Laboratoriums. Diese Analysen werden in Kooperation mit der School of Physics der Universität von Newcastle upon Tyne/Großbritannien realisiert. Weitere Untersuchungen an mesozoischen Basalten und Sedimenten Schonens sollen zur Verbesserung des mesozoischen Teils der europäischen Polwanderungskurve beitragen. Dies wird unter anderem für das Studium der dynamischen Initialphase der Öffnung des Nordatlantischen Ozeans von Nutzen sein.
Im Bereich des schwedischen Anteils des Südwestrands der Osteuropäischen Tafel treten Doleritgänge auf, die hauptsächlich NW—SE streichenden tektonischen Lineamenten folgen. Untersuchungen von Mulder (1971) über die natürliche remanente Magnetisierung von sechs Quarzdoleritgängen belegen ein oberkarbonisches Alter. Außer diesen Quarzdoleriten existiert in Schonen noch ein weiteres, gleiche NW-SE-Orientierung aufweisendes System stärker basischer Gänge (Melaphyre). Da die Verschiedenartigkeit in der Zusammensetzung auf unterschiedliche Perioden der magmatischen und tektonischen Aktivität entlang des Rands des Fennosarmatischen Schilds hinweisen könnte, hat Bylund (1974) besonderes Augenmerk sowohl den Quarzdoleriten als auch den Melaphyrgängen gewidmet. Seine Untersuchungen ergaben zwei unterschiedliche durchschnittliche paläomagnetische Polpositionen: Die Polposition der Quarzdolerite entspricht dem spätkarbonischen paläomagnetischen Pol für Westeuropa, während die Lage der Melaphyrpole besser mit dem paläomagnetischen Pol des Perms übereinstimmt. Somit belegen die Ergebnisse von Bylund die Existenz von zwei verschiedenen spätpaläozoischen Etappen der hypabyssischen magmatischen Aktivität im Bereich des schwedischen Rands der Osteuropäischen Tafel.
Erneutes Interesse gewannen auch die jüngsten Basalte in Mittelschonen. Printzlau & Larsen (1972) untersuchten alkalische Olivinbasalte, die früher als tertiäre Bildungen angesehen wurden. Ihre K/Ar-Datierungen ergaben jedoch kretazisches Alter in einer Schwankungsbreite zwischen 79 und 131 Mill./Jahren. Die Datierungen wurden in zwei Altersgruppen untergliedert, und zwar in Isochronen von 122 Mill. Jahren und von 89 Mill. Jahren, die damit in etwa dem spätkimmerischen bzw. dem subherzynischen magmatischen Geschehen entsprechen. Die Proben mit den älteren Werten stammen von Lokalitäten, die auf einer NNE-SSW streichenden Linie im östlichen Mittelschonen liegen, diejenigen mit dem jüngeren Alter aus dem mittleren und westlichen Teil der Basaltregion.
Klingspor (1973) richtete ihr besonderes Interesse auf den Basaltschlot von Göbnehall in Mittelschonen. Die von ihr an diesem speziellen Aufschluß mittels radiometrischer Datierung nach der K/Ar-Methode erzielten Untersuchungsergebnisse stimmen nicht mit denjenigen von Printzlau & Larsen (1972) überein. Deren Ergebnisse, die auf der Datierung einer einzigen Göbnehallprobe basierten, ergab ein Alter von 131 ± 8 Mill. Jahre. Nach Klingspor (1973) ist diese Probe für Göbnehall wenig repräsentativ. Ihre Berechnungen, fußend auf 11 Proben, ergaben ein Alter von 163 Mill. Jahre (jurassisches Alter an der Grenze zwischen Bath und Callov). Das von Klingspor ermittelte jurassische Alter des Göbnehallbasalts wurde durch palynologische Datierung von Basalttuffiten eines Aufschlusses (Korsaröd) in der Nähe von Göbnehall untermauert (Tralau 1973).

Stratigraphie, Lithologie, Paläogeographie

Geologie des Paläozoikums (Skoglund)

Einleitung

Die sedimentären Abfolgen des Paläozoikums von Schonen umfassen Schichten vom Unteren Kambrium bis zum Oberen Silur. Diese frühpaläozoischen Gesteinsserien treten in einer Zone zutage, die Schonen in NW-SE-Richtung quert. Zusätzlich kommt am Nordwestende des Romeleåsen-Horstes östlich von Lund ein von jüngeren Einheiten umgebender unterpaläozoischer Schichtkomplex vor. In Südwestschonen wird das Paläozoikum dagegen von einer bis maximal 2000 m Mächtigkeit erreichenden Decke mesozoischer Serien überlagert.
Unsere gegenwärtige Kenntnis über das Untere Paläozoikum basiert im zentralen und südöstlichen Schonen vor allem auf den aus Einzelaufschlüssen und flachen Bohrungen gewonnenen Informationen, währenddessen in Südwestschonen seismische Messungen und Tiefbohrungen wertvolle Hinweise über den Bau des Kambrosilurs lieferten. Eine eingehende Beschreibung des Unteren Paläozoikums von Schonen wurde von Regnell (1960) gegeben. Der vorliegende Bericht wird sich deshalb hauptsächlich auf die später publizierten Materialien, sowie auf die aus den gegenwärtig laufenden Erdöl-Erdgasexplorationsarbeiten zur Verfügung stehenden Informationen stützen.

Kambrium

Die besten Kenntnisse über die Ablagerungen des Kambriums liegen aus dem südöstlichen Schonen vor. Hier sind sowohl die unteren Abschnitte des Systems in ziemlich großen Aufschlüssen als auch das Obere Kambrium in den alten Alaunschieferbrüchen (Andrarum) gut zugänglich.
Das Untere Kambrium wird vorwiegend durch Quarzite und quarzitische Sandsteine vertreten. Als unterste Einheit des Systems wurde früher (Regnell 1960) der Hardebergasandstein, gut aufgeschlossen in einem Steinbruch östlich von Lund, angesehen. Durch detaillierte Untersuchung des Unteren Kambriums von Südostschonen (Lindström & Staude 1971) konnte jedoch zumindest im untersuchten Gebiet eine kambrische prä-Hardebergaabfolge nachgewiesen werden. Das Untere Kambrium wurde hier in sechs Formationen untergliedert, und zwar in (von unten nach oben) Lunkabergsandstein, Viksandstein, Brantevik-Glaukonitsandstein, Hardebergasandstein, Norretorpsandstein und Rispebjergsandstein.

Die Norretorpformation beschrieb erstmals BERGSTRÖM (1970) von Hardeberga. Kennzeichnend für den Rispebjergsandstein Schonens ist, daß er eine lithologische Zusammensetzung aufweist, die derjenigen in seinem Typusgebiet auf Bornholm ähnlich ist. Zusätzliche, bisher allerdings noch nicht mit Namen belegte Serien treten nach MARTINSSON (1974) im obersten Teil des Unterkambriums auf.

In fünf Bohrungen, die 14 km westlich von Simrishamn niedergebracht wurden, konnten vier der von LINDSTRÖM & STAUDE (1971) ausgeschiedenen lithostratigraphischen Einheiten durch SHAIKH & SKOGLUND (1974) identifiziert werden. Sie erkannten sie als Glieder der Simrishamnformation wieder, die in Schonen das Untere Kambrium umfaßt.

Außer Spurenfossilien, die in verschiedenen Horizonten des Unterkambriums auftreten, kommen Trilobiten in der Norretorpformation und höher vor (BERGSTRÖM 1973). Über den Fund eines fraglichen Trilobitenschwanzschilds im Hardebergasandstein berichtete BERGSTRÖM (1970). Fragmente von inartikulaten Brachiopoden wurden im Viksandstein einer der durch SKAIKH & SKOGLUND beschriebenen Bohrungen nachgewiesen. LINDSTRÖM (1967), der besonderes Augenmerk den strukturgeologischen Verhältnissen im südöstlichen Schonen widmete, erwähnte aus der Vik- und der Hardebergaformation Formen, die er als „Trichtergräben" bezeichnete. Mittel- bis spätkambrische Bewegungen im kristallinen Fundament wurden für die Bildung dieser Strukturen verantwortlich gemacht. Der gleiche Autor (LINDSTRÖM 1972) berichtete über Riefungen im Hardebergasandstein, die als Eisschublineationen interpretiert wurden.

Die vorherrschende Fazies des Mittleren und Oberen Kambriums von Schonen ist der Alaunschiefer, dem teilweise Linsen von Kalkstein (Stinkkalk) eingeschaltet sind. Bis auf die unterste Stufe des Mittelkambriums, deren Existens bisher nicht nachgewiesen werden konnte, treten innerhalb der Gesamtabfolge beider Abteilungen keine nennenswerten Lücken auf. Die Maximalmächtigkeiten von Mittelkambrium und Oberkambrium betragen bei Andrarum 20 m bzw. 40 m. Durch Bohrungen in Mittelschonen konnte eine Mächtigkeitsverringerung in westlicher Richtung festgestellt werden.

Seit 1960 wurden über das Mittel- und Oberkambrium von Schonen nur sehr wenig neue Fakten publiziert. Erwähnenswert ist ein mögliches Vorkommen von Oberkambrium in dem isolierten Gebiet südlich von Röstanga (BERGSTRÖM, BERGSTRÖM & LAUFELD 1968).

Einige der im Rahmen des Explorationsprogramms im südwestlichen Schonen niedergebrachten Bohrungen haben auch kambrische Schichten angetroffen. Unterkambrium, vertreten durch Quarzite, wurde in den Bohrungen Hammarlöv 1, Eskilstorp 1, Häslöv 1 und Höllviksnäs 1 nachgewiesen. Allerdings wurden in allen Bohrungen nur wenige Meter innerhalb der Quarzite gebohrt, so daß über die absoluten Mächtigkeiten keine Informationen vorliegen. Eine detaillierte stratigraphische Untersuchung des Mittleren und Oberen Kambriums dieser Tiefbohrungen ist bisher noch nicht durchgeführt worden. Es erscheint jedoch gesichert, daß die Gesamtmächtigkeit beider Abteilungen im Vergleich zu Mittelschonen reduziert ist. In der Bohrung Haslöv 1 übersteigt die Mächtigkeit von Mittel- und Oberkambrium nicht 40 m.

Ordovizium

Das Ordovizium Schonens tritt in regional größter Verbreitung im SE der Provinz zutage. Darüber hinaus sind ordovizische Schichtfolgen im Paläozoikumvorkommen östlich Lund sowie im Röstångagebiet vertreten. Die Gesamtmächtigkeit wird mit 120 m angegeben (REGNELL 1960).

Im Gegensatz zu anderen Gebieten im südlichen und mittleren Schweden, in denen das Ordovizium hauptsächlich karbonatisch entwickelt ist, liegt es in Schonen in tonig-pelitischer Fazies vor. Diese Ausbildung ähnelt derjenigen auf Bornholm und ist bis zu einem gewissen Grade auch vergleichbar mit den Verhältnissen, wie sie im Ordovizium von Nordrügen (DDR) angetroffen wurden.

Den basalen Teil des Systems bildet der *Dictyonema*-Schiefer. Lithologisch ähnlich ausgebildet wie die kambrischen Alaunschiefer, erreicht er eine Maximalmächtigkeit von 16,5 m (Bohrung bei Gislövhammar im südöstlichen Schonen). Im Zentralteil der Provinz (Fågelsång-Gebiet) treten reduzierte Mächtigkeiten von nur 5,3 m auf. Der *Dictyonema*-Schiefer und die *Ceratopyge*-Schichten des Tremadocs werden im Hangenden von den *Didymograptus*-Schiefern und den bis ins Ashgill reichenden *Dicellograptus*-Schiefern überlagert.

Die dem Arenig und Llanvirn entsprechenden *Didymograptus*-Schiefer werden durch einen Kalksteinhorizont, den Komstadkalkstein, zweigeteilt. Während die Unteren *Didymograptus*-Schiefer und der Komstadkalkstein Mächtigkeitsreduzierungen vom südöstlichen Schonen in Richtung auf die zentralen Teile der Provinz aufweisen, verringern sich im Oberen *Didymograptus*-Schiefer die Mächtigkeiten gerade in der umgekehrten Richtung.

Der untere und mittlere Teil der *Dicellograptus*-Schiefer sind als Graptolithenschiefer entwickelt. Der obere Abschnitt wird demgegenüber von grünlichgrauen Schiefern und Peliten vertreten, die Einschaltungen von Kalksteinen mit einer gemischten Fauna von Graptolithen und Schalenkomponenten aufweisen. Besonders hervorzuheben ist das Vorkommen von Bentonitlagen, die vor allem auf die unteren und mittleren Abschnitte der *Dicellograptus*-Schiefer beschränkt bleiben.

Den obersten Teil des Systems bilden die *Dalmanitina*-Schichten. Es handelt sich hierbei um graue bis dunkelgraue Pelite, die in den Liegendabschnitten einzelne Konglomerathorizonte führen. Neuere Untersuchungen im Ordovizium von Schonen sind zu einem großen Teil auf eine detaillierte Analyse der Conodontenfaunen des Mittleren Ordoviziums gerichtet (BERGSTRÖM 1971, 1973). Die Untersuchungsergebnisse eines Profils in den Oberen *Didymograptus*-Schiefern einschließlich der überlagernden karbonatischen „Bronni-Schichten" bei Killeröd im südöstlichen Schonen wurden von BERGSTRÖM (1973) vorgelegt. Es konnte nachgewiesen werden, daß Schiefer mit *Didymograptus murchisoni* dem Folkeslundakalkstein der baltoskandischen Lasnamägi-Stufe entsprechen und daß die „Bronni-Schichten" Äquivalente von Teilen der *Glyptograptus teretiusculus*-Zone darstellen.

BERGSTRÖM & NILSON (1974) erbrachten biostratigraphische Belege für eine detaillierte Korrelation der bentonitführenden Folge der Unteren und Mittleren *Dicellograptus*-Schiefer im Fågelsång-Gebiet mit entsprechenden Serien außerhalb Schonens (Bornholm, Vastergötland und Oslogebiet). Auch wurde festgestellt, daß in einem Kernprofil aus dem Fågelsång-Gebiet insgesamt 157 Bentonitlagen vorkommen.

Eine Beschreibung der Mittleren und Oberen *Dicellograptus*-Schiefer von Lindegård (Fågelsång-Gebiet) wurde durch GLIMBERG (1961) gegeben. Oberhalb der *Dicellograptus*-Schiefer schied GLIMBERG eine 44 m mächtige Abfolge aus. Die unteren 6 m wurden zur Zone des *Dicellograptus complanatus*, die überlagernden 11 m zur Zone des *Dicellograptus anceps* gestellt. Die obersten, als Lindegård-Tonstein bezeichneten 27 m enthielten keine biostratigraphischen Belege. Sie wurden mit den *Staurocephalus*-Schichten korreliert. Von BERGSTRÖM & LAUFELD (1968) wurde ein Profil in den Mittleren *Dicellograptus*-Schiefern in dem isolierten Gebiet paläozoischer Gesteinsvorkommen südlich von Röstanga aufgenommen.

Im südwestlichen Schonen schlossen die oben erwähnten Tiefbohrungen eine ordovizische Schichtenfolge in schiefriger Fazies auf. Genaue Mächtigkeitsangaben können noch nicht gemacht werden, da keine scharfen lithologischen Grenzen zum überlagernden Silur existieren und gerade in den Grenzbereichen keine Kerne gezogen wurden. Der Komstadkalkstein wurde im Bohrklein aller Bohrungen des südwestlichen Schonens, die das Ordovizium durchteuften, nachgewiesen. In einer Bohrung (Höllviksnäs 1) gelang im Mittleren Ordovizium der Nachweis von Bentonitlagen.

Silur

Das Silur besitzt die regional größte Verbreitung im Paläozoikum Schonens. Allgemein üblich ist eine Untergliederung in vier Serien, und zwar (von unten nach oben) in *Rastrites*-Serie, *Cyrtograptus*-Serie, *Colonus*-Serie und Öved-Ramsåsa-Serie. Der basale Teil des Systems gehört zur untersten Zone des Llandovery, d. h. zur Zone mit *Akidograptus acuminatus*; die höchsten Lagen der Öved-Ramsåsa-Serie haben Pridolialter. Das silurische System ist damit in Schonen vollständiger entwickelt als in irgendeinem anderen Gebiet Schwedens.

Im allgemeinen ist das Silur sehr schlecht aufgeschlossen. Alle Abschätzungen über die Gesamtmächtigkeiten sind deshalb recht unsicher. REGNELL (1960) nahm Mächtigkeiten zwischen 1000 und 1500 m an. Das in Bohrungen Südwestschonens in neuerer Zeit aufgeschlossene Silur wies Mächtigkeiten von durchschnittlich 250 bis 550 m auf. Offenbar fehlen hier in allen Bohrungen sowohl die Öved-Ramsåsa-Serie als auch der obere Teil der *Colonus*-Schiefer. *Rastrites*-Serie und *Crytograptus*-Serie sind als dunkelgraue, graptolithenführende Schiefer entwickelt. Der *Colonus*-Schiefer wird von grauen siltigen, teilweise Einlagerungen von Kalksteinen und Peliten enthaltenden

Schiefern vertreten. Die Öved-Ramsåsa-Serie besteht in ihrem unteren Teil aus karbonatischen Schiefern, Kalksteinen, Siltsteinen und Peliten; den oberen Teil bildet der rötliche Övedsandstein.
Die biostratigraphische Gliederung der zwei unteren Serien basiert auf den in ihnen enthaltenen Graptolithenfaunen, die erstmals umfassend von TULLBERG und TÖRNQUIST beschrieben wurden. Eine moderne Revision der Graptolithenfaunen des Llandovery und Wenlock fehlt. WAERN (1960) wies im ersteren jedoch eine kontinuierliche, die Zonen 16 bis 25 umfassende Faunensukzession nach. Die Untersuchungsergebnisse von zwei Oberwenlockkernen aus dem Paläozoikum östlich Lund wurden kürzlich durch NYERS & NILSSON (1973) publiziert. Die Graptolithenfaunen weisen auf die Zone mit *Cyrtograptus lundgreni* sowie das *nassa/dubius*-Interregnum hin.
Die im Hangenden folgende Serie des gleichen Gebiets wurde durch LAUFELD, BERGSTRÖM & WARREN (1975) erforscht. Sie belegten die früher in Schonen nicht aufgeschlossene Grenze zwischen *Cyrtograptus*-Schiefer und *Colonus*-Schiefer. Die Pelite der basalen *Colonus*-Schiefer wurden mit der *Pristiograptus ludensis*-Zone des höchsten Wenlock korreliert.
Die von MARTINSSON (1967) durchgeführten Untersuchungen der Ostracodenfaunen der Öved-Ramsåsa-Serie zeigten, daß ihre unterste Einheit, die Lunnarneschichten, mit den obersten Hemseschichten Gotlands parellelisiert werden kann. Die im Övedsandstein vorkommenden Ostracoden belegen Pridolialter.
In den drei Gebieten, in denen die Öved-Ramsåsa Serie aufgeschlossen ist, wurde die gesamte Serie mit Hilfe von Flachbohrungen durchteuft (Bjärsjölagård 1 und 2, Klinta 1, Övedskloster 1 und 2). Vor kurzem wurde mit der Untersuchung der Ostracodenfaunen am Geologischen Dienst (SGU) begonnen. Ihre Ergebnisse werden in die Arbeiten zum IGCP-Projekt 86 einfließen.

Geologie des Mesozoikums (Norling)

Trias

Einer der ersten Forscher, der auf Triasablagerungen in Schweden aufmerksam machte, war ANGELIN (1859, 1877). Er beschrieb die kohleführende Formation, die Sandsteine und Tone in Nordwestschonen und stellte diese in die Obere Trias und den Unteren Jura. Er prägte für die bunten Tone, Sandsteine und Komglomerate den Namen Kågerödformation und bezeichnete die im Hangenden folgenden Schichten als „Rhät-Lias-Gruppe". Die triassischen Folgen Schonens sind, sieht man vom Rhät ab, sehr arm an Fossilien, so daß man im Hinblick auf die stratigraphische Untergliederung zwangsläufig weitgehend auf lithologische Kriterien angewiesen war. Noch 1942 betrachtete TROEDSSON die bunten Schichten des prä-Rhät, die Kågerödformation, als permisch. Erst nach 1950, nachdem BROTZEN die Sedimentfolgen beschrieben hatte, die in den im Raum Südwestschonen niedergebrachten SGU-Bohrungen Höllviken 1 und 2 aufgeschlossen wurden, stand definitiv fest, daß in Südschweden ziemlich mächtige Triasablagerungen vorkommen.
Nach BROTZEN (1952) kann die triassische Schichtenfolge der Bohrung Höllviken 2 folgendermaßen stratigraphisch untergliedert werden:

1445–1496 m (51 m)	Rhät	Schwärzliche und graufarbene Schiefer, graue bis weißliche Sandsteine und graue Tonstein-Einlagerungen (Pflanzen und Fische)
1496–1755 m (259 m)	Oberer Keuper	Bunte Schiefer, weiche Sandsteine, Konglomerate und Arkosen. Dolomitische Brekzien
1755–1886 m (131 m)	Unterer Keuper Muschelkalk	Graufarbene Sandsteine und Mergel mit Pflanzen und Fischen
1886–1924 m (38 m)	Buntsandstein	Bunte Schiefer und Sandsteine

In der Bohrung Höllviken 2 erreicht die Trias somit eine Mächtigkeit von 479 m. Außer den vom Geologischen Dienst (SGU) niedergebrachten Bohrungen wurden in letzter Zeit im äußersten SW Schonens von der OPAB acht weitere Bohrungen abgeteuft. Von diesen wissen wir, daß hier die Trias einschließlich des 38 bis 55 m mächtigen Rhäts Gesamtmächtigkeiten zwischen 314 und 675 m aufweist.
In Südwestschonen liegt die Triasfolge auf ziemlich mächtigem Unterem Paläozoikum. Dies trifft in gleicher Weise auch für den Ostrand der Dänischen Senke entlang des Romelehorstes zu. Dagegen liegen nach den Ergebnissen der OPAB-Bohrungen Barsebäck 1 und Norravang 1 die 140 bis 220 m mächtigen triassischen Ablagerungen des Alnarpgrabens auf archäischen Gesteinen. Dies kann als Hinweis auf das Alter des Alnarpgrabens angesehen werden, dessen NW–SE streichende Strukturen Schonen vom Öresund bei Landskrona bis in die Mitte der südlichen Ostseeküste der Provinz queren. Die östlichsten Vorkommen triassischer Schichten wurden vor kurzem in zwei im Jahre 1973 von der OPAB niedergebrachten Offshorebohrungen (Hanö Bay 104/13-1 und 104/14-2) aufgeschlossenen (NORLING 1973, GROSSI 1974, TALLBACKA 1974, unveröffentlichte Berichte).
In der Bohrung Hanö Bay 104/13-1 wurden 72 m triassische Schichten nachgewiesen. Es handelt sich um 42 m karbonatführende glaukonitische Tone und Siltsteine des Rhäts sowie um 30 m harte bunte, tonige Sandsteine des Keupers, die Quarzite, vermutlich kambrischen Alters (Simrishamnsandstein) überlagern. Im allgemeinen wird das Rhät in Schonen von kohleführenden nichtmarinen Ablagerungen gebildet. In den Hanö Bay-Bohrungen lieferten die karbonatführenden glaukonitischen Tone und Siltsteine jedoch eine ziemlich reiche Foraminiferenfauna, die auf marine Ablagerungsbedingungen hinweist. Erwähnt seien *Gaudryina triadica*, *Variostoma coclea*, *Variostoma coniforme*, *Reophax eominutus* und *Tetrataxis inflata*, die alle aus dem Rhät Österreichs beschrieben wurden (KRISTAN-TOLLMANN 1957, 1964). Die spärliche Ostracodenfauna stützt diese Einstufung (Spezies von *Emphasia*, *Darwinula* und *Scabriculocypris* Nr. 844, WICHER 1957).
Aus dem Offshoregebiet rund um Südschweden liegen bis jetzt auf Grund fehlender Beobachtungen nur unzureichende Kenntnisse über die östliche und nördliche Begrenzung des triassischen sedimentären Deckgebirges vor. Dagegen ist der Erforschungsgrad auf dem Festland ziemlich hoch, insbesondere basierend auf mehreren Tiefbohraufschlüssen, auf den Ergebnissen zahlreicher Flachbohrungen sowie den in West- und Nordwestschonen beim Kohle- und Tonabbau in den triassisch-jurassischen Übergangsschichten gewonnenen Informationen.
Im Bereich des Onshoreanteils der Fennoskandischen Randzone scheinen in den flachen Sedimentbecken bei Båstad und Kristianstad nahe des Fennoskandischen Schilds triassische und jurassische Ablagerungen offensichtlich zu fehlen. Im Becken zwischen Hallandsås- und Söderåserhebung in Nordwestschonen liegen die Schichten des Rhäts über tiefgründig kaolinisierten archäischen Gesteinen. Nach W zu nimmt die Triasabfolge an Mächtigkeit und stratigraphischer Vollständigkeit zu. Nirgends innerhalb der Randzone konnten jedoch unter- und mitteltriassische Schichten nachgewiesen werden. In dem Gebiet, das von Söderasen, Kattegatt und Öresund umrahmt wird, wurde in zahlreichen Bohrungen eine tiefpaläozoische Basis der ziemlich mächtigen Obertriasabfolge festgestellt. In diesem Gebiet wird die Trias von der Kågerödformation (Keuper) sowie den Vallakra- und Minenschichten (Rhät) vertreten.
Die Kågerödformation wird als eine Randfazies der Trias betrachtet. Sie ist weiter nordwestlich auch aus Nordjütland (Bohrungen Skagen und Fredrikshavn) und im SE von Bornholm bekannt. In Nordwestschonen erreicht die Kågerödformation eine Mächtigkeit von mehr als 171 m (Bohrung bei Klappe, 10 km SSE von Höganäs). Die Sedimente der Kågerödformation wurden unter Bedingungen abgelagert, die von terrestrisch-fluiviatil über brackisch-lagunär bis flachmarin reichen. Sie setzen sich hauptsächlich aus bunten, roten, grünen und graufarbenen Tonen, Schiefern, Arkosen, Sandsteinen und Konglomeraten zusammen.
Die Ablagerungen des Rhäts der Fennoskandischen Randzone weisen in Nordwestschonen eine Mächtigkeit von 15 bis 40 m auf. Im Bereich des schwedischen Anteils der Dänischen Senke wurden Mächtigkeiten von 22 m (Bohrung Norrevang 1 im Alnarpgraben) bzw. 38 bis 55 m (OPAB-Bohrungen in SW-Schonen) nachgewiesen.
Die von TROEDSSON (1935) erkundeten Vallåkraschichten umfassen die Schichtenfolge zwischen den roten Kågerödtonen und dem gutgeschichteten kohleführenden Rhät. Die Vållakraschichten besitzen keine roten Farben; gewöhnlich sind sie weißlich, grau, grünlichgrau, schwarz und braun. In Nordwestschonen scheinen diese Schichten regional raschen Fazieswechseln zu unterliegen. Im allgemeinen existiert eine randnahe

sandige und eine tonige Ausbildung. Die Tone sind besonders reich an Montmorillonit und finden daher in der Klinkerherstellung und der Keramikindustrie Verwendung.
Die Minenschichten des Rhäts sind gut in den Kohlegruben Nordwestschonens zugänglich. Sie enthalten Kohlenlager mit Zwischenschaltungen von Sandstein- und Tonschichten (einschließlich Schamottetone), die seit dem 17. Jahrhundert abgebaut werden. Im Gebiet von Höganäs und Helsingborg besitzen die die zwei Hauptkohlenflöze („A-Flöz" und „B-Flöz") trennenden Zwischenschichten eine Mächtigkeit von etwa 25 bis 30 m, nehmen jedoch in östlicher Richtung bis auf Mächtigkeiten von 1 bis 10 m ab. Entlang der Westseite des Söderåsen, im Bergbaudistrikt von Bjuv, werden die Kohlelager durch Sand und Ton in mehrere dünne Flöze aufgespalten. Zusammengenommen mögen sie eine Mächtigkeit von 4 bis 5 m erreichen. Die Basis des oberen Kohlelagers („A-Flöz") wurde als Grenze zwischen Trias und Jura, d. h. zwischen Rhät und Hettang, gewählt.

Jura

Die spättriassische Topographie Nordwesteuropas wurde durch ein extrem flaches Relief charakterisiert (Trümpy 1971). Im Rhät wirksam gewordene frühkimmerische Bewegungen kennzeichneten den Übergang vom triassischen zum jurassischen Sedimentationsgeschehen. Mit den liassischen Transgressionen kehrten marine Bedingungen in weiten Teilen Nordwesteuropas zurück. Am südwestlichen Rand des Fennoskandischen Schilds setzte sich die rasche Absenkung der bereits durch variszische Bewegungen angelegten Dänischen Senke fort.
Im frühen Lias gehörten Schonen und die südöstliche Ostsee hauptsächlich zu einem kontinentalen Sedimentationsgebiet, das jedoch gelegentlich mit den marinen Becken im W in Verbindung stand. Angezeigt wird letzteres durch die verarmten Foraminiferen- und Ostracodenfaunen, die aus der Helsingborgformation sowie aus anderen, in östlicher Richtung bis nach Westpolen reichenden Schichtenfolgen des Hettang bekannt sind.
Die von Troedsson erstmals ausgeschiedene Helsingborgformation wurde auf der Grundlage der in ihr enthaltenen Molluskenfaunen und Pflanzenfossilien ins Hettang gestellt. Ihre Maximalmächtigkeit von etwa 200 m erreicht sie innerhalb der Fennoskandischen Randzone im Gebiet von Nordwestschonen (Klappe 210 m, Svanebäck 180 m, Bohrungen zwischen Helsingborg und Höganäs). Insgesamt beinhalten die Ablagerungen des Hettang von Schonen den gleichen Typ von Deltaablagerungen wie das Rhät.
Die erste größere liassische Transgression in Schonen führte zur Bildung der Döshultformation des frühen Sinemur (Nachweis der Ammonitenzonen *Bucklandi*, *Semicostatum* und *Turneri*). Diese Formation besitzt eine maximale Mächtigkeit von ungefähr 170 m im Helsingborggebiet und eine Mächtigkeit von 70 m im Höganäs-Ängelholmgebiet in Nordwestschonen. Sie beginnt mit groben, kreuzgeschichteten Sandsteinen, die allmählich in feinerklastische Sedimente übergehen, und enden mit Siltsteinen und zwischengeschalteten Schiefern. Abgesehen vom äußersten Rand wurde diese Formation im schwedischen Abschnitt der Dänischen Senke nicht nachgewiesen. Der Nachweis von Ammoniten der *Obtusum-*, *Oxynotum-*, *Jamesoni-*, *Spinatum-* und *Tenuicostatum*-Zone sowie reiche Foraminiferenfaunen belegen, daß marine Verhältnisse während des Hauptteils des Lias zumindest im westlichen und nordwestlichen Schonen herrschten.
Im späten Sinemur wurden die Pankarptone gebildet, eine 50 bis 60 m mächtige Folge graufarbener, bläulicher, bräunlicher und rotbrauner Tonsteine, Tone und Schiefer. Häufig kommt eine mittlere Partie mit lockeren, kohleführenden Sandsteinen vor, die eine kurze Unterbrechung der marinen Sukzession anzeigt. Eine ähnliche Obersinemurfazies wurde auch aus Nordmecklenburg/DDR erwähnt (Rusbült & Petzka 1964).
Eine bedeutendere Transgression an der Basis des Pliensbach, die im Lias Nordwesteuropas zugleich die größte Verbreitung besaß (Hallam 1960) führte im westlichen und nordwestlichen Schonen zur Bildung der Katslösaformation einer Folge von Schiefern, Tonsteinen, eisenhaltigen Siltsteinen und Sandsteinen mit einer Maximalmächtigkeit von etwa 115 m.
Die im Hangenden folgende, 50 bis 90 m mächtige Rydebäckformation des Domer/Toarc zeigt weniger transgressiven Charakter, hat jedoch Ammoniten- und reiche Foraminiferenfaunen im unteren und mittleren Teil geliefert. Die Formation wird durch sandige, siltige und tonige, teilweise auch eisenhaltige und oolithische Sedimente mit bunten (roten, grünen und rot-fleckig-schwarzen) Intervallen charakterisiert. Das Auftreten von Konglomeraten im oberen Teil der Formation sowie die allmähliche Verringerung der marinen Mikrofaunen zeigen eine beträchtliche Heraushebung während des Toarc an.
Nach der im Gebiet der südlichen Ostsee erfolgten, sowohl in Schonen als auch in Polen nachweisbaren Hebung im späten Toarc drang während des Aalen von W her in Polen eine weiträumige Transgression vor. Zeugen dafür liegen auch in Schonen vor, fehlen dagegen auf Bornholm. Allerdings war diese marine Etappe in Schonen nur von kurzer Dauer. Vom Hauptteil des Mittleren Jura kennen wir lediglich kontinentale Ablagerungen. In Mittel- und Westschonen wurden im Bajoc und Bath die kohleführende, sandige und tonige Eriksdalformation (ca. 120 m) und der Glassand (etwa 30 m) gebildet. In Nordwestschonen werden nichtmarine sandige Schichtenfolgen des Mittleren Juras zur Vilhelmsfältformation (etwa 75—85 m) gerechnet.

Am Ende des Mittleren Juras drang das Meer wiederum in den Raum des westlichen und nordwestlichen Schonen vor. Diese Transgression zog die Ablagerung der Fortunamergel nach sich; einer 27 m mächtigen Folge graufarbener Mergel und Tonsteine mit Kalksteinbändern. Diese Formation, die eine reiche dem Schelfbereich zuzurechnende Foraminiferenfauna des späten Bath/frühen Oxford enthält, wurde erstmals in der etwa 10 km SSE von Helsingborg niedergebrachten Bohrung Rydebäckfortuna 5 nachgewiesen (Norling 1972). Darüber hinaus wurde sie innerhalb der Dänischen Senke in Südwestschonen in den OPAB-Tiefbohrungen Höllviksnäs 1 (1369 bis 1383 m NN), Kungstorp 1 (1461 bis 1500 m NN) und Håslöv 1 (ca. 1400 m NN) angetroffen.
Marine Ablagerungen von Oberem Bathon/Unterem Oxford konnten innerhalb der Fennoskandischen Randzone nicht nachgewiesen werden. Allerdings gibt es eine Ausnahme: Gebiet der Hanö Bay. In den zwei OPAB-Bohrungen Hanö Bay 104/13-1 und 104/14-2 wurden in einer Teufe von 820 bis 885 m bzw. 723 bis 792 m marine Ablagerungen mittel- bis spätjurassischen Alters festgestellt. Die 65 m mächtige Abfolge der recht nahe der Ostküste Schonens gelegenen Bohrung 104/13-1 umfaßt einen kalkreichen tonigen Sand und etwas Ton. Diese Serie lieferte eine Foraminiferenfauna des Schelfbereichs mit mehreren für den Fortunamergel typischen Arten sowie einige andere stratigraphisch signifikante Spezies.
Die 69 m mächtige Schichtenfolge in der weiter von der Küste Schonens entfernt gelegenen Bohrung Hanö Bay 104/14-2 enthält kalkreiche Siltsteine, Tone und glaukonitische Mergel mit dünnen Kalksteinlagen. Die reiche Foraminiferenfauna dieser Abfolge besitzt spätjurassisches Alter. Hinweise auf mitteljurassische Schichten sind in dieser Bohrung nicht enthalten. Von besonderem Interesse ist das Vorkommen planktonischer Foraminiferen wie *Globuligerina oxfordiana* (Grigelis 1956) und verwandte Formen. Planktonische Foraminiferen sind sehr seltene Elemente der jurassischen Faunen Nordwesteuropas. Die meisten Funde bleiben auf den Tethysraum beschränkt. Vereinzelte Vorkommen sind jedoch auch aus den Gebieten nördlich der Tethys bekannt, so aus Polen (Pazdrowa 1969), Nordfrankreich (Bignot & Guyader 1966, 1970) und Litauen (Grigelis 1958, 1974). Alle diese Funde sind gut dokumentiert und illustriert, die französischen und polnischen Formen zudem durch Aufnahme unter dem Scanning-Elektronenmikroskop. Andere nordwesteuropäische Funde, zum Beispiel aus der BRD, müssen als problematisch angesehen werden. Die Vorkommen planktonischer Foraminiferen im Jura der Hanö Bay deuten auf pelagische Einflüsse hin. Dabei scheint die regionale Verbreitung der Funde auf eine ozeanische Verbindung zwischen Tethys und dem Raum der südöstlichen Ostsee über Polen hinweg hinzuweisen.

Der Fyledalton des Oxford/Kimmeridge kommt in Mittel-, West- und Nordwestschonen vor, scheint aber im Bereich der Hanö Bay dagegen zu fehlen. Diese maximal 116 m mächtig werdende Folge besteht größtenteils aus grünlichen, bläulichen und bräunlichen Tonen und Tonsteinen. Am Übergang vom Fortunamergel zum Fyledalton erfolgt ein plötzlicher Wechsel in der Foraminiferenfauna von einer überwiegend kalkigen zu einer hauptsächlich aus sandigen Formen bestehenden Fauna. Vergleiche mit rezenten Faunen scheinen darauf hinzuweisen, daß Faunengemeinschaften, in denen einfache sandige Formen vorherrschen, bezeichnend für Umweltbedingungen sind, in denen eine Ausscheidung von Kalziumkarbonat erschwert ist (kaltes Wasser oder geringe Salinität). Da im Fyledalton mehrere Fakten (Gyrogoniten der Charophyten, Megasporen, Kohle) auf küstennahe, gelegentlich sogar auf limnische Verhältnisse hindeuten, kann der plötzliche Faunenwechsel im späten Oxford

STRATIGRAPHISCHE GLIEDERUNG DES SCHWEDISCHEN JURA UND UNGEFÄHRE SCHICHTMÄCHTIGKEITEN IN VERSCHIEDENEN GEBIETEN			DÄNISCHE SENKE			FENNOSKANDISCHE RANDZONE				
SERIEN	STUFEN	FORMATIONEN	SW-SCHONEN	ALNARP-GRABEN	OSTRAND	HELSINGBORG-ÖRESUND	HÖGANÄS-ÄNGELHOLM	VOMB-TROG	HANÖ-BAY	SERIEN
OBERER JURA	Portland	Vitabäck Ton / Hanö Bay-Form.	O.J.+M.J.	O.J.60m	40m	> 7m	30-45m	70m	16-70m	OBERER JURA
	Kimmeridge	Nytorp-Sand / Hanö Bay-Form.				36m	22-28m	18m		
	Oxford	Fyledal-Ton / Hanö Bay-Form.				56-116m	38-80m	28-36m (140m?)		
MITTLERER JURA	Callov	Fortuna-Mergel	100-170 m	M.J.+U.J.	Lücke	27m	Lücke	Lücke	> 50m	MITTLERER JURA
	Bathon	Glas-Sand			100m	C.200m	75-85m	30m		
	Bajoc	Vilhelmsfält-Form. / Eriksdal-Form.						120m		
UNTERER JURA	Aalen	Eriksdal-Form.	Fehlen von Ablagerungen oder rudimentäre Entwicklung		Ungenügend bekannte Schichten (>225m im Gebiet von Kävlinge NNW von Lund)				10-40m	UNTERER JURA
	Toarc	Rydebäck-Formation				50m	90m	> 300m		
	Pliensbach	Katslösa-Formation				50-115m	30m			
	Sinemur	Pankarp-Ton		115m		50-60m	50-60m			
		Döshult-Formation				70-170m	70m			
	Hettang	Helsingborg-Formation				200m	200m			

Tabelle 1

von Schonen einen Wechsel von marinen zu brackischen Bedingungen widerspiegeln.

Der etwa 36 m mächtige Nytorpsand des Kimmeridge/Portland und die ins gleiche stratigraphische Niveau gehörenden, möglicherweise sogar noch den Jura/Kreide-Grenzbereich umfassenden Vitabäcktone ($\geqq$ 70 m) wurden vornehmlich im nichtmarinen Milieu gebildet. Die Korrelation der lithostratigraphischen Einheiten Schonens mit den internationalen Jurastufen, sowie ihre Mächtigkeiten innerhalb der unterschiedlichen Struktureinheiten sind in Tab. 1 enthalten.

Kreide

Sieht man von der in randnaher Fazies vorliegenden untersten Kreide ab, ist die gesamte kretazische Abfolge in Schonen marin entwickelt. In lithostratigraphischer Hinsicht existiert jedoch zwischen den Ablagerungen der Unter- und Oberkreide in Schonen ebenso wie überall in Nordwesteuropa ein grundsätzlicher Unterschied. In vieler Hinsicht stellen die unterkretazischen Sedimentfolgen eine Fortsetzung der jurassischen Sedimentation dar, während dessen die oberkretazische Kalkstein/Schreibkreidefazies grundsätzlich andere paläogeographische Bedingungen repräsentiert. In bezug auf die Unterkreide gibt es in Schweden im Grunde genommen nur sehr wenige Aufzeichnungen. Wie weiter unten gezeigt werden wird, bedeutet das nicht, daß die schwedische Unterkreide nur unbedeutende Mächtigkeit und Verbreitung besitzt.

BROTZEN (1945, 1950) beschrieb die Kreideabfolge einschließlich der unterkretazischen Schichten des Barrême, Apt und Alb aus den in Südwestschonen niedergebrachten Höllvikenbohrungen. Eine von BROTZEN dem Wealden zugeordnete Serie wurde von TRALAU (1967) und MAHN (1968) in den Mittleren Jura gestellt. Nach Unterlagen der Robertson Research Company, Großbritannien (unpublizierter Bericht der OPAB, 1971) enthält diese Abfolge jedoch Schichten des Wealdens sowie des Oberen, Mittleren und Unteren Juras.

In seiner 1945 erschienenen Veröffentlichung berichtete BROTZEN auch über Unterkreidevorkommen aus anderen Gegenden Schonens, so über „Wealdenschichten" überlagernde Serien des Valangien mit *Aucella kayserlingi* in einer Bohrung bei Hilleshög (Raum Landskrona), über „Wealdenschichten" im Gebiet von Ystad-Vomb sowie über das Tormarpkonglomerat aus dem Alb/Cenoman im Båstadgebiet. REGNELL et al. (1963) bestätigten BROTZENS Unterkreidestratigraphie und seine Datierung des Tormarpkonglomerats. NORLING (1970) erwähnte Schichten des Valangien/Hauterive aus der in der Nähe von Hilleshög (Landskrona) abgeteuften Bohrung Rydebäckfortuna 2. In der gleichen Arbeit wurde des weiteren kurz über Valangien/Hauterivefolgen berichtet, die im Vombtrog in den Bohrungen bei Hemmestorp (Veberöd) und Köpingsberg angetroffen wurden.

Durch die gegenwärtig von der SGU durchgeführten Kartierungsarbeiten in den sedimentären Schichtenfolgen Schonens sowie durch die von der OPAB getätigten Bohraktivitäten auf Kohlenwasserstoffe konnten neue wichtige Informationen über Bau und Entwicklung der unterkretazischen Abfolgen gewonnen werden. In der nachstehenden Tab. 1 wird ein Überblick über die annähernden Mächtigkeiten der Unterkreide/Cenomanabfolgen innerhalb der verschiedenen Struktureinheiten Schonens gegeben.

	Cenoman-Alb	präalbische Unterkreide
Dänische Senke		
Südwestschonen	28—64 m	15—109 m
Alnarpgraben	23—40 m	39—45 m
Ostrand	vorhanden	85—122 m
Fennoskandische Randzone		
Vombtrog	17—178 m	44—85 m
Kristianstadbecken	10—18 m	ca. 20 m
Hanö Bay	24—50 m	100—125 m
Båstadbecken	12 m	?

Die Jura-Kreideübergangsschichten werden innerhalb des schwedischen Teils der Dänischen Senke und in der Fennoskandischen Randzone hauptsächlich unter limnischen und/oder brackischen Verhältnissen — charakterisiert durch Vorkommen von Vertretern der Ostracodengattung *Cypridea* — gebildet.

Die erste frühkretazische Transgression erfolgte in Schonen während des Valangien/Hauterive. Innerhalb des schwedischen Teils der Dänischen Senke wurden Belege für diese Transgression durch die OPAB-Bohrung Norrevång 1 sowie durch mehrere in der Nähe des Ostrands der Senke gelegenen Flachbohrungen erbracht. Zu erwähnen wären hier die SGU-Bohrungen bei Hilleshög und Rydebäckfortuna sowie die Flachwasserbohrungen Ettarp 89 und Dalby 474 (Nummern nach dem SGU-Bohrarchiv) östlich von Lund.

Innerhalb der Fennoskandischen Randzone wurden Ablagerungen, die die Valangien/Hauterivetransgression repräsentieren, in der SGU-Bohrung Köpingsberg 1, in der OPAB-Bohrung Assmåsa 1 sowie in einer Flachwasserbohrung bei Hemmestorp (Veberöd) — alle innerhalb des Vombtrogs gelegen — nachgewiesen. Weiterhin wurden Schichtenfolgen des Valangien/Hauterive in den Bohrungen Hanö Bay 104/13-1 und 104/14-2 festgestellt. Die Mächtigkeiten dieser Schichten reichen von 22 m bis zu 32 m.

Im Barrême/Apt wurden in der Dänischen Senke hauptsächlich Schiefer und Tonsteine abgelagert. Dagegen scheinen am Rand der Senke sowie innerhalb der Fennoskandischen Randzone

Tab. 2. Zusammenstellung der schwedischen Unterkreideforaminiferen

Foraminiferenarten	Stratigraphische Reichweite in Europa						
	Cenoman	Alb	Apt	Barrême	Hauterive	Valangin	Berrias
Cibicides cenomanica	—						
Gavelinella tormarpensis	—	–					
Gavelinella intermedia	—	—					
Dorothia gradata	—	—					
Lingulogavelinella albiensis		—					
Epistomina spinulifera polypioides		—	–				
Gaudryina dividens		–	—				
Saracenaria bonionensis		–	—				
Lenticulina gaultiana		–	—				
Conorotalites aptiensis		–	—	–			
Epistomina chapmani		–	—	–			
Lamarckina lamplugi		–	—	—	–		
Verneuilinoides subfiliformis		–	—	—	–		
Lenticulina schloenbachi		–	—	—			
Gavelinella barremiana			–	–			
Lenticulina o. ouachensis			–	—	–		
Lenticulina heiermanni			–	—	–		
Gavelinella flandrini			–	—			
Conorotalites bartensteini			–	—			
Lenticulina schreiteri				—	—	—	
Epistomina hechti				–			
Epistomina c. caracolla				–	—	–	
Hechtina antiqua				–	—		
Gavelinella sigmoicosta				–	–		
Epistomina ornata				–	—	–	
Triplasia emslandensis					—	–	
Lenticulina saxonica					–	–	
Epistomina caracolla anterior						–	

sandige und siltige karbonatische Sedimente vorzuherrschen, obgleich auch hier Schieferlagen vorkommen.

In den in Südwestschonen niedergebrachten Bohrungen Eskilstorp 1, Höllviken 1 und 2, Höllviksnäs 1 und Håslöv 1 erreichen die Schichten des Barrême/Apt eine Mächtigkeit von 15 bis 40 m. In Flachwasserbohrungen am Ostrand der Dänischen Senke (Bohrungen Ettarp 89, Bonderup 79, Björnstorp Stathus 339 und Dalby Söderskog 122) wurden Mächtigkeiten von 5 bis 15 m nachgewiesen. In Bohrungen innerhalb des Vombtrogs (Bohrungen Assmåsa 1, Köpingsberg 1, Nedraby 7404 und 7409 — Numerierung nach dem Bohrarchiv der VIAK, Malmö) treten Schichtmächtigkeiten des Barrêmes/Apts von 46 m, 60 m, 2,5 m bzw. 6 m auf.

In Verbindung mit der SGU-Kartierung der Sedimentfolgen von Ostschonen wurde kürzlich nachgewiesen, daß zumindest Teile des flachen Kristianstadbeckens schon während des Barrêmes vom kretazischen Meer überflutet wurden. In einer flachen Kernbohrung (Kristianstad U 1B) wurde eine 23 m mächtige Unterkreidefolge erteuft. Diese karbonatischen glaukonitischen Sand- und Siltsteine konnten auf der Grundlage der in ihr enthaltenen Foraminiferenfauna in Alb (3 m), Apt (12 m) und Barrême (8 m) unterteilt werden. Die Hanö Bay-Bohrungen 104/13-1 und 104/14-2 haben eine 50 m mächtige, dem Barrême und Apt zugeordnete Folge von Sandsteinen mit Zwischenschaltungen von bräunlichen Tonsteinen und schwarzgrauen Schiefern angetroffen.

Das Alb/Cenomanmeer drang jedoch nicht nur in die oben erwähnten Gebiete vor. So sind auch aus dem flachen Båstadbecken an der Grenze zwischen den Provinzen Schonen und Halland 12 m Glaukonitsande des Albs/Cenomans bekannt (Bohrung bei Skottorp Kvarn). Ja sogar 40 km nördlich des Bastadbeckens wurden auf dem Fennoskandischen Schild bei Särdal in der Nähe der Stadt Halmstad noch Zeugen des Cenomanmeeres nachgewiesen (BERGSTRÖM et al. 1973).

In allen Aufschlüssen Südschwedens, in denen Ablagerungen des Albs/Cenomans auftreten, werden sie von sandigen und siltigen, gewöhnlich sehr glaukonitreichen Sedimenten vertreten. Die belegten Mächtigkeiten reichen von 12 m bis zu 178 m. Am repräsentativsten davon scheint eine Mächtigkeit zwischen 25 und 50 m zu sein. Die extrem hohen Werte können eventuell auf steiles Schichteinfallen zurückgeführt werden.

Zur biostratigraphischen Gliederung der Unterkreideabfolgen Schonens fanden hauptsächlich Foraminiferen Verwendung. Zur Stützung der Foraminiferenstratigraphie wurden in Bohrungen zusätzlich auch Ostracoden und Dinoflagellaten herangezogen. In Tab. 2 wurden die bekanntesten Unterkreideforaminiferen, die man aus schwedischen Schichtserien erhalten hat, zusammengestellt und ihre stratigraphische Reichweite in Europa graphisch gekennzeichnet.

Innerhalb der Dänischen Senke werden die postcenomanen Oberkreideablagerungen bis auf wenige Ausnahmen in der gesamten Profilabfolge von biogenem Kalkstein und Schreibkreide gebildet, wobei letztere vor allem auf das Mittlere und Obere Maastricht beschränkt bleibt. Am Ostrand der Senke sowie innerhalb der Fennoskandischen Randzone war jedoch auch die Zuführung klastischen Materials recht bedeutend. Spezifische paläogeographische Verhältnisse in den verschiedenen Struktureinheiten der Fennoskandischen Randzone haben zu unterschiedlichen Lithofaziesausbildungen geführt.

In der folgenden Tab. 3 sind die Maximalmächtigkeiten (m) der postcenomanen Unterkreidestufen enthalten. Die Werte basieren auf Angaben aus Tiefbohrungen des SGU und der OPAB sowie auf anderen Dokumentationen.

Tab. 3. Maximalmächtigkeiten der Unterkreidestufen

Strukturelle Einheit (Gebiet)	Oberkreidestufen (postcenoman)					
	Maastricht	Campan	Santon	Coniac	Turon	gesamt
Dänische Senke						
Südwestschonen	550	350	300	75	75	1350
Alnarpgraben	700	400	350	100	50	1600
Fennoskandische Randzone						
Vombtrog	100	160	470	70	70	870
Hanö Bay	—	50	400	40	25	515
Kristianstadbecken	6	105	25			

Wie aus diesen Mächtigkeitsangaben ersichtlich wird, verstärkte sich die Einsenkung während der Oberkreide innerhalb der Dänischen Senke vom Santon bis zu einem Maximum im Maastricht. Tatsächlich repräsentiert die Maastrichtmächtigkeit mehr als ein Drittel der gesamten Oberkreideabfolge. Die Verhältnisse in der Fennoskandischen Randzone liegen grundsätzlich anders. Hier trat die Hauptsenkung im Santon auf. Während des Campans/Maastrichts scheinen sich die flachen Becken der Randzone dagegen ziemlich starr verhalten zu haben. Dennoch weisen die häufig auftretenden kleinen Restvorkommen kretazischer Gesteinskomplexe in der Kristallinzone zwischen dem Kristianstadbecken und dem Båstadbecken darauf hin, daß die Campan/Maastrichttransgression im südschwedischen Raum weit nach NE reichte.

Das Vorkommen individuen- und artenreicher, warmes Klima und ozeanische Ablagerungsbedingungen anzeigender Faunen planktonischer Foraminiferen ist für die Oberkreidefolgen der Dänischen Senke charakteristisch. Auch innerhalb der Fennoskandischen Randzone, im Vombtrog, bilden die planktonischen Foraminiferen — insbesondere im Turon-Santon — den überwiegenden Anteil der Mikrofaunen. Dagegen kommen in den Oberkreideablagerungen der Hanö Bay und des Kristianstadbeckens planktonische Foraminiferen äußerst selten vor. Sie werden hier gewöhnlich durch benthonische Formen vertreten. Eine denkbare paläogeographische Interpretation dieser Beobachtung wäre, daß das Hanö Bay/Kristianstadgebiet während der Oberkreide durch eine Landmasse oder möglicherweise durch eine dichte, Plankton „filternde" Inselkette vom offenen Ozean getrennt wurde. Da die oberkretazischen Serien des westlichen Bornholms eine reiche planktonische Foraminiferenfauna aufweisen, müßte das Hebungsgebiet zwischen Südwestschonen und Bornhom gelegen haben. Neuere, durch die OPAB und das Department für Marine Geologie der Universität Stockholm durchgeführte geophysikalische Untersuchungen scheinen in der Tat auch darauf hinzuweisen, daß Teile der „Bornholmpforte" in spätmesozoischer Zeit herausgehoben worden sind. In diesem Zusammenhang sei noch erwähnt, daß die von ANDERSEN et al. (1975) publizierten Untersuchungsergebnisse über die Schwereverhältnisse und die geologischen

Strukturen des Raums der Insel Bornholm sehr wichtig für das Verständnis der submarinen Geologie der Fennoskandischen Randzone im Bereich der südlichen Ostsee sein werden.

Tertiär

Sieht man von einer 25 m mächtigen Folge paläozäner Ablagerungen ab, die kürzlich in einer OPAB-Bohrung (104/13-1) im Gebiet der Hanö Bay nachgewiesen wurden, sind die bislang bekannten schwedischen Tertiärvorkommen auf Südwestschonen, d. h. auf die Dänische Senke beschränkt.
Das lediglich paläogene Ablagerungen umfassende Tertiär Schwedens kann wie folgt (Tab. 4) stratigraphisch untergliedert werden:

Tab. 4. Stratigraphische Untergliederung des Tertiärs (Paläogen) Schwedens

Stufen	Zonen und Subzonen plankton. Foraminiferen	Lithostratigraphische Einheiten	Mächtigkeit
Unteres Eozän	*Globorotalia wilcoxensis Zone*	Bosarp-Tonstein	5 m
Oberes Paläozän	*Turborotalia aequa* & *T. esnaensis*-Subzone *Globorotalia pseudomenardii* & *G. pusilla laevigata* Subzone	Svedala-Mergel	10—15 m
Mittleres Paläozän	*Globorotalia angulata* & *G. pusilla pussilla*-Zone	Lellingegrünsand	2—15 m
Unteres Paläozän (Dan)	*Globoconusa daobjergensis*-Zone	Dankalkstein	50—180 m

Der Dankalkstein überdeckt ganz Südwestschonen. Im E wird er durch eine zwischen Landskrona und Ystad verlaufende Störungszone begrenzt. Lithologisch kennzeichnend sind Feuersteine führende weißliche, hellgraue und gelbliche Kalkarenite und Kalzilutite mit Einlagerungen von Bryozoen- und Korallenkalken. Die Mächtigkeiten variieren zwischen 40 und 60 m; innerhalb des Alnarpgrabens werden allerdings auch — wie Bohraufschlüsse belegen — Werte bis 180 m erreicht.
Mit der Stratigraphie des Dans haben sich in der Vergangenheit zahlreiche Geologen beschäftigt. Von besonderer Bedeutung sind mehrere Publikationen von BROTZEN, einschließlich der 1959 erschienenen Arbeit über die Geologie des Dans im Steinbruch Limhamn bei Malmö. Unter den neueren Veröffentlichungen müssen die Arbeiten von CHEETHAM (1971) und MALMGREN (1974) erwähnt werden.
Die gegenwärtig beim Geologischen Dienst (SGU) laufenden Untersuchungsarbeiten haben auch Analysen der Dinoflagellatenstratigraphie des Maastrichts/Dans zum Gegenstand. Diese Arbeiten erfolgen in Kooperation mit dem Erdölforschungsinstitut Bukarest in einem regional großen Umfang (KJELLSTRÖM, BALTES und andere).
Paläogene Ablagerungen des Postdans sind auf kleine Gebiete südlich und südöstlich von Malmö beschränkt (Klagshamn, Vällinge, Svedala, Trelleborg, Ystad). Häufige Funde paläogener erratischer Gerölle sowie Bernstein weisen jedoch offensichtlich darauf hin, daß tertiäre Sedimente in Schonen einst weite Verbreitung besaßen. Die meisten der bekannten kleinen Vorkommen sind wahrscheinlich auf Grund ihrer relativ geschützten Lage in der Nähe von Depressionen und Störungen innerhalb des Dankalksteins der späteren Erosion entgangen.
Schichten, die dem erstmals aus dem Raum Kopenhagen beschriebenen Lellingegrünsand entsprechen, wurden aus Schonen (Klagshamn) zuerst von HOLST & GRÖNVALL (1970) erwähnt. BROTZEN (1948) beschäftigte sich mit den postdanischen Paläogenfolgen Schwedens und ihren Foraminiferenfaunen. Seine Untersuchungen betrafen hauptsächlich das Paläozän bei Klagshamn und Ystad. Durch das Vorkommen von ***Globorotalia angulata***, ein sowohl aus Dänemark (HANSEN 1968) als auch aus Schweden (NORLING 1973) erwähntes Zonenfossil in der Sukzession planktonischer Foraminiferen, ist ein Mittelpaläozänalter des Lellingegrünsands gegeben. Der Übergang von den weißlichen festen Dankalksteinen zu den weichen grünlichen und braunlichen konglomeratischen Sedimenten des Lellingegrünsands ist nicht allein lithologisch scharf. Gewöhnlich liegt der Lellingegrünsand auf einem erodierten Dankalkstein und enthält oft aufgearbeitetes Material des Maastrichts und des frühen Paläozäns. Im Gebiet von Klagshamn beträgt die Mächtigkeit des Lellingegrünsands 0,5 bis 3 m, bei Svedala werden 1,3 bis 1,7 m erreicht. Bei Ystad weisen lithologisch entsprechende Schichten eine Mächtigkeit von ca. 15 m auf.
Die im Hangenden folgenden Svedalamergel besitzen mittelbis spätpaläozänes Alter. Grundlage für diese Einstufung bildet eine planktonische Foraminiferenfauna, die Zonen- und Subzonenfossilien wie *Globorotalia angulata*, *G. pusilla pusilla*, *G. pusilla laevigata*, *G. pseudomenardii*, *Turborotalia aequa* und *T. esnaensis* enthält (NORLING 1973). Im Gebiet von Svedala, in dem das vollständigste schwedische Tertiärprofil nachgewiesen wurde (GUSTAFSON & NORLING 1973, NORLING 1973), erreichen die Svedalamergel eine Mächtigkeit von 10 bis 15 m. Die Einheit enthält bräunliche und graufarbene karbonatische Tonsteine und Siltsteine, die im oberen Teil auch Kalksteinlagen führen. Die Svedalamergel entsprechen dem Kertemindemergel Dänemarks, ohne daß bisher jedoch eine enge lithostratigraphische Korrelation möglich ist.
Die den Top der Paläogenfolge von Svedala bildenden Bosarppelite bestehen in ihrem unteren Teil in der Hauptsache aus graubraunen, weichen karbonatischen, im oberen Teil vornehmlich aus hellfarbenen, rotbraunen und grünlichen Peliten. Die Foraminiferenfauna der Bosarppelite wird durch einen bemerkenswerten Anstieg der relativen Häufigkeit planktonischer Formen von 2 bis 3% der gesamten Foraminiferenfauna in den Hangendschichten der Svedalamergel bis zu 40 bis 60% in den Bosarppeliten charakterisiert. Dies scheint auf enge Verbindungen zum offenen Ozean während der Bildungszeit der Bosarppelite hinzuweisen. *Globigerina ex* gr. *patagonica* und *Pseudohastigerina wilcoxensis* sind die vorherrschenden Formen. Unter anderen charakteristischen Arten müssen weiterhin *Globorotalia wilcoxensis* (namensgebendes Zonenfossil), *Globigerina prolata* und *G. collactea* genannt werden. Die gesamte Fauna zeigt ein früheozänes Alter der Bosarppelite an.

Zusammenfassung

Verf. gibt einen Überblick über neue Forschungsergebnisse am Südwestrand der Osteuropäischen Tafel im Bereich Schwedens. Er geht von den strukturgeologischen Verhältnissen aus, unterbaut sie mit den Ergebnissen der paläomagnetischen Forschung und den Kenntnissen über magmatische Erscheinungen und berichtet dann eingehend über die Stratigraphie, Lithologie und Paläogeographie dieses Gebiets. Ein ausführliches Literaturverzeichnis beschließt und vervollständigt die Arbeit.

Резюме

Авторы дадут обзор о новых данных исследования на юговосточном краю Восточно-Европейской платформы в области Швеции. Исходится от структурногеологических отношений, поддерждают их данными палеомагнетического исследования и результатами о магнетических проявлениях как и сообщается потом подробно о стратиграфии, литологии и палеогеографии этой области. Подробный список литературы закончивает и усовершенствовает данную статью.

Summary

New research results obtained at the south-west margin of the Eastern European Platform in the territory of Sweden are reviewed on the basis of structural-geological conditions, are supported by palaeomagnetic research results and knowledge of magmatic processes, and are followed by a detailed description of the stratigraphy, lithology and palaeogeography of this area. To conclude and complete the paper, a detailed literature review is presented.

Literatur

ANDEREGG, H. J.; NORLING, E.; SKOGLUND, R.: SGU oljegeologiska arbete 1967–68. – Bericht des Schwed. Geol. Dienstes (SGU) an das Ministerium der Finanzen, Stockholm 1968.

ANDERSEN, O. B.; LARSEN, B.; PLATOU, S. W.: Gravity and geological structure of the Fennoscandian Border-Zone in the southern Baltic Sea. – Bull. Soc. Denmark, **24**, 45–53, Copenhagen 1975.

ANGELIN, N. P.: Geologisk Öfversigts-karta öfver Skåne. – Verlag von Dr. C. Wolf u. Sohn., München 1859.

– Geologisk Öfversigtskarta öfver Skåne (with description). – Fr. Berlings Boktryckeri och Stilgjuteri, 83 S., 1 Karte, Lund 1877.

BAARTMAN, J. C.; CHRISTENSEN, O. B.: Contributions to the interpretation of the Fennoscandian Border Zone. – Danmarks geol. Unders., R. 2, 102, 47 S., Copenhagen 1975.

BERGSTRÖM, J.: Rusophycus as an indication of Early Cambrian age. In: Trace Fossils. Edit. Crimes, T. P.; Harper, J. C., Geol. J. spec. Iss e, 3, 35–42, Liverpool 19670.

BERGSTRÖM, J.; BERGSTRÖM, S. M.; LAUFELD, S.: En ny skärning genom överkambrium och mellanordovicium i Rävatoftaområdet, Skåne. – Geol. Fören i. Stockholm Förh., **89**, 460–465, Stockholm 1968.

BERGSTRÖM, J.; CHRISTENSEN, W. K.; JOHANSSON, CH.; NORLING, E.; BIRKELUND, T.: An extension of Upper Cretaceous rocks to the Swedish west coast at Särdal. – Bull. geol. Soc. Denmark, **22**, 83–154, Copenhagen 1973.

BERGSTRÖM, S. M.; Correlation of the Late Lasnamägian Stage (Middle Ordovician) with the graptolite succession. – Geol. Fören. i Stockholm Förh., **95**, 9–18, Stockholm 1973.

BERGSTRÖM, S. M.; NILSSON, R.: Age and correlation of the Middle Ordovician bentonites on Bornholm. – Bull. geol. Soc. Denmark, **23**, 27–48, Copenhagen 1974.

BIGNOT, G.; GUYADER, J.: Decouverte de Foraminiferes planktoniques dans l'Oxfordien du Havre (Seine-Maritime). – Rev. Micropaleont., **9**, 2, 104–110, Paris 1966.

– Observations nouvelles sur *Globigerina oxfordiana* GRIGELIS. – Plankton Conf. Proc., 2, 79–83, Roma 1970.

BÖLAU, E.: Genese und Alter der Horste Schonens. – Geol. Fören. i Stockholm Förh., **94**, 411–422, Stockholm 1972.

– Die kimmerischen Bewegungen im tektonischen Bilde Schonens. – Geol. Fören. i Stockholm Förh., **95**, 165–180, Stockholm 1973.

– Pankarpslager (lias beta). Stratigrafisk definition och facies. – Geol. Fören. i Stockholm Förh., **95**, 268–272, Stockholm 1973.

BROTZEN, F.: De geologiska resultaten fran borrningarna vid Höllviken. Preliminär rapport. Del 1. Kritan. – Sveriges geol. Unders., Ser. C, **465**, 64 S., Stockholm 1945.

– The Swedish Paleocene and its foraminiferal fauna. – Sveriges geol. Unders. Ser. C, **493**, 140 S., Stockholm 1948.

– De geologiska resultaten från borrningarna vid Höllviken. Del 2. Undre kritan och trias. – Sveriges geol. Unders. Ser. C, **505**, 48 S., Stockholm 1950.

– On *Tylocidaris species* (*Echinoidea*) and the stratigraphy of the Danian of Sweden. – Sveriges geol. Unders. Ser. C, **571**, 81 S., Stockholm 1959.

BYLUND, G.: Palaeomagnetism of dykes along the southern margin of the Baltic Shield. – Geol. Fören. i Stockholm Förh., **96**, 231–235, Stockholm 1974.

CHEETHAM, A.: Functional morphology and biofacies distribution of Cheilostome *Bryozoa* in the Danian Stage (Paleocene) of southern Scandinavia. – Smithson. Contrib. to Paleobiol., **6**, 87 S., Washington 1971.

FLODEN, T.: Notes on the bedrock of the eastern Skagerrak with remarks on the Pleistocene deposits. – Stockholm Contrib. Geol., **24**, 79–102, Stockholm 1973.

GLIMBERG, C. F.: Middle and Upper Ordovician strata at Lindegård in the Fågelsång district, Scania, S. Sweden. – Geol. Fören. i Stockholm Förh., **83**, 73–85, Stockholm 1961.

GRIGELIS, A.: O Jurskom etape rasvitija planktonych foraminifer. (On the Jurassic stage of planktonic foraminiferal development.) – Dokl. AN SSSR, **219**, 5, 1203–1206, Leningrad 1974.

GROSSI, B.: Well H-4, Hanö Bay area. Final well report. – Unpubl. Bericht des Ölprospektions-Konsortiums Schwedens (OPAB), Stockholm 1974.

GUSTAFSON, O.; NORLING, E.: New findsof Middle Paleocene (Selandian) strata in Skåne, southern Sweden. A preliminary report. – Geol. Fören. i Stockholm Förh., **95**, 253–260, Stockholm 1973.

HALLAM, A.: Cyclothems, Transgressions and Faunal Change in the Lias of North-West Europe. – Edinburgh geol. Soc., Trans., 18, 124–174, Edinburgh 1960.

HANSEN, H. J.: On the biostratigraphical age of the Lower Selandian of Denmark. – Bull. geol. Soc. Denmark, 18, 277–284, Copenhagen 1968.

HOLST, N. O.; GRÖNWALL, K. A.: Paleocen vid Klagshamn. – Sver. geol. Unders., Ser. C, **208**, 27 S., Stockholm 1970.

KLINGSPOR, I.: A preliminary report on the dating by the K/Ar method of a basalt neck at Göbnehall, southern Sweden. – Geol. Fören. i Stockholm Förh., 95, 287–289, Stockholm 1973.

KRISTAN, E.: *Ophthalmidiidae* und *Tetrataxinae* (Foraminifera) aus dem Rhät der Hohen Wand in Nieder-Österreich. – Jb. geol. Bundesanst., **100**, 2, 269–298, Wien 1967.

LAUFELD, S.; BERGSTRÖM, J.; WARREN, P. T.: The boundary between the Silurian Cyrtograptus and Colonus Shales in Skane, southern Sweden. – Geol. Fören. i Stockholm Förh., **97**, 207–222, Stockholm 1975.

LINDSTRÖM, M.: „Funnel-Grabens" and Early Paleozoic Tectonism in South Sweden. – Geol. Soc. Am. Bull., **78**, 1137–1154, Washington 1967.

– Vom Anfang, Hochstand und Ende eines Epikontinentalmeeres. – Geol. Rdsch., **60**, 419–438, Stuttgart 1971.

– Cold age sediment in Lower Cambrian of South Sweden. – Geol. et Palaeont., **6**, 9–23, Marburg 1972.

LINDSTRÖM, M.; STAUDE, H.: Beitrag zur Stratigraphie der unterkambrischen Sandsteine des südlichsten Skandinaviens. – Geol. et Palaeont., **5**, 1–7, Marburg 1971.

MAGNUSSON, N. H.; LUNDQUIST, G.; REGNELL, G.: Sveriges geologi. – Svenska Bokförlaget/Norstedts, 698 S., 4. Ausgabe, Stockholm 1963.

MAHIN, K.: Sporenpaläontologischer Nachweis von mittlerer Jura in der Bohrung von Höllviken 1, Südschweden. – Geol. Fören. i Stockholm Förh., **90**, 121–124, Stockholm 1968.

MALMGREN, B.: Morphometric studies of planktonic foraminifers from the type Danian of southern Scandinavia. – Stockholm Contrib., Geol., **29**, 3–126, Stockholm 1974.

MARTINSSON, A.: The succession and correlation of ostracode faunas in the Silurian of Gotland. – Geol. Fören. i Stockholm Förh., **89**, 350–386, Stockholm 1967.

– The Cambrian of Norden. In: Cambrian of the British Isles, Norden, and Spitsbergen. – London 1974.

MULDER, F. G.: Paleomagnetic research in some parts of Central and Southern Sweden. – Sver. geol. Unders., Ser. C, **653**, 56 S., Stockholm 1971.

NORLING, E.: Fritz Brotzen 25. 6. 1902–4. 8. 1968. Biography and bibliography. – Geol. Fören. i Stockholm Förh., **92**, 200–213, Stockholm 1970.

– Jurassic and Lower Cretaceous stratigraphy of the Rydebäck-Fortuna borings in southern Sweden. – Geol. Fören. i Stockholm Förh., **92**, 261–287, Stockholm 1970.

– Borning vid Skottorps kvarn, södra Halland. Preliminär datering av genomborrad krita baserad på foraminiferer. – Bericht d. Schwed. Geol. Dienstes (SGU), Stockholm 1971.

– Jurassic stratigraphy and foraminifera of western Scania, southern Sweden. – Sver. geol. Unders., Ser. C, (Quarto), **47**, 120 S., Stockholm 1972.

– Fossila foraminiferer. – Fauna och flora, **4**, 126–134, Stockholm 1973.

– Biostratigraphy of the Hanö Bay borehole 104/13-1, OPAB, Skane. I. The post-Jurassic sequence. – Bericht d. Schwed. Geol. Dienstes (SGU) im Auftrag des Ölprospektions-Konsortiums Schwedens (OPAB), Stockholm 1973.

– Biostratigraphy of the Hanö Bay borehole 104/13-1, OPAB, Skane. II. The Pre-Cretaceous sequence. – Bericht d. Schwed. Geol. Dienstes (SGU) im Auftrag des Ölprospektions-Konsortiums Schwedens (OPAB), Stockholm 1973.

– Biostratigraphy of the Hanö Bay borehole 104/14–2, OPAB, Skåne. – Bericht d. Schwed. Geol. Dienstes (SGU) im Auftrag des Ölprospektions-Konsortiums Schwedens (OPAB), Stockholm 1973.

– Nedraby bergprover, SÖ. Skåne. Litologisk beskrivning och mikropaleontologisk datering. – Bericht d. Schwed. Geol. Dienstes (SGU) im Auftrag der VIAK-Company Malmö, Stockholm 1975.

NYERS, A.; NILSSON, R.: The lithology, fauna and stratigraphy of two drill cores from the Upper Wenlock in western Skåne. southern Sweden. – Geol. Fören. i Stockholm Förh., **95**, 229–236, Stockholm 1973.

PAZDROWA, O.: Bathonian *Globigerina* of Poland. – Rocz. pol. Tow. geol., **39**, 41–57, Krakow 1969.

PRINTZLAU, I.; LARSEN, O.: K/Ar age determinations on alkine olivine basalts from Skåne, southern Sweden. – Geol. Fören. i Stockholm Förh., **94**, 259–269, Stockholm 1972.

REGNELL, G.: The Lower Palaeozoic of Scania. In: REGNELL, G.; HEDE, E.: The Lower Palaeozoic of Scania. The Silurian of Gotland. 21. Int. geol. Congr., Guide to exc. No. A 22 and C 17, S. 3–43, Stockholm 1960.

RUSBÜLT, J.; PETZKA, M.: Zur Stratigraphie des Lias in NE-Mecklenburg. – Ber. geol. Ges. DDR, **9**, 627–634, Berlin 1964.

SHAIKH, N. A.; SKOGLUND, R.: The sandstone sequence at Listarum. A contribution to the stratigraphy of the Lower Cambrian in Skåne, southern Sweden. – Geol. Fören. i Stockholm Förh., 96, 429–432, Stockholm 1974.

STRÖMBERG, A. G. B.: Kaledonisk tektonik i Jämtland. – Geol. Fören. i Stockholm Förh., **96**, 125–129, Stockholm 1974.

– A wrench fault pattern in the western part of the East European Platform. – Geol. Fören. i Stockholm Förh., **98**, Stockholm 1976.

TALLBACKA, L.: Well H-4, Hanö Bay area. Final well report. – Bericht d. Ölprospektions-Konsortiums Schwedens (OPAB), Stockholm 1974.

TRALAU, H.: Some Middle Jurassic microspores of Southern Sweden. – Geol. Fören. i Stockholm Förh., **89**, 469–472, Stockholm 1967.

– En palynologisk ålderbestämning av vulkanisk aktivitet i Skane. – Fauna och flora, **4**, 121–125, Stockholm 1973.

TROEDSSON, G.: Bidrag till kännedomen om kagerödsformationen i Skåne. – Geol. Fören. i Stockholm Förh., **64**, 289–338, Stockholm 1942.

– On the Höganäs Series of Sweden (Rhaeto-Lias). – Skr. mineral. paleontol. geol. Inst. Lund, **7**, 269 S., Lund 1951.

TRÜMPY, R.: Stratigraphy in mountain belts. – Quart. J. geol. Soc. London, **126**, 293–318, London 1971.

WICHER, C. A.: Die mikropaläontologische Gliederung des nichtmarinen Keuper. – Erdöl und Kohle, **10**, 3–7, Hamburg 1957.

Zeitschrift für angewandte Geologie, Bd. 23 (1977), Heft 9

Probleme der geotektonischen Einordnung der Varisziden[1]

WALLISER, O. H., Göttingen

Vorwort

Die Einordnung der Varisziden in eines der heute im Vordergrund stehenden Modelle, nämlich einerseits des extremen mobilistischen der Plattentektonik, andererseits der völlig fixistischen Vorstellungen, stößt jeweils auf erhebliche Schwierigkeiten. Hier soll versucht werden, zuerst einige Fakten herauszustellen, die sich bei Untersuchungen durch den Göttinger Sonderforschungsbereich 48 ergaben bzw. bestätigten und die für die Ableitung geodynamischer Modelle von Bedeutung sind. Durch eine anschließende kurze Erörterung einiger Modelle aus der neueren Literatur soll versucht werden, Ansatzpunkte für eine Modellvorstellung der Varisziden und deren Beziehung zur Osteuropäischen Tafel zu finden.
Die Schwierigkeiten, aus der Analyse der Evolution eines bestimmten Krustenteils allgemeine Gesetzmäßigkeiten abzuleiten bzw. solche Teile in vorhandene Modelle einzupassen, spiegelt sich u. a. in der großen Anzahl der Termini und deren oft recht unterschiedlichen Definition, Auslegung, Erweiterung etc. wider. Man kann dies bei der Analyse auch als Ausdruck dafür ansehen, daß die Tektogenese von Krustenstreifen nicht auf nur ganz wenige Modelle oder gar ein einziges zurückgeführt werden kann. Hier soll auf nomenklatorische Fragen nicht eingegangen werden (Zusammenfassungen über die verschiedenen Termini und deren Anwendung in bezug auf Geosynklinen und Orogene finden sich in AUBOUIN (1965) bzw. SCHROEDER (1973)). Es ist jedoch notwendig, die Art der Anwendung einiger hier benutzter Termini kurz zu erläutern.

Tektogenese

bezeichnet hier die Entwicklung vom Beginn der Geosynklinalbildung über die Faltungsphase bis zur gegenwärtigen Ausgestaltung. Dabei wird vom Begriff der Faltungsphase die Geosynklinalphase ausdrücklich abgetrennt. In dieser Arbeit wird nur die variszische Tektogenese, also die in der variszischen Ära, behandelt. Als variszisch wird die Zeit zwischen Ende der kaledonischen und Ende der variszischen Faltungsphase bezeichnet, also die Zeit zwischen etwa dem Beginn des Devons bis gegen das Ende des Karbons. Der Begriff ist zeitlich fixiert und nicht genetisch: die Varisziden sind — zumindest zum größten Teil — aus der variszischen und mehreren praevariszischen Tektogenesen hervorgegangen. Ihre mehrphasige Gesamt-Tektogenese ist proterozoisch-paläozoisch.

Zur variszischen Geosynkline

wird der gesamte Raum gerechnet, in dem in der variszischen Zeit dauernd oder zeitweise marine Sedimente und Vulkanite zur Ablagerung gelangten. Ganz grob skizziert also zwischen nordamerikanischem Kontinent, Kaledoniden, Fennosarmatia und afrikanischem Kontinent. Begriffe wie Miogeosynkline, Eugeosynkline und viele weitere erweisen sich für die variszische Geosynkline als irreführend oder nicht strikt anwendbar.
Wichtige Parameter ergeben sich aus der Klassifizierung der Sedimente hinsichtlich organischem Inhalt und Bildungstiefe. Um der verwirrenden Nomenklatur nicht weitere Termini hinzuzufügen, werden die nachfolgenden Ausdrücke benutzt, obwohl sie in der Literatur teilweise auch in anderem Sinne gebraucht werden. 1. Neritisch: Sedimente mit überwiegend benthonischer Fauna, in den hier besprochenen Fällen primär in relativ gut bewegtem, flachen Wasser abgelagert (normalerweise nicht tiefer als 200 m). Entsprechend wird von „Flachwasser" gesprochen. 2. Pelagisch: Sedimente mit überwiegend pelagischer Fauna, in den hier besprochenen Fällen in relativ ruhigem, meist tieferem Wasser abgelagert (normalerweise wohl nicht wesentlich flacher als 100 m). 3. Zur Charakterisierung der Bildungstiefe der pelagischen Sedimente werden — um so vieldeutige Begriffe wie epi-, meso-, bathy-, hemi- und eupelagisch zu vermeiden — die Termini suprabathyal, bathyal und abyssal benutzt. Abyssal soll dabei Tiefen von mehreren Kilometern bezeichnen, vergleichbar der Tiefenlage heutiger Ozeanböden. Die Obergrenze des bathyalen Bereichs wird, wie üblich, bei ca. 200 m Tiefe angesetzt. Darüber liegt das Suprabathyal.

[1]) Beitrag aus dem Sonderforschungsbereich 48 der Universität Göttingen: „Entwicklung, Bestand und Eigenschaften der Erdkruste, insbesondere der Geosynklinalräume".
Eingang des Manuskripts in der Redaktion: 31. 3. 1977.

Die Korrelation zwischen Sedimentation und Kinematik

Voraussetzung für die Erstellung und Überprüfung geodynamischer Modelle ist die möglichst genaue Kenntnis der tektogenen Kinematik, also der Bewegungsabläufe in den verschiedenen Phasen der Evolution eines Tektogens. Mit einiger Sicherheit kann nur die Bewegung der Krustenoberfläche rekonstruiert werden, und zwar auf Grund der paläogeographischen Entwicklung. Diese spiegelt sich in den Sediment- und Vulkanitkörpern sowie in Schichtlücken wider.
Die paläogeographische Entwicklung kann im Rheinischen Schiefergebirge und Harz, also dem namengebenden Teil der rhenoherzynischen Zone des Varistikums, besonders gut rekonstruiert werden. Die im folgenden skizzierten Elemente haben sich als dafür besonders relevant herausgestellt.
Neritische Sedimente des Unter- und Mitteldevons werden in rasch absinkenden Becken sedimentiert. Während im höheren Unterdevon und Mitteldevon die Hauptmasse der zugeführten Klastika aus dem N kommt, erfolgen im tieferen Unterdevon auch Schüttungen aus dem S. Daraus ist auf ein entsprechendes Liefergebiet zu schließen. Dies wird u. a. durch die Bohrung Saar I bestätigt, in der mitteldevonischer Massenkalk direkt auf einem Granit mit einem radiometrischen Alter von 381 ±24 Mill. Jahren angetroffen wurde (LENZ & MÜLLER 1976). Selbst wenn es sich um eine flache Intrusion gehandelt haben sollte, muß die mit der Abkühlung des Granits verbundene Hebung zu einer raschen Abtragung der Deckschichten geführt haben.
Die weit größere Masse der Schüttungen stammt aus dem nördlichen Old Red Kontinent. Zumindest die initiale Trogbildung dürfte in Zusammenhang mit dem Aufstieg des kaledonischen Gebirges stehen. Es ist jedoch anzunehmen, daß anschließend die Auflast des Sediments eine wesentliche Komponente der weiteren kinematischen Entwicklung darstellt. In den rasch absinkenden Schelftrögen halten sich Absenkung und Sedimentation die Waage. Bei langfristig konstanter Lage der Grenze zwischen Schelftrog und relativ stabilem Becken ergaben sich an diesem Scharnier Relativbewegungen hohen Ausmaßes. Sie führen zu Zerrungen und dem Aufstieg magmatischer Produkte.
Von besonderer Bedeutung ist, daß das Ende der Absenkung erst mit einiger Verzögerung auf das Ende der Materialzufuhr erfolgt. Diese offensichtlich gesetzmäßige

Kausalität wird im Folgenden als „nachklingende Absenkung" bezeichnet. Durch diese wird der Meeresboden noch so weit abgesenkt, daß die Voraussetzungen für die Existenz des neritischen Benthos verloren gehen und von pelagischen Bedingungen abgelöst werden: Über die Schelffazies „transgrediert" die Becken-Fazies.

Die Bathymetrie der pelagischen Sedimente spielt für die Modellvorstellungen zur Tektogenese eine bedeutende Rolle. Man kennt jedoch bislang keine in den Beckensedimenten selbst enthaltenen Merkmale, die eine Aussage über die absolute Tiefe ihrer Bildung erlauben, also mehr aussagen, als „in der aphotischen Zone", „unterhalb der Basis tiefgehender Wellen", „tief genug für die Einschüttung von Turbiditen" etc. Eine einigermaßen sichere Tiefenabschätzung gelingt deshalb nur aus der Verbindung mit den horizontal oder lateral benachbarten Fazies.

Für die Bildung vieler Cephalopodenkalke mehren sich die biofaziellen Anzeichen dafür, daß sie oberhalb der aphotischen Zone gebildet wurden (u. a. TUCKER 1971). Außerdem ergibt sich die relativ geringe Bildungstiefe auch aus der Verzahnung und Nachbarschaft mit anderen Gesteinskörpern, besonders Riffbildungen und vulkanischen Erhebungen. Bei solchen vulkanogenen Aufschüttungen, auf denen sich riffbildende Organismen ansiedelten, kann aus ihrer Mächtigkeit direkt die Tiefe des Meeresbodens und die Bildungstiefe der damit verzahnten Sedimente abgeleitet werden. Dies gilt z. B. auch für die immer wieder als ausschließlich Tiefseebildungen angesehenen Lydite. Wenn auch, wie bei vielen anderen Beckensedimenten, für die Lydite theoretisch keine Untergrenze der Bildungstiefe angegeben werden kann, so ist doch mit Sicherheit nachzuweisen, daß sie an vielen Stellen im oberen bathyalen Bereich, also in relativ geringer, wenige hundert Meter sicher nicht übersteigenden Tiefe gebildet wurden.

Unter Berücksichtigung der bisher genannten Verhältnisse und zahlreicher weiterer paläogeographischer Indizien läßt sich für einige Abschnitte der geosynklinalen Kinematik im Rhenoherzynikum folgendes Bild ableiten: Starke Absenkung findet nur in Bereichen mit gleichzeitiger starker Materialzufuhr statt. Nach deren Ende und der kurzfristigen nachklingenden Absenkung werden diese Gebiete kinematisch außerordentlich stabil. Ihre Tiefenlage schwankt innerhalb vieler Mill. Jahre (z. B. von der oberen Adorfstufe bis zum Ende der Wocklumstufe) um höchstens wenige Zehner von Metern.

Diese Schelfbereiche sanken bei der nachklingenden Absenkung nur bis in den oberen Grenzbereich des Bathyals ab. Die nun auftretende reichhaltige Faziesdifferenzierung ist einerseits auf die Gliederung durch das überlieferte Relief zurückzuführen, scheint aber andererseits mehr oder weniger unabhängig davon ein besonderes Kennzeichen dieser für die Faziesdifferenzierung offensichtlich sehr kritische Tiefenzone zu sein. Nur geringe relative Tiefenschwankungen (bedingt durch Krustenbewegungen oder Meeresspiegelschwankungen) verursachen z. T. tiefgreifende Fazieswechsel, z. B. wie in der von relativ seicht zu tiefer reichenden Reihe Crinoidenkalke, Cephalopodenkalke, Tonschiefer. Diese immer wieder zu beobachtende, in und mit vielen verschiedenen Variationen ausgebildete Faziesreihe ist ein weiterer Hinweis darauf, daß die Bildungstiefe der genannten Sedimente um den Bereich der disphotischen Zone schwankt. Nur geringfügige Verschiebungen der Tiefenlage bringen die Sedimentationsebene in eine andere, also die euphotische oder aphotische Zone und verursachen damit einen markanten Fazieswechsel.

Obwohl also ein Teil der zum Suprabathyal gehörenden photischen Zone zu diesem kritischen Bereich gehört, wird er im Folgenden vereinfacht als fazieskritische Zone im oberen Grenzbereich des Bathyals bezeichnet.

Die ehemaligen, in der oberen Adorfstufe abgestorbenen Riffe ragen mit ihren höchsten Erhebungen noch lange aus der Sedimentationsebene heraus. Sie waren zumindest zeitweise von Organismen, überwiegend Crinoiden und der dazugehörigen Faunengemeinschaft, besiedelt. Die dabei produzierten Karbonate wurden jedoch nicht an Ort und Stelle bleibend sedimentiert, sondern in die umgebenden tieferen Bereiche verfrachtet. Die Eindeckung der ehemaligen Riffe fand meist erst im Unterkarbon statt (ab Unterkarbon II α (Erdbach; WALLISER et al. 1957) bis Unterkarbon III β (Iberg; FRANKE 1973)).

Die Flyschphase beendet den oberdevonisch/unterkarbonischen Zeitabschnitt der relativen kinematischen Ruhe („bathyal Lull", GOLDRING 1962). Teile der mitteldeutschen Schwelle werden rasch herausgehoben. Die Abtragungsprodukte werden z. B. in einem Delta im Bereich der heutigen hessischen Senke nach N transportiert und von diesem durch turbidity currents in die Grauwackentröge verfrachtet, die im Streichen der bisherigen Facieszonen angelegt werden. Während das Liefergebiet sich weiter heraushebt, aber wahrscheinlich nur unwesentlich verbreitert, rücken Delta und Flyschtrog weiter nach N vor.

Die bereits im Oberdevon beginnende Grauwackenschüttung von S, der unterkarbonische Vulkanismus, das Vordringen des Flyschtrogs nach N, die orogene Faltung und Heraushebung sowie die nachfolgende Bildung der subvariszischen Molassesenke stehen sicher in kausalem Zusammenhang. Die Faltung wird jedoch nicht langsam von S nach N durch die rhenoherzynische Zone gewandert, sondern relativ kurzfristig nach der Hauptflyschphase erfolgt sein.

Folgerungen aus der rhenoherzynischen Faziesentwicklung für das Varistikum

Extreme Senkungsgebiete, wie sie im Unter- und Mitteldevon im Rhenoherzynikum ausgebildet waren, sind offensichtlich an diese Zone, d. h. an den Rand der Kaledoniden, gebunden. Das Rhenoherzynikum stellt in dieser Beziehung eine Ausnahme dar. Im übrigen Varistikum herrschen — soweit überhaupt Sedimente zur Ablagerung gelangen — fazielle Verhältnisse, die denen der immobilen neritischen Bereiche und der flach-bathyalen Gebiete des Rhenoherzynikums in oft frappierender Weise entsprechen. Zonen, deren Sedimente sicher auf wirkliche Tiefsee hinweisen oder die mit den für die sogenannten Eugeosynklinen verschiedener Tektogene kennzeichnenden mächtigen sedimentär-vulkanischen Abfolgen zu vergleichen wären, sind nicht bekannt.

Der Untergrund der Varisziden Europas

Der „variszische Raum hatte bei Beginn der variszischen Ära schon vielfache ältere Faltungen erfahren, und von diesen haben speziell die assyntischen und die kaledonischen dem variszischen Bild Europas mancherlei Züge aufgeprägt, die für die Entwicklung des Varistikums von entscheidender Bedeutung geworden sind". STILLE (1951) beschreibt damit ein entscheidendes Faktum, das bereits

SUESS (1888) hervorhob und das seither durch radiometrische Datierungen vielfach bestätigt wurde. Dabei stellt sich immer deutlicher heraus, daß große Teile des Varistikums ihre Hauptdeformation und -metamorphose vor der variszischen Faltungsphase, häufig zwischen Obersilur und tieferem Devon, erfahren haben. Die spätvariszischen Veränderungen in diesen Gebieten sind weitgehend auf die Auswirkung der überwiegend granitischen Intrusionen zurückzuführen.

ZWART (1967) stellte die weiteren charakteristischen Merkmale des variszischen Tektogens dar, die dieses von „alpinotypen Orogenen" deutlich unterscheiden: überwiegend Niederdruckmetamorphose mit Andalusit und Cordierit; zahlreiche Granite, Magmatite; wenige Ophiolite und Ultrabasite; relativ „dünne" metamorphe Zone, also relativ hohe Lage der Moho und Fehlen einer extrem verdickten („Wurzel-") Zone; geringe Heraushebung; nur untergeordnet tektonische Decken.

Neuere Modelle zur Tektogenese der Varisziden

Im Vordergrund stehen heute plattentektonische Modelle. Den meisten davon ist ein mitteleuropäischer Ozean nördlich der moldanuischen Zone gemeinsam. Von BURRET (1972) und BURNE (1973) wurde außer einer südgerichteten Subduktionszone auch eine nach N abtauchende angenommen. Bei LAURENT (1972), DEWEY & BURKE (1973) sowie RIDING (1974) besteht außerdem ein Tethysozean. BURRET (1972) läßt das südlich des mitteleuropäischen Ozeans gelegene Europa mit Afrika verbunden, RIDING (1974) trennt den Hauptteil Spaniens als Mikrokontinent ab und JOHNSON (1973) läßt den Tethysozean im tieferen Unterkarbon entstehen. NICOLAS (1972) dagegen läßt die Afrika-Tethys-Platte unter das durch keinen Ozean gespaltene Europa subduzieren und erklärt die Entstehung der Varisziden im Gegensatz zu den anderen Autoren nicht durch die Kollision von Kontinenten, sondern durch die Subduktion ozeanischer Kruste unter einem Kontinent, vergleichbar mit der Entstehung der Anden.

Bei den genannten Arbeiten wurde die „New Global Tectonics" meist sehr global angewandt, einige scheinbar passende Konstellationen herausgegriffen und viele nicht minder schwerwiegende Faktoren vernachlässigt. So werden die pelagischen Sedimente von den genannten Autoren sowie von ANDERSON (1975) als Bildungen auf ozeanischer Kruste angesehen und als Beweis für die Richtigkeit der Modelle angeführt. Daß dies zumindest für einen Großteil der Sedimente nachweisbar unzulässig ist, wurde in den vorausgehenden Kapiteln dargestellt. Außer von NICOLAS wird die zuvor skizzierte Eigenart des variszischen Untergrunds völlig übergangen. Auch das Fehlen ausgedehnter Ophiolitzonen wird nicht erklärt. Die vorhandenen variszischen Spilite werden ohne Berücksichtigung der Literatur (WEDEPOHL & HERRMANN 1970) als Beweis für das Vorhandensein ozeanischer Kruste betrachtet. Bei einigen Modellen, wie dem von BURNE, muß außerdem gefragt werden, ob, wieweit und welcher Art die Mechanismen der Plattentektonik überhaupt noch funktionieren können, wenn die Dimensionen der Krustenstücke wesentlich kleiner sind, als die heute an der Plattentektonik beteiligten.

Den plattentektonischen Modellen stehen verschiedene fixistische Modelle diametral gegenüber. Hier sei nur auf die Arbeiten von VAN BEMMELEN, BELOUSSOW, KREBS & WACHENDORF hingewiesen. Ein großer Vorteil der von diesen Autoren entwickelten bzw. angewandten Modelle liegt in der Möglichkeit, viele der Besonderheiten der Kruste des variszischen Raums wesentlich zwangloser ableiten zu können als mit dem plattentektonischen Modell. Allerdings bereitet es andererseits Schwierigkeiten, die Faltung weitgehend auf gravitative Gleitungen zurückzuführen. Palinspastische Rekonstruktionen zeigen, daß mit einer Verkürzung von Krustenteilen durch Einengung und/oder Raumschwund zu rechnen ist.

Laterale Relativbewegungen von Krustenteilen sind bei den Megaundationen in der Hypothese VAN BEMMELENS möglich, während mit den Modellen von BELOUSSOW und KREBS & WACHENDORF extrem fixistische Vorstellungen verbunden sind.

Diskussion und Folgerungen

Bei der Diskussion von Modellen müssen die folgenden Punkte berücksichtigt werden.

1. Die zu den Varisziden Europas führende Tektogenese verlief in mehreren Phasen, zumindest seit dem späten Proterozoikum. Zwar bildeten sich dabei mehrere Kerngebiete heraus, doch wurden diese Teile ebenso wie die der umgebenden Gebiete während der verschiedenen Phasen jeweils in verschiedenen Graden durch Geosynklinalphase, Deformation, Migmatisierung und Granitisation erfaßt. Die so entstandene Vielgestaltigkeit führte bei weiteren Beanspruchungen zu zunehmend heterogenem Verhalten, das bei der variszischen Tektogenese sicher zu noch mehr als den beiden von BRAUSE (1970) ausgeschiedenen saxotypen und siegenotypen Grundtypen der faziellen und bewegungstektonischen Entwicklung führte. Die von KREBS & WACHENDORF durch Diapirismus mit erklärten Differenzierungen können ebensogut auf diese prävariszische Heterogenität des Untergrunds und dessen daraus bei weiteren Beanspruchungen resultierenden unterschiedlichen Verhaltens zurückgeführt werden.

2. Die variszische Geosynkline wurde, soweit nachweisbar, auf diesem prävariszischen Untergrund, also ensialisch, angelegt. Sie ist entsprechend der starken Differenzierung des Untergrunds selbst vielgestaltig in ihrer Entwicklung und Ausbildung. Die Kerngebiete sind durch stärkere Schichtlücken gekennzeichnet als deren Umrahmung. Weit verbreitete typische sogenannte Eugeosynklinalbereiche sind nicht nachzuweisen. Es überwiegen neritische Ablagerungen sowie pelagische Sedimente, die in der Präflyschphase überwiegend im höheren Bathyal, zu einem großen Teil im Bereich der fazieskritischen Grenzzone des obersten Bathyals entstanden.

3. Die Kruste des Varistikums ist, wie bereits erwähnt, durch Niederdruckmetamorphose und großen Anteil an Graniten und Migmatiten gekennzeichnet. Ausgedehnte Zonen mit Hochdruck-Niedertemperatur-Metamorphose oder Ophioliten und Ultrabasiten, wie sie für Zonen der Subduktion von Platten typisch sind, konnten bislang nicht nachgewiesen werden.

4. Die Entwicklung der Varisziden umfaßt einen Zeitraum der dem des entsprechenden chelogenen Zyklus SUTTONS (1963) entspricht, ohne jedoch zu einem typischen kratonischen Schild zu führen. Unter diesem Gesichtspunkt rückt allerdings die Beziehung der Varisziden zu den benachbarten Krustenteilen ins Gesichtsfeld. Ein direkter Kontakt zu den jungproterozoischen Tektogenen scheint nicht zu bestehen. Beachtenswert ist jedoch, daß diese, soweit vorhanden, die Kaledoniden flankieren. Die Tektogenese der südlichen Fortsetzung der Kaledoniden findet ihren Abschluß zunehmend und sich teilweise aufgliedernd und überlappend in immer jüngerer Zeit (von akadisch bis jungvariszisch). Diese fortschreitende Konsolidierung in einem Zeitraum, der der gesamten Tektogenese der Varisziden entspricht, deutet auf einen engen Zusammenhang dieses genannten Raums, worauf auch HOTH et al. (1970) hinweisen.

Eine wesentliche Rolle spielt auch die durch die Osteuropäische Tafel gegebene nordöstliche Begrenzung der Varisziden. Durch sie wird der Zonenbau der Varisziden stark beeinflußt. Die tafelrandparallele Einlenkung und Überprägung der variszischen Großstrukturen nimmt gegen den Tafelrand hin zu.

5. Ein brauchbares Modell muß auch die im Laufe der Entwicklung immer wieder weitverbreitet gleichzeitig auftretenden tektogenen Vorgänge erklären. Ebenso müssen die sich weltweit gleichzeitig auswirkenden Vorgänge einbezogen werden, wie z. B. die (relativen) Meeresspiegelschwankungen, die in der oberen Adorfstufe zum Erlöschen der Riffe oder an der Wende Devon/Karbon zu einer weltweiten Transgression führten.

Die unter 4. erwähnten langfristigen und großräumigen Zusammenhänge legen die folgende Denkmöglichkeit nahe: Ein europäischer Block, dessen Kerngebiet durch Fennosarmatia gebildet wurde, bewegte sich relativ auf den laurentischen Block zu. Beide Blöcke trafen sich zuerst in ihrem nördlichen Teil, dort die stärkste Krusteneinengung verursachend, die zur Bildung der Kaledoniden führte. Nach S hin blieb das kompressive Spannungsfeld noch offen, so daß dieses zwar ebenfalls beansprucht wurde, jedoch mit geringerer, partiell verschiedener Intensität. Durch die Rotation des europäischen Blocks im Uhrzeigersinn und die Nordbewegung des Gondwana-Blocks wurde das zwischen den Blöcken zwickelartig liegende variszische Feld sukzessiv bis zum Ende des Karbons eingeengt. Die einzelnen Einengungsphasen wurden in verschiedener Weise durch Stillstandsphasen und solche mit relativer Dehnung unterbrochen.

Bei dieser Vorstellung ist das europäische variszische Feld ein sialisch ausgeprägter Bestandteil des europäischen Blocks. Damit erhebt sich die Frage, wie dieser Krustenteil während seiner proterozoisch-paläozoischen Tektogenese mehrmals mobilisiert werden konnte. Mobilisierung von Krustenteilen durch sekundäre Verdünnung kann nach BELOUSSOW (1970) durch Basifizierung (Ozeanisierung) geschehen. WYNNE-EDWARDS (1976) leitet die Ausdünnung des sialischen Untergrunds des Grenville Tektogens von der Ausdehnung einer heißen, duktilen Kruste ab. Für eine sekundäre Verdünnung ehemals kratonischer Kruste gibt es auch rezent mehrere Hinweise. Es ist jedoch die Frage zu stellen, ob man immer von einer entsprechend dicken Kruste auszugehen hat. Wenn man eine Entwicklung der Kruste voraussetzt, muß man annehmen, daß immer wieder sekundär und auch primär dünne Krustengebiete entstanden, vorlagen und erst allmählich zu kratonischer Kruste aufgebaut wurden. Mit dieser Vorstellung für das variszische Feld Europas ergibt sich für dieses eine primär größere Mobilität und damit eine größere, differenzierte Reaktionsfähigkeit auf Vorgänge im tieferen Untergrund.

Bei der Frage nach dem Antriebsmotor für die Tektogenese der Kruste stehen sich die Modelle der Plattentektonik und des Manteldiapirismus weitgehend unvereinbar gegenüber. Dagegen ist aus den Arbeiten RUNCORNs (1962) abzuleiten, daß die frühere Vorstellung über Konvektionsströme mit dem plattentektonischen Modell zu vereinbaren ist, wenn man auch für die Konvektionszellen eine Entwicklung akzeptiert. Danach kann angenommen werden, daß sich aus einer anfänglich größeren Zahl von Konvektionszellen allmählich ein auf wenige Zellen beschränktes globales System aufbaut, wie es offensichtlich heute vorliegt und als Grundlage für die globale Plattentektonik Voraussetzung ist.

Der hier entwickelten Vorstellung liegt also die Annahme von Konvektionsmechanismen zugrunde, deren Auswirkung je nach Umfang und Konstellation sehr differenziert sein kann, das heißt von der Erfassung relativ kleiner Krustenteile bis zu Platten globalen Ausmaßes. Zieht man nun die Lage des europäischen variszischen Felds zwischen 3 sich nähernden großen Krustenteilen in Betracht, so ergibt sich für den Verlauf der in diesem Gebiet aufeinandertreffenden Konvektionsströme eine komplizierte Konstellation.

Das europäische variszische Feld wird, wie bereits abgeleitet, nach der kaledonischen Faltung im NW durch die Kaledoniden selbst begrenzt. Dabei muß die Frage vorerst offen bleiben, ob in der südlichen Fortsetzung dieser Grenzzone noch ein Rest eines früher eventuell vorhandenen und bei der kaledonischen Tektogenese geschlossenen Ozeans erhalten blieb. Im NE wird das variszische Feld durch den Fennosarmatischen Block begrenzt. Es muß angenommen werden, daß zwischen diesem und dem im SW gelegenen Gondwana-Block der „pazifische Ozean" bzw. dessen „Tethys"-Anteil im SE bis an das variszische Feld heranreichte.

Kombiniert man die Vorstellungen über die Konvektionsmechanismen mit der besonderen Situation des betrachteten Raums, so bietet sich die Möglichkeit der zwanglosen Einordnung einiger bei monokausaler Betrachtung widersprüchlicher oder schwer erklärbarer Fakten: zum einen schließt sie die Möglichkeit der Subduktion ozeanischer Kruste zwischen den sich nähernden Kontinenten besonders während der kaledonischen Tektogenese im Bereich der eigentlichen Kaledoniden nicht aus. Andererseits ist es nicht notwendig für die weitere Tektogenese des variszischen Felds plattentektonische Vorgänge, also die Entstehung und Subduktion ozeanischer Kruste innerhalb dieses Felds, vorauszusetzen. Dies schließt selbstverständlich nicht aus, daß in Gebieten zeitweiser Dehnung kleinere Anteile ozeanischer Kruste entstehen, die jedoch plattentektonisch unwirksam bleiben. Ebenso bietet die differenzierte mobile Kruste die Möglichkeit ensialischen Raumschwunds, wie er möglicherweise z. B. an dem zwischen Mitteldeutscher Schwelle und Rhenoherzynikum gelegenen Lineament stattgefunden hat.

Die hier abgeleitete Vorstellung beinhaltet als wesentliche Gesichtspunkte einmal die ensialische Tektogenese durch Relativbewegungen zwischen Kruste und tieferen Stockwerken sowie zum anderen den der evolutiven, also gerichteten Veränderung sowohl der Ursachen als auch der Auswirkung tektogener Vorgänge. Die Veränderung der Kruste ist deren Reaktion auf die wohl überwiegend thermisch bedingten Vorgänge im Erdmantel und dessen dadurch bedingten Veränderungen. Es ist meines Erachtens zwangsläufig, daß diese Vorgänge nicht konstant, sondern einer Entwicklung unterworfen sind und daß die Reaktionen einer sich laufend verändernden Kruste je nach Entwicklungsgrad und geotektonischer Position im Laufe der Erdgeschichte verschiedenartige Tektogene erzeugt, die dementsprechend alle einen individuellen Charakter zeigen. Dabei können die heute vorherrschenden plattentektonischen Vorgänge in mehr oder weniger ausgeprägter Form in bestimmten Bereichen bereits sehr früh in der erdgeschichtlichen Entwicklung aufgetreten sein, auch wenn andere Mechanismen noch vorherrschten oder zumindest verbreitet waren.

Zusammenfassung

Die Varisziden Europas stellen ein proterozoisch-paläozoisch entwickeltes Tektogen dar. Der Aufbau seiner Kruste sowie die variszische Sedimentation und der Vulkanismus in diesem Zeitraum sprechen weder für die Entstehung nach dem typischen plattentektonischen Modell noch nach dem des fixistischen Manteldiapirismus. Ihre materielle und strukturelle Entstehung läßt sich unter Einbeziehung differenzierter Konvektionsmechanismen durch die zunehmende Einengung eines evtl. noch teilweise primär relativ mobilen, sialischen Krustenfelds zwischen den sich nähernden Kontinenten Laurentia, Fennosarmatia und Gondwana erklären. Die Varisziden Europas bieten damit einen Anhaltspunkt für eine im weiten Sinne gerichtete Evolution sowohl der Ursachen, als auch der Auswirkungen tektogener Vorgänge.

Резюме

Варисциды Европы являются протерозойскопалеозойско развитым тектогеном. Строение его коры как и варисцийское осадконакопление свидетельствуют ни о происхождении по типитной платформенно-тектонической модели ни о фиксистическом мантийном диапиризме. Их вещественное и структурное происхождение возможно объяснить при учете дифференцированного конвективного механизма возрастающим сужением возможно в начале еще частично относительно подвижного, сиалического коркового поля между приближающимися материками Лауренции, Фенносармации и Гондваны. Варисциды Европы этим являются отправной точкой для направленной в широком смысле эволюции как причин, так и последствий тектогенных проявлений.

Summary

The Variscides of Europe represent a tectogene having a Proterozoic-Palaeozoic development, whose crustal structure as well as the Variscan sedimentation and volcanism in this age neither speak in favour of an origin by the typical plate-tectonic model, nor of that of the fixistic mantle diapirism. Their material and structural origin, with the inclusion of differentiated mechanisms of convection, may be explained by an increasing shortening of a sialic crustal field possibly still relatively mobile in part between the approaching Laurentia, Fennosarmatia and Gondwana continents. Thus the Variscides of Europe provide a clue to an evolution directed in a wide sense of both the causes and effects of tectogenetic processes.

Literatur

Anderson, T. A.: Carboniferous Subduction Complex in the Harz Mountais, Germany. — Geol. Soc. Amer. Bull., 86, Boulder 1975.
Aubouin, J.: Geosynclines. — Developments of Geotectonics; 1, Amsterdam 1965.
Beloussow, W. W.: Against the Hypothesis of Ocean Floor Spreading. — Tectonophysics, 9, Amsterdam 1970.
Bemmelen, R. W. van: Geodynamic Models. — Amsterdam 1972.
Brause, H.: Ur-Europa und das gefaltete sächsische Paläozoikum. — Ber. dt. Ges. geol. Wiss. A. Geol. — Paläont., 15, Berlin 1970.
Burne, R. V.: Palaeogeography of South West England and Hercynian Continental Collision. — Nature Phys. Sci., 241, London 1973.
Burret, C. F.: Plate Tectonics and the Hercynian Orogeny. — Nature 239, London 1972.
Dewey, J. F.; Burke, K. C. A.: Tibetian, Variscan, and Precambrian basement reactivation: Products of continental collision. — J. Geol., 81, Chicago 1973.
Franke, W.: Fazies, Bau und Entwicklungsgeschichte des Iberger Riffes (Mitteldevon bis Unterkarbon III, NW-Harz, W-Deutschland). — Geol. Jb. A 11, Hannover 1973.
Goldring, R.: The Bathyal Lull: Upper Devonian and Lower Carboniferous sedimentation in the Variscan Geosyncline. In: Some Aspects of the Variscan Fold Belt. — Ed. K. Coe, Univ. Exeter 1962.
Hoth, K.; Hirschmann, G.: Das Jungpräkambrium im Bereich der Varisziden und Kaledoniden West- und Nordeuropas und seine Beziehungen zu den paläozoischen Entwicklungsetappen. — Ber. dt. Ges. geol. Wiss., A, Geol. Paläont., 15, Berlin 1970.
Johnson, G. A. L.: Closing of the Carboniferous Sea in Western Europe. In: Thrilling, D. H.; Runcorn, S. K. (Eds.): Implications of Continental Drift to the Earth Sciences II. — London 1973.
Kossmat, F.: Gliederung des variszischen Gebirgsbaues. — Abh. sächs. Geol. Landesamt, H. 1, Leipzig 1927.
Krebs, W.; Wachendorf, H.: Proterozoic-Palaeozoic Geosynclinal and Orogenic Evolution of Central Europe. — Geol. Soc. Amer. Bull., 84, Boulder 1973.
Krebs, W.; Wachendorf, H.: Faltungskurve im mitteleuropäischen Grundgebirge — Abbilder eines orogenen Diapirismus. — N. Jb. Geol. Paläont. Abh., 147, Stuttgart 1974.
Laurent, R.: The Hercynides of South Europe, a Model. — 24th IGC, Sect. 3, Montreal 1972.
Lenz, H.; Müller, P.: Radiometrische Altersbestimmungen am Kristallin der Bohrung Saar 1. — Geol. Jb., A 27, Hannover 1976.
Nicolas, A.: Was the Hercynian Orogenic Belt of Europe of the Andean Type? — Nature 236, London 1972.
Riding, R.: Model of the Hercynian Foldbelt. — Earth and Planet. Sci. Letters, 24, Amsterdam 1974.
Runcorn, S. K.: Towards a Theory of Continental Drift. — Nature, 193, London 1962.
—: Convection currents in the Earth's mantle. — Nature, 195, London 1962.
Schroeder, E.: Probleme tektonischer Untersuchungen im Orogen, speziell in den Varisziden. In: Stockwerkbau und Felderteilung. — Akad. Wiss. DDR, Veröff. Zentralinst. f. Physik d. Erde, 14, T. 2, Potsdam 1973.
Stille, H.: Das mitteleuropäische variszische Grundgebirge im Bilde des gesamteuropäischen. — Beih. Geol. Jb., 2, Hannover 1951.
Suess, E.: Das Antlitz der Erde. — Bd. 2, Leipzig 1888.
Sutton, J.: Long-term cycles in the evolution of the continents. — Nature, 198, London 1963.
Tucker, M.: Aspects of pelagic sedimentation in the Devonian of Western Europe. — Ph. D. thesis, Reading 1971.
Walliser, O. H. et al.: Zum Oberdevon und Unterkarbon von Erdbach-Langenaubach (SW-Dillmulde, Rheinisches Schiefergebirge). — Notizbl. hess. Landesamt Bodenforsch., 87, Wiesbaden 1958.
Wedepohl, K. H.; Herrmann, A. G.: Untersuchungen an spilitischen Gesteinen der variszischen Geosynkline in Nordwestdeutschland. — Contr. Miner. Petrol., 29, Berlin 1970.
Wynne-Edwards, H. R.: Proterozoic Ensialic Orogenesis: The Millipede Model of Ductile Plate Tectonics. — Amer. J. Sci., 276, New Haven 1976.
Zwart, H. J.: The duality of orogenic belts. — Geol. en Mijnbouw, 46, Gravenhage 1967.

Zur Problematik des IGCP-Projekts Nr. 86

Paproth, E., Krefeld[1])

Der variszische Faltenbau des Rheinischen Schiefergebirges klingt in nördlicher Richtung, unter der Münsterländer Kreidebucht, allmählich aus. Die Nordgrenze der Faltung (Abb. 1; Südgrenze der Niederländischen Plattform) verläuft vom Südrand des Brabanter Massivs (im Synclinorium von Namur) nördlich an Liège und Aachen und westlich an Erkelenz vorbei, kreuzt etwa nördlich von Wesel den Rhein und wird über Coesfeld weiter in nordöstlicher Richtung streichend angenommen (Hoyer 1967, S. 1379).

Vorland

des variszischen Faltengebirges in diesem Raum war der früher konsolidierte Teil des (devonischen) „Old Red-Kontinents“ und eine im tiefen Untergrund von Nordwestdeutschland angenommene Niederländische Plattform. Diese tief versenkte, jedenfalls prävariszisch konsolidierte Tafel könnte eine vom Rand der Osteuropäischen Tafel abgebrochene Scholle sein (Dvořák & Paproth 1969, S. 78f.). Ein einheitliches Sedimentationsbecken dürfte das Gebiet nicht gewesen sein. Aus England (George 1969, Ramsbottom 1969) und von Rügen (Hoffmann et al. 1975, S. 860ff.) sind vertikale Schollenbewegungen beschrieben, die sehr verschiedene Mächtigkeiten der variszischen Deckschichten verursacht haben. Entsprechendes sollte von dem dazwischen liegenden Gebiet der Niederländischen Plattform anzunehmen sein (Bless et al. 1976, S. 90ff.). Die Problematik der Niederländischen Plattform hängt mit dem Fragenkomplex nach den Beziehungen zwischen Kaledonikum und Variszikum in dem das IGCP-Projekt 86 interessierenden Teil von Nordwesteuropa zusammen. Die Zusammenstellung und die gemeinsame Beurteilung der verfügbaren Daten im Rahmen

[1]) Diskussionsbeitrag

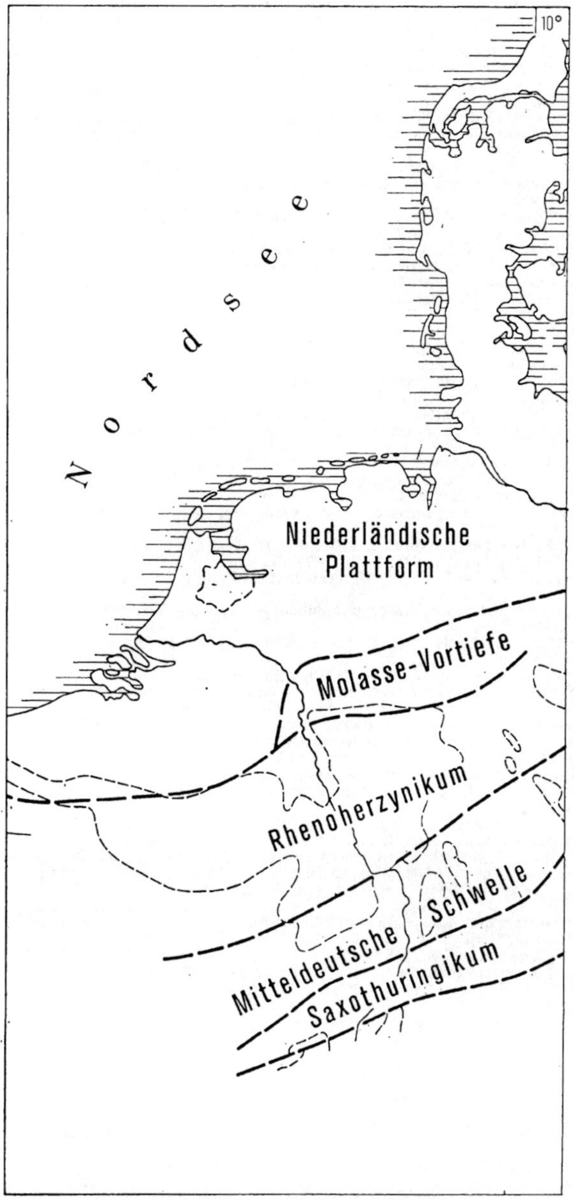

Abb. 1. Gliederung des westdeutschen Variszikums (schematisch: nach DVOŘÁK & PAPROTH 1969, vereinfacht)

des Projekts dürfte mindestens zu einer deutlichen Klärung der Probleme führen.

Das Vorland ist — ebenso wie der am nächsten liegende Gürtel des Faltengebirges: die subvariszische Molassevortiefe — mit den mächtigen, im großen gesehen außerordentlich einheitlich ausgebildeten, größtenteils Kohlenflöze führenden Schichten des Silesiums bedeckt. Im präsilesischen Untergrund vorhandene, vermutlich bruchtektonisch verursachte Ungleichmäßigkeiten (s. o.) waren zum Teil von sehr wechselnd mächtigen, flözleeren Schichten des älteren Karbons mehr oder minder ausgeglichen worden; zu einem anderen Teil sind sie während der Sedimentation der flözführenden Serien ausgeglichen oder verringert worden — und zwar dürfte dieser Teil der Ungleichmäßigkeiten auch erst synsedimentär entstanden sein. Bemerkenswert ist die hundertfach wiederholte, regelmäßige und gleichsinnige, relative Schwankung des Grundwasser- (Meeres-) Spiegels, welche die mehr oder minder gleichzeitige Ausbildung von Mooren über einer so ausgedehnten und heterogenen Unterlage im nordwesteuropäischen Steinkohlenbecken verursacht hat. Dieses „Becken" war im N und S mehr oder weniger scharf gegen Bereiche kontinentaler Fazies begrenzt. Wie verhielt sich sein östlicher Ausläufer? Macht sich eine Veränderung des tieferen Untergrunds bemerkbar?

Der Gürtel der subvariszischen Molasse

schließt sich, als äußerster Teil des Faltengebirges, dem Vorland im S an. Seine Südgrenze ziehen wir am jetzigen Nordrand des Rheinischen Schiefergebirges, etwa an der Grenze zwischen den silesischen und dinantischen Schichten. Die Molasse ist in der nach N wandernden, subvariszischen Vortiefe oder Saumsenke entstanden. Die Achse der Saumsenke scheint sich mit Annäherung an die Elbelinie etwas herauszuheben.

Der Rhenoherzynische Gürtel

des Variszischen Gebirges — der mit den Ardennen unmittelbar an das Vorland grenzt — ist, was das Rheinische Schiefergebirge, mindestens Teile des Harzes und den Untergrund der zwischen Rheinischem Schiefergebirge und Harz liegenden jetzigen Hessischen Senke betrifft, aus nacheinander gefüllten Trögen, Inversionsstrukturen sensu DVOŘÁK (1973) und der Vortiefe der Mitteldeutschen Schwelle zusammengebaut worden. Dem Alter nach geordnet konnten bisher folgende Tröge oder Trogteile gefunden werden (Abb. 2; PAPROTH 1976):

I. ein Oberbergisch-Sauerländischer Trog ist im Gedinne oder früher gefüllt und anschließend stabilisiert (mehr oder weniger gefaltet und geschiefert) worden;
II. ein Siegener Trog (DVOŘÁK 1973, S. 141 ff.) ist im Laufe des Siegeniums gefüllt und anschließend gefaltet worden;
III. ein Nassauer Trog (etwa KEGELS Unterkoblenztrog; 1950, S. 278) ist im tiefen Unterems gefüllt und anschließend stabilisiert worden;

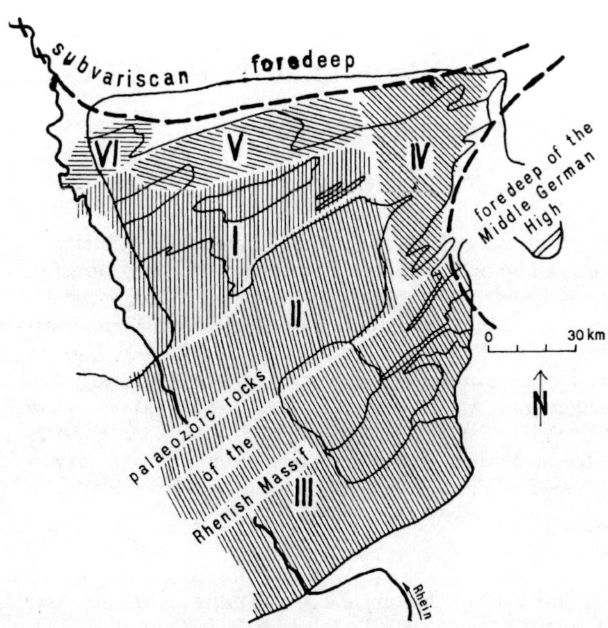

Abb. 2. Gliederung des Rheinischen Schiefergebirges in die nacheinander entstandenen Tröge I bis VI (s. Text), die im E angrenzende Vortiefe der Mitteldeutschen Schwelle und die im N angrenzende Vortiefe

IV. ein Ostsauerländer Quertrog (vgl. H. SCHMIDT 1937, S. 683f.) ist in der älteren Eifelstufe oder etwas früher gefüllt und anschließend stabilisiert worden;

V. ein Lenne-Trog (vgl. KEGEL 1950, S. 284) ist im oberen Eifelium bis unterem Givet gefüllt und anschließend stabilisiert worden;

VI. ein Velberter Trog ist im höheren Givet bis jüngstem Oberdevon gefüllt und anschließend stabilisiert worden.

Die Tröge I bis VI lassen sich durch eine links gedrehte Spirale der Reihe nach verbinden. Alle Tröge, außer dem Ostsauerländer Quertrog (IV) und dem Lennetrog (V) setzen sich vermutlich im linksrheinischen Gebiet fort; Untersuchungen fehlen dort bisher.

Nachdem der größte Teil des jetzigen Rheinischen Schiefergebirges durch die stabilisierten Trogfüllungen zusammengebaut und für die Hauptfaltung bereit war, legte sich im Dinantium die Vortiefe der Mitteldeutschen Schwelle an. Ihr Tiefstes wanderte rasch nach N. Sie wurde durch die von der Mitteldeutschen Schwelle gelieferten, jetzt als Kulmgrauwacke vorliegenden Sedimente gefüllt. Das Material dürfte fächerartig in e i n e m Schuttkegel geschüttet worden sein, dessen Südwestflügel jetzt am Ostrand des Rheinischen Schiefergebirges, dessen Nordostflügel im Oberharz zu Tage streicht. Das Zentrum des Schuttkegels ist in der heutigen Hessischen Senke anzunehmen.

Nahe der Wende vom Dinantium zum Silesium hatte die Achse der Vortiefe und damit der Schuttkegel etwa die Achse des heutigen Ostsauerländer Hauptsattels und ihre nordöstliche Verlängerung erreicht. Von dieser Zeit an waren auch die stabilisierten und vermutlich bis zu einem gewissen Grad schon vor der variszischen Hauptfaltung ergriffenen Trogfüllungen an der Materiallieferung für die Füllung der Vortiefe beteiligt (vgl. PAPROTH & WOLF 1973, S. 489; BLESS & STREEL 1976, S. 18ff.). Damit hat sich aus der Vortiefe der Mitteldeutschen Schwelle die Vortiefe des variszischen Gebirges, die subvariszische Saumtiefe, entwickelt.

Die variszische Hauptfaltung hat die stabilisierten Trogfüllungen ebenso wie die Vortiefensedimente ergriffen; die Trogfüllungen sind also zweimal tektonisch beansprucht worden. Die Hauptfaltung ist gewandert — in den Vortiefen in Richtung auf das Vorland. Sie ist nicht katastrophal, sondern diskret vorgegangen. Die Entstehung des Rhenoherzynikums — mindestens in dem bisher untersuchten Raum des Rheinischen Schiefergebirges und der beiden Vortiefen — durch den Zusammenbau aus einzelnen, relativ kleinen Elementen muß nicht der Regelfall geosynklinaler Entwicklung sein (KEGEL 1950, S. 287). Es fragt sich, wie weit sie durch die Nähe dieses Teils des Faltengebirges zur Osteuropäischen Tafel beeinflußt worden ist. Auch dieses Problem dürfte durch das IGCP-Projekt 86 einer Lösung näher geführt werden.

Literatur

BLESS, M. J. M.; BOUCKAERT, J.; BOUZET, P.; CONIL, R.; CORNET, P.; FAIRON-DEMARET, M.; GROESSENS, E.; LONGERSTAEY, P. J.; MEESSEN, J. P. M. T.; PAPROTH, E.; PIRLET, H.; STREEL, M.; VAN AMEROM, H. W. J.; WOLF, M.: Dinantian rocks in the subsurface North of the Brabant and Ardenno-Rhenish massifs in Belgium, the Netherlands and the Federal Republik of Germany. — Meded, Rijks geol. Dienst, n. Ser., **27**, 3, 195 S., Maastricht 1976.

BLESS, M. J. M.; STREEL, M.: The cocurrence of reworked miospores in a Westphalian C microflora from South Limburg (the Netherlands) and its bearing on paleogeography. — Meded. Rijks geol. Dienst, n. Ser., **27**, 39 S., Maastricht 1976.

DVOŘÁK, J.: Die Quergliederung des Rheinischen Schiefergebirges und die Tektogenese des Siegener Antiklinoriums. — Neues Jb. Geol. u. Paläont. Abh., **143**, 2, 133—142, Stuttgart 1973.

DVOŘÁK, J.; PAPROTH, E.: Über die Position und die Tektogenese des Rhenoherzynikums und des Sudetikums in den mitteleuropäischen Varisziden. — Neues Jb. Geol. u. Paläontol. Mh., **2**, 65—88, Stuttgart 1969.

GEORGE, T. N.: British Dinantian Stratigraphy. — 6ieme Congr. internat. Stratigr. Geol. Carbonif., C. R., 1, 193—218, Maastricht 1969.

HOFFMANN, N.; LINDERT, W.; WEYER, D.; ILLERS, K.-H.: Zum Unterkarbon-Vorkommen auf den Inseln Rügen und Hiddensee. — Z. geol. Wiss., Jg. **3**, 851—873, Berlin 1975.

HOYER, P.: Die Tektonik des Steinkohlengebirges nördlich des Ruhrgebietes. — Fortschr. Geol. Rheinland u. Westfalen, **13**, 2, 1359—1388, Krefeld 1967.

KEGEL, W.: Sedimentation und Tektonik in der rheinischen Geosynklinale. — Z. dt. geol. Gesellsch. f. 1948, **100**, 266—289, Hannover 1950.

PAPROTH, E.: Zur Folge und Entwicklung der Tröge und Vortiefen im Gebiet des Rheinischen Schiefergebirges und seiner Vorländer, vom Gedinne (Unter-Devon) bis zum Namur Silesium). — Nova Acta Leopoldina, neue F., **45**, 224, 45—58, Halle (Saale) 1976.

PAPROTH, E.; WOLF, M.: Zur paläogeographischen Deutung der Inkohlung im Devon und Karbon des nördlichen Rheinischen Schiefergebirges. — Neues Jb. Geol. u. Paläont. Mh., 8, 469—493, Stuttgart 1973.

RAMSBOTTOM, W. H. C.: The Namurian of Britain. — 6ieme Congr. internat. Stratigr. Geol. Carbonif., Sheffield 1967, C. R., **1**, 219—232, Maastricht 1969.

SCHMIDT, H.: Faltungskerne im ostrheinischen Schiefergebirge. — Z. dt. geol. Gesellsch. f. 1936, **88**, 680—686, Berlin 1937.

Über die mögliche Erstreckung der Osteuropäischen Tafel bis England und Wales

DUNNING, F. W.; WATSON, J., London

Einleitung

Der geotektonische Bau von Südostwales und des westlichen Teils von Zentralengland ist relativ gut bekannt: Das präkambrische Fundament streicht an mehr als einem Dutzend Stellen zutage aus; sonst ist es durch paläozoische Ablagerungen verhüllt, welche über große Flächen annähernd horizontal lagern und nur in der Nachbarschaft bedeutender Brüche des Fundaments stärker deformiert sind. Dieses als „Kratogener Midland-Block" (WILLS 1948), „Midland-Massiv" (TURNER 1949) bzw. „Midland-Kraton" (WATSON 1975) bezeichnete Gebiet wird im NW von einer Bruchzone begrenzt, die in Südwestrichtung von Shropshire nach Pembrokeshire streicht. An ihr ist das präkambrische Fundament aufgeschlossen, und hier geht das neritische untere Paläozoikum ziemlich unvermittelt in die Geosynklinalfazies der Kaledoniden von Wales über (Abb. 1). In Südwestwales ist das präkambrische Fundament in Überschiebungsstrukturen einbezogen, die die Front der Varisziden bilden; weiter im E scheint das Fundament südwärts unter die nur unzureichend erfaßbare variszische Front im Gebiet des Bristol Channel und der Mendip Hills südlich Bristol unterzutauchen.

Was vor allem unklar ist, ist die Erstreckung des Midland-Kratons im nördlichen Zentralengland sowie im östlichen und südlichen England. Einige Bohrungen im östlichen Zentralengland haben ein vulkanisches Fundament unter mesozoischer oder paläozoischer Überdeckung angetroffen, dessen präkambrisches Alter zwar wahrscheinlich, aber bisher nicht mit Sicherheit erwiesen ist. Das Vorkommen von vulkanischem Fundament bei Woo Dale in Derbyshire kann bedeuten, daß sich der Midlandkraton bis in die südlichen Pennines erstreckt; aber weiter nordwärts sinkt das Fundament unter mächtiges karbonisches oder älteres, möglicherweise unterpaläozoisches Deckgebirge ab. Irgendwo innerhalb des letzten liegt der gleiche Fazieswechsel, der die Südostgrenze der Kaledoniden in Wales markiert.

Im dem Gebiet zwischen Manchester und Stoke-on-Trent, in dem der kaledonische Außenrand von Shropshire aus mit Vorsicht extrapoliert werden kann, haben verschiedene Autoren diese Grenze nach SE, in Richtung Kent (TURNER 1949, WILLS 1951), nach NE, in genereller Richtung auf Flamborough Head an der Ostküste (BAILEY 1928 und die meisten Autoren, die über andere Themen geschrieben haben, ohne in die Kontro-

Eingang des Manuskripts in der Redaktion: 25. 2. 1977.

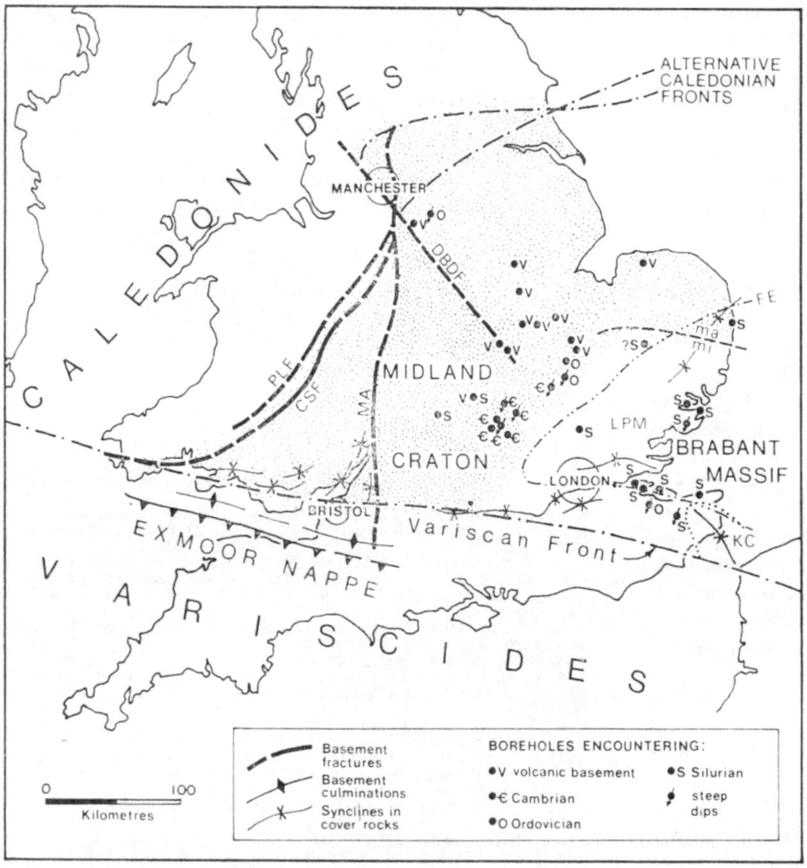

Abb. 1. Kriterien für die Existenz des Midlandkratons und seine mögliche Erstreckung im nördlichen und östlichen England. Wenn sich der kaledonische Außenrand direkt nach Norwegen fortsetzt, bildet das gepunktete Areal den westlichen Ausläufer der Osteuropäischen Tafel

PLF – Pontesford-Linley-Bruch, CSF – Church Stretton-Bruch, MA – Malvern-Achse, DBTF – Derby-Bolton-Tiefenbruch, KC – Kent-Kohlenfeld, LPM – Paläozoisches Massiv von London, FE – Ausbißlinie von Jura und Unterkreide am paläozoischen Massiv von London, ma/,i – ungefähre Grenze zwischen magnetisch aktivem und inaktivem Fundament

verse eingreifen zu wollen!), und sogar mit einer gewissen Ausbuchtung nach NW gezogen, bevor sie ostwärts nach Flamborough Head umschwenkt (DUNNING 1966).

In Südostengland hat eine Anzahl Bohrungen nördlich des variszischen Außenrands unter Mesozoikum gefaltetes Silur aufgeschlossen, welches natürlich als Teil des kaledonisch gefalteten Brabanter Massivs angesprochen wird. Die Grenze zwischen dem Brabanter Massiv und dem präkambrischen Midlandkraton ist speziell im südlichen Zentralengland nordwestlich von London extrem schwierig zu fixieren. Irgendwo in dem Gebiet zwischen Bristol und London kreuzt sich diese unklare Grenze mit dem verdeckten Außenrand der Varisziden. Wo die Grenze zwischen diesem Kreuzungspunkt und der Ostküste Englands exakt verläuft, ist Gegenstand beträchtlicher Spekulationen und im wesentlichen abhängig von der willkürlichen Festlegung der äußeren Grenze der kaledonischen Faltung im Brabanter Massiv und dem Nachweis des Mächtigkeits- und Faziesübergangs zwischen den Ablagerungen des Brabanter Massivs und den unterpaläozoischen Abfolgen von zweifelsfreiem Tafelcharakter auf dem Midlandkraton. Nur unter der Voraussetzung, daß das vulkanische Fundament im östlichen Zentralengland entweder in das untere Paläozoikum eingestuft oder als kaledonisch überprägtes präkambrisches Fundament in den Kernen kaledonischer Antiklinalen angesprochen wird, ist es möglich, die Kaledoniden des Brabanter Massivs mit dem Hauptstamm der nordatlantischen Kaledoniden zu verbinden. Bisher gibt es keinerlei Anzeichen, die darauf hinweisen, daß eine dieser beiden Annahmen richtig ist. Die Beantwortung der Frage, ob sich die Osteuropäische Tafel bis nach England erstreckt, hängt ganz vom weiteren Verlauf der Grenzen des Midlandkratons außerhalb Englands, unter der Nordsee ab. Das werden wir später diskutieren, nachdem wir die in Frage kommenden Schichtenfolgen und den Spielraum, den sie für geotektonische Lösungen lassen, etwas eingehender betrachtet haben.

Das präkambrische Fundament

Präkambrische Gesteine sind in den englischen Midlands spärlich freigelegt. Sie scheinen, von wenigen Ausnahmen abgesehen, jüngstpräkambrisches Alter zu besitzen. Sie zeigen einen geringen Grad regionaler Deformation und können eher als die etwas gestörten basaltischen Einheiten der kratonischen Hülle denn als Vertreter des Fundaments angesehen werden.

Metamorphe Gesteine — örtlich bekannt als Malvernian — die vom unterlagernden Basement stammen dürften, treten lokal in der Nähe großer Brüche auf. Es handelt sich um retrograde und intensiv zerklüftete Derivate von Dioriten, Tonaliten und anderen plutonischen Gesteinen, die mit Relikten psammitischer und pelitischer Metasedimente vergesellschaftet sind. Absolute Alter von etwa 600 Mill. Jahren geben vielleicht nur den Zeitpunkt der Diaphthorese an. Der Vergleich mit benachbarten Gebieten wirft wenig Licht auf die Frage der Korrelation.

Aeromagnetische Vermessungen weisen darauf hin, daß das Basement von beträchtlichen NW-streichenden Dislokationen durchzogen ist, die nahe am kaledonischen Außenrand enden und wahrscheinlich präkaledonisches Alter besitzen.

Nach Angaben aus Übertage- und Bohraufschlüssen scheinen nichtmetamorphe vulkanische, subvulkanische und sedimentäre Gesteine eine Fläche einzunehmen, die sich von der Grenze der Kaledoniden in Wales 250 km ostwärts erstreckt. Obwohl die absoluten Altersdaten uneinheitlich sind (die maximalen scheinbaren Alter liegen bei 700 Mill. Jahren, und die Streuung der Daten bis 450 Mill. Jahre ist vielleicht durch jüngere tektonische Prozesse bedingt), sind die physikalischen und paläontologischen Angaben mit einem jüngstpräkambrischen Alter vereinbar. Weitgehend ähnliche jungpräkambrische Vulkanite kommen in den angrenzenden Teilen der Kaledoniden und im Brioverien des Armorikanischen Massivs vor. Es muß allerdings darauf hingewiesen werden, daß die

jungpräkambrischen Tillite des Varangian nicht auftreten.
Dominierende Gesteine der vulkanischen Serie (Uriconian, Charnian) sind saure bis intermediäre Laven, Pyroklastite und subvulkanische Intrusionen. In der Nähe einer großen Störungszone, dicht am kaledonischen Außenrand in Wales, überlagern bis zu 8 km mächtige fluviatile oder Deltasedimente (Longmyndian) die vulkanischen Gesteine in einer tiefen überkippten Synklinale, die als eine präpaläozoische Struktur angesprochen wird. Derartige engbegrenzte präkambrische Lagerungsstörungen weisen zusammen mit anderen fragmentarischen Angaben (absolute Altersdaten eingeschlossen) darauf hin, daß ein bedeutendes tektonothermisches Ereignis vor etwa 600 Mill. Jahren auf den Midlandkraton eingewirkt hat. Das entspricht zeitlich weitgehend der cadomischen Orogenese.

Das paläozoische Fundament von England und Wales

Das ausstreichende und verdeckte paläozoische Fundament umfaßt

1. altpaläozische Ablagerungen
   - der kaledonischen Faltungszonen in geosynklinaler (bathyaler) und neritischer Fazies und
   - des Midlandkratons in (neritischer) Tafelfazies,
2. jungpaläozoische Ablagerungen, hauptsächlich in neritischer Fazies
   - in der variszischen Faltungszone sowie
   - als Deckgebirge über den kaledonischen Faltungszonen und über dem präkambrischen Fundament des Midlandkratons bzw. dessen älterem, altpaläozoischen Deckgebirge.

Altpaläozoische Ablagerungen

Midlandkraton

In Shropshire, am Rand des Kratons, erreicht das durchweg neritische Kambrium mehr als 1500 m Mächtigkeit, wovon wenigstens 1000 m auf das Tremadoc entfallen, obwohl in Zentralengland (Warwickshire) die 1050 m des Kambriums nur 100 m einer annähernd vollständigen Tremadocabfolge enthalten. Aber bei Tortworth, nordöstlich von Bristol, ist das Tremadoc wieder über 1000 m mächtig. Fast alle Bohrungen in einem großen Areal auf dem verdeckten südlichen Teil des Midlandkratons haben tremadocische Schiefer nachgewiesen. In den Bohrungen von Buckinghamshire fallen sie steil nach N ein; das Tremadoc muß hier von bedeutenden streichenden Verwerfungen präkambrischen Alters durchzogen werden, wie aus der Erstreckung ihrer verdeckten Ausstriche hervorgeht.
In Shropshire folgt jüngeres Ordovizium (Caradoc) über Tremadoc, aber sonst fehlt das Ordovizium fast überall auf dem Midlandkraton — ausgenommen in zwei Bohrungen nordöstlich von Cambridge (Great Paxton und Huntingdon), die stark deformierte neritische Gesteine des Llanvirn angetroffen haben. Das Auftreten von deformiertem Ordovizium an dieser Stelle, obgleich in neritischer Fazies, ist einer der wenigen, möglicherweise zuverlässigen Hinweise auf die Nähe des Brabanter Massivs. Sehr wenige Bohrungen haben innerhalb des angenommenen Midlandkratons silurische Ablagerungen angetroffen, obwohl sie in Shropshire, südöstlich Wales, entlang der Malvernachse und nordwestlich Birmingham verbreitet ausstreichen. In der maximal um 1000 m mächtigen Abfolge des Silurs fehlen an den meisten Stellen die unteren Einheiten des Llandovery; nach oben geht sie ohne Diskordanz in den Unteren Old Red Sandstein über. Es scheint, daß das Silur sehr selten (zum Beispiel entlang der Malvernachse) über das Kambrium hinweggreift und unmittelbar auf dem präkambrischen Fundament liegt.

Kaledonische Faltungszonen

Kambrische Schichten in geosynklinaler Fazies und Mächtigkeit sind ausschließlich aus Nordwestwales bekannt, wo sie eine Mächtigkeit von 3500 m erreichen — 350 m Tremadoc eingeschlossen. In Südwestwales, nahe dem Rand der Kaledoniden, erreicht das Kambrium 1200 m, Tremadoc fehlt. Das Ordovizium in geosynklinaler Fazies (mit sauren Vulkaniten) und Mächtigkeit (gut über 4 km aufgeschlossen) reicht bis zum äußersten Ende der walisischen Kaledoniden in Shropshire, um dann an der Randverwerfungszone plötzlich in einen weniger als 1 km breiten Ausstrich von neritischem Caradoc überzugehen, welches teilweise auf dem präkambrischen Fundament liegt. Das Silur der Kaledoniden von Wales nimmt ebenfalls von mehr als 4 km (zum Beispiel bei Llandovery) auf etwa 1 km in Shropshire ab, obwohl die Graptolithen/Muscheln-Faziesübergangszone breiter ist als im Ordovizium. Erhebliche Mächtigkeitsreduktionen sind auch in den Craven-Fenstern der nördlichen Pennines zu beobachten; das kann ebenfalls als ein Hinweis auf die Nähe des Midlandkratons angesehen werden.
Weite Gebiete in Südostengland nördlich und südlich der Themsemündung werden von Silur unterlagert (siehe WILLS' Paläogeologische Karte des Paläozoikums 1971). Dort stehen acht Bohrungen, deren Ergebnisse publiziert worden sind (COCKS et al. 1971). Vier haben Llandovery und vier Wenlock oder oberes Silur, zu einer Hälfte in neritischer, zur anderen in Tiefwasser- oder unbestimmter Fazies angetroffen. Zwei zeigen steiles Einfallen; das Streichen ist in diesen alten Bohrungen aus dem 19. Jahrhundert unbekannt. Nur eine Bohrung hat in dieser Gegend ältere Gesteine aufgeschlossen, und zwar die Bohrung Bobbing, die — neuerlich wieder bestimmt — annähernd saiger stehende glimmerführende Tonschiefer des Caradoc nachgewiesen hat. Steiles Einfallen des Devons ist in diesem Gebiet nicht registriert worden; deshalb ist es berechtigt vorauszusetzen, daß ein kaledonisch gefaltetes altpaläozoisches Massiv im Bereich der Themsemündung existiert. Aus zwei Gründen ist es nicht möglich, diese Faltenzone, die logischerweise als Ausläufer des Brabanter Massivs betrachtet wird, gegen den Midlandkraton zu begrenzen:

1. wegen der geringen Anzahl von Bohrungen, die nördlich von London das Altpaläozoikum erreicht haben, und
2. wegen des Fehlens von silurischem Deckgebirge über weite Strecken im Südostteil des Midlandkratons, dessen Deformationsgrad bestimmt und mit dem im Massiv verglichen werden könnte.

Die Bohrungen von Buckinghamshire mit dem steil einfallenden Tremadoc scheinen zu weit entfernt gelegen für einen brauchbaren Vergleich, obwohl die Distanz zum Rande des Massivs nicht groß sein kann.

Jungpaläozoische Ablagerungen

Midlandkraton und Brabanter Massiv

WILLS' Paläogeologische Karte (1971) zeigt zwei große Verbreitungsgebiete devonischer Gesteine, eines in Südostwales, das andere in der Umgebung von London, das sich nach NW bis Oxford und nach NE bis Cambridge erstreckt.

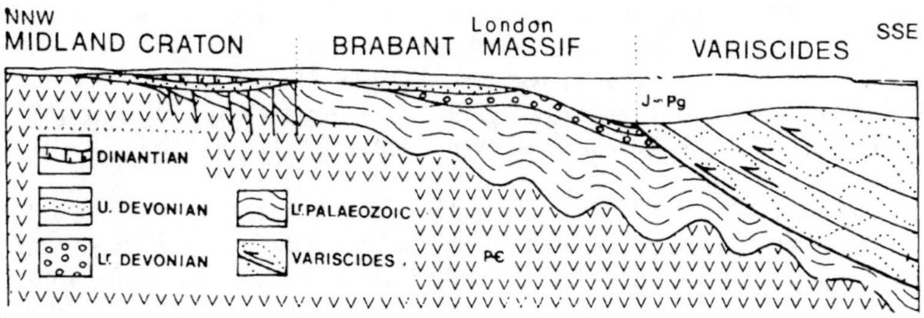

Abb. 2. Schematischer Schnitt durch Südostengland mit den möglichen stratigraphischen und tektonischen Beziehungen der verdeckten Ablagerungen.

Der Nordteil des Midlandkratons wird hingegen direkt von Karbon überlagert; eine schmale Zunge verbindet dieses nördliche Areal mit dem Bristolgebiet im S. Ganz weit im SE stellt das Kentkohlenfeld eine sehr signifikante geotektonische Struktur dar.

Das Devon (Old Red Sandstein) in Südostwales ist eine mehr oder weniger flach liegende, etwa 3000 m mächtige Abfolge, die das Silur konform überlagert. Der überwiegende Anteil der Serie besitzt unterdevonisches Alter (Unterer Old Red Sandstein). Der Obere Old Red Sandstein, der dem Unteren Old Red Sandstein schwach diskordant aufliegt, ist weniger als 50 m mächtig und fungiert tektonisch als Basalglied des karbonischen Deckgebirges. Letzteres ist durch eine transversale Hebungszone, in der Silur in den Fenstern von Usk und Cardiff zutage tritt, getrennt in das Südwaleskohlenfeld und das Forest of Dean-Chepstow-Becken. Der gesamte Devon-Karbon-Ausstrich wird im E durch die N—S-streichende Malvernflexur abgeschnitten; entlang dieser Strukturzone ist die Abfolge intensiv variszisch gefaltet, und zwar während des jüngsten Westfals und danach.

Im Devongebiet von London—Oxford—Cambridge ist die Position der einzelnen Devonglieder weniger klar. Die meisten Bohrungen im N und NE haben lediglich Oberdevon aufgeschlossen. Auf der Breite von London haben einige Unteren Old Red Sandstein oder Downton nachgewiesen, während andere in London Oberen Old Red Sandstein oder Oberdevon angetroffen haben. Die stratigraphischen Beziehungen sehen wahrscheinlich so aus, daß Devon in Old Red Sandsteinfazies — aber nicht unbedingt Unterdevon — in Nordkent und Südlondon diskonform auf gefaltetem Silur des Brabanter Massivs lagert, während die höheren, oberdevonischen Teile der Abfolge nach N vorgreifen und direkt auf älteren Gesteinen liegen, Präkambrium eingeschlossen (Abb. 2). Im W, zwischen Oxford und Bristol, taucht der zum unterlagernden Silur konforme Untere Old Red Sandstein unter dem Oberen Old Red Sandstein des Londoner Areals auf. Es ist also möglich, daß im Gebiet von London und der Themsemündung ein Teil des Unteren Old Red Sandsteins mit dem Silur zusammen verfaltet ist und die jüngere Abfolge des Mittel- und Oberdevons darüber nach N transgrediert.

Leider hat in ganz Südostengland nicht eine einzige Bohrung zweifelsfreies Devon durchteuft und stratigraphisch sicheres Silur erreicht. Auf die Beziehungen zwischen Devon und Silur kann nur aus anderen Daten geschlossen werden, wie zum Beispiel dadurch, daß in Nordkent Silur und Ordovizium steiles Einfallen aufweisen, das Devon aber nicht.

Das ausgedehnte karbonische Deckgebirge, unter das der Midlandkraton in den südlichen Pennines absinkt, ist nur von zwei Bohrungen durchteuft worden: Die Bohrung Woo Dale in der Nähe von Buxton hat unter söhlig lagernden Kalken des Dinants saure bis intermediäre Vulkanite angetroffen, die mit 45° einfallen; mit der Bohrung Eyam, 10 km nordöstlich von Woo Dale, sind steil einfallende fossilführende Tonsteine des unteren Ordoviziums nachgewiesen worden. Nach N und NE nimmt die Mächtigkeit des Deckgebirges beträchtlich zu und erreicht in der Humbermündung wahrscheinlich um 4000 m (KENT 1967). In diesem Gebiet hat keine Bohrung das präkarbonische Fundament erreicht, und alle geotektonischen Interpretationen des Basements basieren auf Untersuchungen der tektonischen Trends im Deckgebirge.

Variszische Faltungszone

Nach Interpretationen des Schwerefelds zwischen Kent und dem Boulonnais (ATITULLAH in SHEPARD-THORN et al. 1972) scheint sich die Grande Faille du Midi-Überschiebungszone in England unter Romney Marsh fortzusetzen. Sie schneidet das flache, schwach gefaltete und NNW-streichende Becken des Kent-Kohlenfeldes im S scharf ab, so daß sich ein auffallender tektonischer Kontrast ergibt. So gut wie nichts ist über den Charakter der Überschiebungszone in Südengland bekannt, abgesehen davon, daß Karbon in Kohlenkalkfazies, Devon sowohl in Old Red- als auch in mariner Fazies, Coal Measures des Westfals und auch Silur einbezogen sind. Ab Guildford gibt es weder durch Bohrungen noch aus geophysikalischen Interpretationen Hinweise auf die Überschiebungszone. Der variszische Außenrand taucht wieder in den Mendiphills auf, die aus Ablagerungen des Silurs, Devons und Karbons aufgebaut sind, eine mediotype (helvetotype) Faltung aufweisen und über einer großen Abscherfläche liegen dürften (GREEN & WELCH 1965, DUNNING 1966). Wahrscheinlich steigt das präkambrische Basement des Midlandkratons unter der Scherfläche zu einer schwachen Kulmination auf, bevor es steil südwärts unter die eigentliche, orthotektonische Faltenzone der Varisziden abtaucht (Abb. 1). Nach W setzt sich eine äquivalente Zone unter dem Bristol Channel fort, wo sie von einer großen Decke aus marinem Devon — der Exmoordecke (BROOKS & THOMPSON 1973) — überschoben sein dürfte. Nach dem Profil bei BROOKS & THOMPSON hebt sich das präkambrische Basement des Midlandkratons unter dem Bristol Channel südlich Gower auf 2 bis 3 km unter der heutigen Oberfläche heraus, bevor es südwärts unter die Exmoordecke abtaucht. Es muß allerdings darauf hingewiesen werden, daß der variszische Außenrand konventionell so gezogen wird, daß die Halbinsel Gower, die in einiger Entfernung nördlich der hypothetischen Exmoordecke liegt, eingeschlossen ist.

Jüngere Ablagerungen

Große Teile des Midlandkratons und des Brabanter Massivs sind direkt durch Schichten des Mesozoikums, Tertiärs und Quartärs verhüllt. Diese jüngeren Ablagerungen liegen im weitesten Sinne an den Rändern des Nordsee- und Anglo-

Pariser Beckens. Das südliche Ausstrichgebiet wird vom Hampshire- und vom Londoner Becken beherrscht und im E durch die Wealden-Hebungszone abgegrenzt. Das nördliche Ausstrichgebiet wird durch die N—S-streichende Pennine-Achse im W und das Nordseebecken — oder präziser die Wolds-Synklinale — im E eingerahmt. Es ist möglich, innerhalb dieser größeren Strukturen des Deckgebirges zahlreiche kleinere tektonische Trends auszuhalten, die in fast jeglicher Richtung mit angenommenen Trends der Unterlage in Übereinstimmung gebracht werden können. Derartige hypothetische Konformitäten können Bedeutung erlangen, wenn Trends im jüngeren Deckgebirge auch mit solchen im älteren, variszisch gefalteten karbonischen Deckgebirge oder Richtungen großer geophysikalischer Anomalien übereinstimmen. Das in Zentralengland ausstreichende Präkambrium zeigt NW-gerichtete Strukturen, und eine bedeutende Bruchzone des Basements mit ähnlichem Trend, die für Erdbebenstöße verantwortlich zeichnet, verläuft im Untergrund von Zentralengland. Aber das jüngere Deckgebirge zeigt in seinem tektonischen Inventar fast keine Hinweise auf diese Richtung (obwohl es in der südlichen Nordsee eine Fülle von Beweisen für NW-streichende sedimentäre und tektonische Richtungen gibt). Das jüngere Deckgebirge im südwestlichen Zentralengland folgt einer N—S-Grabenstruktur, die von Brüchen im Fundament vorgezeichnet ist; aber die Hauptteilbarkeit (Klüftung) im präkambrischen Fundament, die hier E—W streicht, bildet sich überhaupt nicht im tektonischen Inventar des Deckgebirges ab. Im Londoner Becken streichen die einzelnen Synklinalen ENE. Sie könnten mit hypothetischen parallel ausgerichteten Trends im Brabanter Massiv in Verbindung gebracht werden. Ähnliche Richtungen im Quartär von Ostanglia bilden jedoch einen Winkel von 45° mit der wahrscheinlichen, aus aeromagnetischen Vermessungen abgeleiteten Grenze des Massivs (s. unten). Eine bessere Übereinstimmung mit der Form des Brabanten Massivs ergibt sich durch das Auskeilen verschiedener präoberkretazischer Glieder an der Aufwölbung des Fundaments nördlich von London (GEORGE 1962) (siehe Abb. 1). Bei der Diskussion über die Bedeutung tektonischer Trends im jüngeren Deckgebirge sollte man auf keinen Fall außer acht lassen, daß die Hauptkluftstrukturen und Lineamente des variszischen Fundaments im nördlichen Europa überhaupt nicht im tektonischen Inventar des jüngeren, mesozoischen Deckgebirges abgebildet sind.

Schlußfolgerungen

Unter der Annahme, daß zum britischen Anteil der nordatlantischen Kaledoniden ein präkambrisches Vorland in Zentralengland und Südostwales existiert und ein Ausläufer des Brabanter Massivs wahrscheinlich Nordkent, die Themsemündung und Südostanglia unterlagert, wollen wir versuchen, die möglichen Umrisse dieser großen, als Midlandkraton bezeichneten geotektonischen Einheit zu skizzieren und zu prüfen, wie sie mit der Osteuropäischen Tafel in Verbindung stehen könnte.

Die Nordwestgrenze des Midlandkratons ist gesichert von Carmarthenshire bis Shropshire und verläuft wahrscheinlich darüber hinaus bis in die südlichen Pennines. Die Tektonik des karbonischen Deckgebirges in den Pennines wird zumeist sicher von Strukturen des Fundaments bestimmt, und zwar eher durch Brüche als durch Falten. Wenn das so ist und die Vulkanite von Woo Dale präkambrisches Alter besitzen, dürfte sich der Midlandkraton nordwärts bis zum Ende der vom Fundament geprägten Pennine-Antiklinale zwischen Burnley und Bradford ausdehnen. Es ist glaubhaft, daß die Grenze aus dieser Gegend nach NE oder E zur Küste zwischen Flamborough Head und der Humbermündung verläuft — parallel zum tektonischen Trend in den nächstgelegenen unterpaläozoischen Aufschlüssen im N und dem generellen strukturellen Trend im karbonischen Deckgebirge, der übrigens auch vom mesozoischen Deckgebirge übernommen ist.

Die Südgrenze des Kratons gegen das Brabanter Massiv kann grob festgelegt werden entlang der Grenze zwischen dem magnetisch aktiven Gebiet in Norfolk und Cambridgeshire, das nach Bohrergebnissen ein magmatisches Basement besitzt, und dem nichtmagnetischen Gebiet mit niedrigen Gradienten in Suffolk, von dem ein silurisches Basement bekannt ist (Abb. 1). Diese Grenze würde angenähert E—W zwischen Lowestof und Harwich verlaufen. Nach W und SW zieht sie wahrscheinlich dicht an den Bohrungen von Huntingdon vorbei, die Ordovizium angetroffen haben. Jenseits davon kann die Fortsetzung nur vermutet werden, obgleich die Bohrungen von Buckinghamshire mit dem steil einfallenden Tremadoc ebenfalls direkt am Rande liegen können. Die Extrapolation der Grenze nach SW führt zum variszischen Außenrand in der Nähe von Newbury, wo eine riesige, nicht interpretierte magnetische Anomalie nachgewiesen ist, die möglicherweise eine Aufragung des Basements abbildet — analog der der Mendip-Hills (im Basement selbst tritt vermutlich ein präkambrischer Magmatitkomplex auf). Zwischen Newbury und Carmarthen Bay taucht der Midlandkraton unter die Varisziden ab.

Mit diesen skizzierten Grenzen umfaßt der Midlandkraton eine Fläche von annähernd 60000 km².

Die Verfolgung und endgültige Bestimmung der Nordgrenze des Midlandkratons sind unverkennbar Kriterien für die Beantwortung der Frage nach der möglichen Erstreckung der Osteuropäischen Tafel bis Großbritannien. Wenn diese Grenze direkt nordostwärts bis Norwegen verläuft, dann würde das präkambrische Fundament südöstlich der britischen Kaledoniden ein Teil des Baltischen Schildes sein und der Midlandkraton mit seinem Deckgebirge den westlichsten Ausläufer der Osteuropäischen Tafel darstellen. Wenn sie jedoch nach SE in Richtung auf Mitteleuropa umbiegt, dann wäre der Midlandkraton Teil einer anderen geotektonischen Einheit, die ein Zwischenmassiv zwischen den britischen Kaledoniden und einem frühen, altvariszischen Faltenstrang im Kern der europäischen Varisziden darstellt, oder auch Teil eines prävariszischen südlichen Kontinents. Das Problem, ob sich von den nordatlantischen Kaledoniden von Norwegen gegen den Uhrzeigersinn oder von Nordengland im Uhrzeigersinn ein Faltenstrang in die Norddeutsche Tiefebene erstreckt, kann offensichtlich nur durch weitere Untersuchungen in der südlichen Nordsee gelöst werden. Eine Schlüsselstellung nimmt hierbei die Deutsche Bucht ein, da beide Faltenzüge durch dieses Gebiet verlaufen müßten, wenn mit dem einzigen sicher nachgewiesenen Kaledonischen Faltenstrang im östlichen Mitteleuropa, nämlich den Rügen-Pommerschen Kaledoniden (DADLEZ 1974) in Nordwest-Polen und der DDR, ein Zusammenhang bestünde. Jegliche Verbindung der nordatlantischen Kaledoniden mit dem Brabanter Massiv müßte das britische Territorium queren, und das könnte nur der Fall sein, wenn ein beträchtlicher Teil des Präkambriums des Midlandkratons zu einem kaledonischen Faltenzug umgeformt worden wäre.

Ein großer Fortschritt in unseren Kenntnissen über die Geologie des Fundaments im östlichen England würde erzielt, wenn wir — soweit das britische Territorium betrachtet wird — Antworten auf folgende Fragen finden könnten:

1. Welches Alter hat das verdeckte vulkanische Fundament im östlichen Zentralengland?
2. Wie tief liegt das metamorphe Basement im östlichen England, wie alt ist es und wie ist es beschaffen?
3. Ist die NW-streichende Faltung des präkambrischen Fundaments in Zentralengland verursacht durch Brüche und an diese gebunden oder hat sie regionale orogenetische Bedeutung?
4. Wie weit erstreckt sich der Midlandkraton nach N?

5. Wie sehen die Beziehungen zwischen dem Unteren Old Red Sandstein und dem Silur im Gebiet von London und der Themse-Mündung aus?
6. Wie streichen die Strukturen des gefalteten Altpaläozoikums in Sudostengland und wie intensiv ist die Faltung?

Zusammenfassung

In Zentralengland ist verschiedentlich das präkambrische Fundament des Midlandkratons aufgeschlossen. Es sind metamorphe Gesteine, die von einer sehr wahrscheinlich jungstpräkambrischen vulkanisch-sedimentären Serie überlagert werden. Das Altpaläozoikum ist in den westlich angrenzenden Kaledoniden in mächtiger Geosynklinalfazies entwickelt, über dem Midlandkraton liegt es in geringmächtiger, lückenhafter Tafelfazies vor bzw. fehlt auf großen Flächen vollig; auch in Südostengland wurde gefaltetes geosynklinales Altpaläozoikum erbohrt. Devon in Old-Red-Fazies ist vor allem in Südostwales und in der Umgebung von London verbreitet; große Teile des Midlandkratons werden direkt vom karbonischen (und jüngeren) Deckgebirge uberlagert.
Die Süd- und die Nordwestbegrenzung des Midlandkratons sind hinreichend sicher fixiert.

Резюме

В центральной Англии частично обнажен докембрийский фундамент Мидлэндкратона. Это метаморфические породы, перекрыты очень вероятно наимолодейшей докембрийской вулканическо-осадочной серией. Древний палеозой развитый в западно прилегаемых каледонидах в мощной геосинклинальной фации, над Мидлэендкратоном он встречается в маломощной, неполной платформенной фации или совсем отсутствует на больших плоскостях; также в Юговосточной Англии скважинами открыты складчатые геосинклинальные древнепалеозойские породы. Девонские породы в фации Ольд-Рэд особенно распространены в Юговосточном Вельсе и в окрестности Лондона; большие части Мидлэндкратона перекрыты непосредственно каменноугольными (или более молодыми) покровными горами. Южное и северозападное ограничения Мидлэндкратона достаточно надежно установлено.

Summary

The Precambrian basement of the Midland craton repeatedly exposed in Central England contains metamorphic rocks overlain by a very probably Latest Precambrian volcanic-sedimentary series. In the Caledonids bordering on to the west the Lower Palaeozoic is developed in a thick geosynclinal facies, respectively presenting itself in thin platform facies having gaps and missing entirely in large areas. In South-East England, too, folded geosynclinal Lower Palaeozoic was found by boring. Devonian in Old-Red facies is above all distributed in South-East Wales and in the surroundings of London; great parts of the Midland craton are directly overlain by the Carboniferous (and later) cover. The boundaries of the Midland craton in the south and northwest are determined with fair accuracy.

Literatur

BAILEY, E. B.: The Palaeozoic mountain systems of Europe and America. — Rpt. Brit. Assoc. Adv. Sci., Sect. C, 57—76, (1928).
BROOKS, M.; THOMPSON, M. S.: The geological interpretation of a gravity survey of the Bristol Channal. — J. geol. Soc. London, **129**, 245—274, London 1973.
COCKS, L. R. M.; HOLLAND, C. H.; RICKARDS, B. B.; STRACHAN, I.: A correlation of Silurian rocks in the British Isles. — J. geol. Soc. London, **127**, 103—136 and Geol. Soc. London, Sp. Rpt. No. 1, London 1971.
DADLEZ, R.: Tectonic position of western Pomerania (northwestern Poland) prior to the Upper Permain. — Inst. Geol. Biul, **274**, 49—87, Warszawa 1974.
DUNNING, F. W.: Tectonic Map of Great Britain and Northern Ireland. — Inst. Geol. Sci. G. B., (1966).
GEORGE, T. N.: Tectonics palaeogeography in southern England. — Sci. Progress, **50**, 192—217, (1962).
GREEN, G. W.; WELCH, F. B. A.: Geology of the country around Wells and Cheddar. — Mem. geol. Surv. G. B., (1965).
KENT, P. E.: A contour map of the sub-Carboniferous surface in the north-east Midlands. — Proc. Yorks. geol. Soc., **36**, 127—133, (1967).
SHEPHARD-THORN, E. R.; LAKE, R. D.; ATITULLAH, E. A.: Basement control of structures in the Mesozoic rocks in the Strait of Dover region and its reflection in certain features of the present land and submarine topography. — Phil. Trans. Royal Soc. London, **A, 272**, 99—113, London 1972.
TURNER, J. S.: The deeper structure of central and northern England. — Proc. Yorks. geol. Soc., **27**, 280—297, (1949).
WATSON, J. V.: The Precambrian rocks of the British Isles — a preliminary review. Geol. — Soc. London, Sp. Rpt. No. 6. Precambrian., 1—10, London 1975.
WILLS, L. J.: The palaeogeography of the Midlands. — Liverpool University Press., 147 S., Liverpool 1948.
— A palaeogeographical atlas of the British Isles and adjacent parts of Europe. — Blackie & Son Limited, London und Glasgow 1951.
— A palaeogeological map of the Palaeozoic floor below the Upper Permian and Mesozoic formations. — Geol. Soc., London 1973.

Bau und Entwicklungsetappen der westlichen Osteuropäischen Tafel innerhalb der Bjelorussischen SSR und benachbarter Gebiete

GAREZKI, R. G.; AISBERG, R. E., Minsk

Das Territorium der Bjelorussischen SSR ist Bestandteil der alten Osteuropäischen Tafel, die sich aus Baltischem und Ukrainischem Schild, aus Russischer und Wolhynisch-Asowscher Platte zusammensetzt. Fast ihre gesamte Fläche wird von der westlichen Russischen Platte mit allen ihren Hauptstrukturelementen eingenommen und nur im äußersten S reicht der nördlichste Zipfel des Ukrainischen Schilds sowie ein kleiner Abschnitt der Wolhynisch-Asowschen Platte noch bis in die Bjelorussische SSR. An Großstrukturen werden isometrische Typen, Synklisen und Anteklisen, und lineare Aulakogene, Senkensysteme und perikratone Senken, unterschieden. Zu diesen übergeordneten tektonischen Elementen rechnen die Bjelorussische und die Woroneshanteklise, die Moskauer Syneklise (nur im Oberwendium und höherem Stockwerk), die Baltische Syneklise, das Pripjat-Dnepr-Donez-Aulakogen, das Moskauer Senkensystem und die perikratone Masuren-Dnestr-Senke (Abb. 1).

Den Zentral- und Westteil der Bjelorussischen SSR nimmt die Bjelorussische Anteklise ein, in deren Bereich die antiklinalförmige Fundamentoberfläche flach liegt und bis +100 m NN ansteigt. Die Sedimentgesteine werden in Richtung der Anteklisenflanken mächtiger. Im Top der Anteklise, im Zentralbjelorussischen Massiv, tritt in einzelnen Bereichen das Fundament unter Pliozän-Anthropogen zutage. Die im Streichen abtauchenden Periklinalen der Anteklisen werden als verdeckte Aufragungen ausgehalten: im W die Masurische Aufragung, im NE die Wilejkaaufragung, im SE die Bobrujskaufragung und im S die Iwatschewitschniaufragung. Die zur Baltischen Syneklise und zur Orschasenke einfallenden Anteklisenflanken werden dementsprechend als Baltische und als Orschamonoklinale bezeichnet. Im Nordteil der Anteklise liegt der NW—SE streichende Woloshingraben. Da die Anteklisen sich bekanntlich während der Absenkung der benachbarten Senken bildeten, fehlen auf der Bjelorussischen Anteklise viele Formationen und sogar Formationsreihen, die in den benachbarten negativen

Eingang des Manuskripts in der Redaktion: 25. 2. 1977.

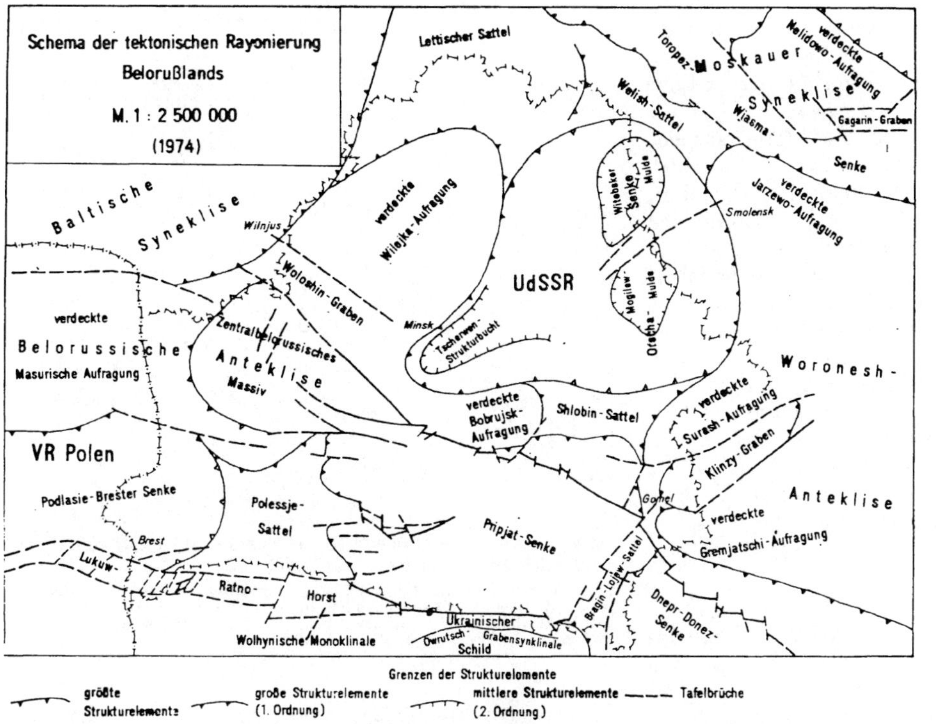

Abb. 1. Schema der Hauptstrukturelemente des Tafeldeckgebirges in der Bjelorussischen SSR und benachbarter Gebiete

Strukturen vorkommen. In Zusammenhang mit der zeitlich unterschiedlichen Entwicklung der Senken treten an ihren Rändern verschiedenaltrige Strukturstockwerke auf.

Östlich der Bjelorussischen Anteklise liegt, getrennt durch den Shlobinsattel, die W o r o n e s h a n t e k l i s e, in deren W die verdeckten Aufragungen von Jarzewo, Gremjatschi und Surash unterschieden werden. Die beiden letztgenannten trennt der Klinzygraben voneinander, an den sich nach S die Dneprmonoklinale anschließt. Südlich der Bjelorussischen und der Woroneshanteklise erstrecken sich die P r i p j a t - und D n e p r - D o n e z - S e n k e mit einer Tiefenlage des Fundaments von 5 bis 6 km, die durch den Bragin-Lojew-Sattel getrennt werden. Sie sind beide Bestandteile des Pripjat-Dnepr-Donez-Aulakogens. Westlich des Polessjesattels folgt die P o d l a s i e - B r e s t e r S e n k e, die sich im E zentriklinal schließt und sich nach W in Richtung der perikratonen Masuren-Lubliner Senke öffnet. Das Fundament der Podlasie-Brester Senke liegt mehr als 2 km tief. Von S wird die Podlasie-Brester Senke an einem regionalen Bruch von der Lukuw-Ratno-Aufragung begrenzt, in der das Fundament bis zu ± 0 m NN ansteigt. Südlich von ihr liegt die generell in Richtung der perikratonen Dnestrsenke einfallende Flanke des Ukrainischen Schilds, die hier die W o l h y n i s c h e M o n o k l i n a l e der Wolhynisch-Asowschen Platte bildet.

Im NW reicht ein erheblicher Anteil der Baltischen Syneklise in die Bjelorussische SSR hinein, die sich nur wenig nach E—NE ausdehnt und eine große Strukturbucht bildet, die im E zentriklinal geschlossen ist, sich aber nach W, in Richtung der perikratonen Masuren-Lubliner Senke, öffnet. Östlich und nordöstlich der Bjelorussischen Anteklise blieb als Rest der alten Wolhynien-Orscha-Paläosenke die schwach submeridional gestreckte Orschasenke erhalten, die durch den Zentralorschahorst in zwei Mulden, in die Witebsker Mulde im N und in die Mogilewmulde im S geteilt wurde. Das Fundament liegt in den Achsialbereichen der Mulden in Tiefen von $-1{,}6$ bis $-1{,}4$ km.

Im äußersten NE reicht die Toropez-Wjasma-Senke, die durch die verdeckte Nelidowoaufragung vom Gshatgraben getrennt wird, in die Bjelorussische SSR hinein. Der Gshatgraben ist Teil des größeren, etwa E—W streichenden Moskauer Senkensystems.

Im folgenden werden der Ablauf der tektonischen Entwicklung in Etappen, die Evolutionsreihe der Strukturen und die Beziehungen zwischen den postumen und den neugebildeten Strukturelementen dargestellt.

Hauptetappen der Tafelentwicklung

Die Bildung des relativ stabilen kontinentalen Erdkrustenblocks des Fundaments der Osteuropäischen Tafel war ein außergewöhnlich komplizierter und langfristiger Prozeß. Er begann schon im Altarchaikum, als noch keine kontinentale Erdkruste, sondern die primäre ozeanische Kruste existierte. In der spätarchaischen Etappe entstanden als Folge der Entwicklung eigenartiger Protogeosynklinalen alte Granit-Gneis-Massive. In der unter- bis mittelproterozoischen Etappe bildeten sich Geosynklinalsysteme und -zonen. Die älteren Massive werden erheblich überprägt.

An der Wende vom Mittleren zum Oberen Proterozoikum unterlag das recht festgefügte, in der vorangegangenen svekofennidischkarelischen Faltung und Granitisierung konsolidierte Gerüst der Tafel erneut der gotidischen und dalslandischen Regeneration, die sich in intensiver Granitisierung und Diaphthorese der Fundamentgesteine äußerte. In dieser Etappe begann sich ein Quasitafeldeckgebirge herauszubilden. Die oben genannten Epochen mit intensiver Granitisierung führten zur endgültigen Kratonisierung des Tafelfundaments, d. h., es wurde in einen recht starren kontinentalen Superkrustenblock umgewandelt. Im Fundament der westlichen Osteuropäischen Tafel werden isometrische Massive der Präsvekofenno-Kareliden und lineare svekofennisch-karelische Faltensystem ausgehalten, die diskordant von der Tornquist-Teisseyre-Linie geschnitten werden.

Die unter historisch-geologischen und formationellen Gesichtspunkten unterschiedenen drei Typen von Tafeldeckgebirgen: unterriphäisches (?) Quasitafeldeckgebirge, mittelriphäisch-unterwendisches Katatafeldeckgebirge und oberwendisch-phanerozoisches Orthotafeldeckgebirge entsprechen den Hauptetappen der Tafelentwicklung innerhalb der Bjelorussischen SSR und benachbarter Gebiete. Die ersten beiden Deckgebirgstypen bildeten sich in den Präplattenetappen der Tafelentwicklung, das Orthotafeldeckgebirge in den Plattenetappen. Die Präplattenetappen dauerten etwa 1 Mrd. Jahre, die Plattenetappen 600 bis 650 Mill. Jahre. Bevor sich die Platte bildete, lagerte sich das Deckgebirge in relativ kleinen Gräben und Senken der Quasitafeletappe ab und in wesentlich größerem Umfang dann in den weiten Senken der Katatafeletappe.

Die unterriphäische (?) Quasitafeletappe,

in der sich an mehreren Stellen über dem kristallinen Fundament ein Deckgebirge ablagerte, lief gleichzeitig mit den letzten Kratonisierungsepochen, in denen es vorwiegend zu intensiver Granitisierung kam, ab. Auf dem behandelten Territorium füllte das Quasitafeldeckgebirge die Owrutschgrabensynklinale und relativ kleine grabenartige Senken innerhalb der verdeckten Masurischen und der Bobrujskiaufragung der Bjelorussischen Anteklise aus. Das Deckgebirge besteht aus schwach metamorphen, recht groben terrigeneffusiven und terrigenen Formationen. Die unterriphäische Quasitafeletappe zeichnet sich dadurch aus, daß relativ kleine Gräben, grabenartige Senken bei recht intensiven tektonischen Bewegungen, insbesondere an Bruchlinien, entstanden, sowie an anderen Stellen gleichzeitig eine Granitisierung erfolgte.

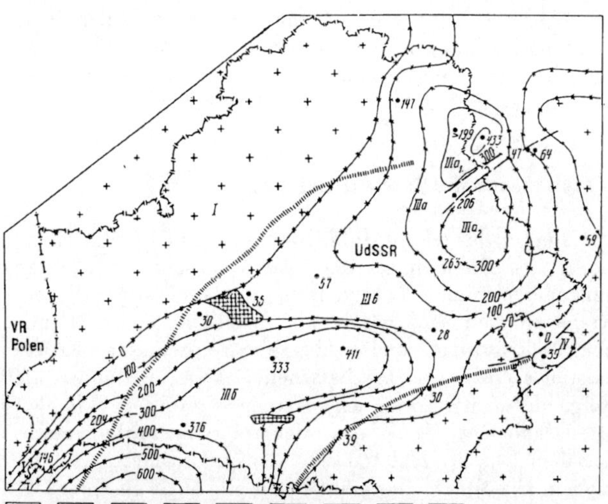

Abb. 2. Paläotektonisches Schema des Territoriums von Bjelorußland in der Präorschazeit

Gebiete relativer Hebung: 1 — in Zonen vorwiegend ohne sedimentäres Deckgebirge, 2 — in Zonen mit sedimentärem Deckgebirge, 3 — Gebiete relativer Senkung, 4 — Flächen postsedimentärer Abtragung des sedimentären Deckgebirges, 5 — Isopachen der jeweiligen Struktureinheit, 6 — Paläoisohypsen der Fundamentaloberfläche zu Ablagerungsbeginn der jeweiligen Struktureinheit
Hauptbrüche: 7 — während der Bildungszeit der jeweiligen Struktureinheit aktive Brüche, 8 — verdeckte Brüche, 9 — Bohrungen (im Zähler Mächtigkeit der jeweiligen Struktureinheit, im Nenner Gesamtmächtigkeit des sedimentären Deckgebirges zu Bildungsbeginn der dargestellten Struktureinheit
Paläotektonische Elemente: I — Bjelorussisch-Baltischer Schild, II — Sarmatischer Schild, III Wolhynien-Orscha-Senke: IIIa — Orschasenke ($IIIa_1$ — Witebsker Mulde, $IIIa_2$ — Mogilewmulde), IIIb — Wolhynische Senke, IIIc — Rogatschew-Bobrujsk-Sattel, IV — Klinzygraben

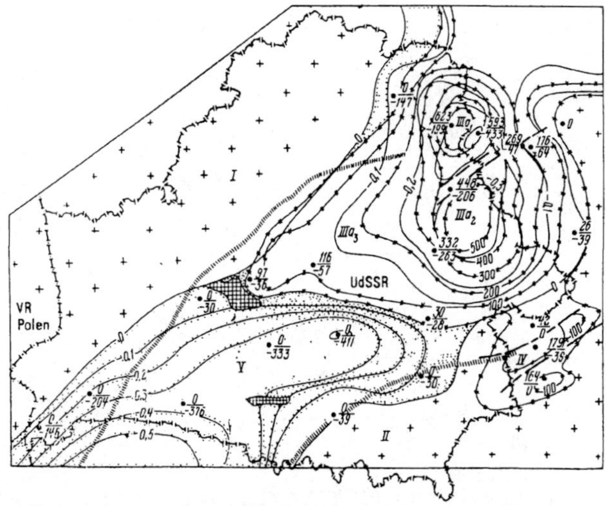

Abb. 3. Paläotektonisches Schema des Territoriums von Bjelorußland in der Orschazeit des Riphäikums

I — Bjelorussisch-Baltischer Schild, II — Sarmatischer Schild, III — Orschasenke ($IIIa_1$ — Witebsker Mulde, $IIIa_2$ — Mogilewmulde, $IIIa_3$ — Tscherwenstrukturbucht), IV — Klinzygraben, V — verdeckte Flanken des Sarmatischen und Bjelorussisch-Baltischen Schilds

In der mittelriphäisch-unterwendischen Katatafeletappe

bildet sich das Deckgebirge in großen, vorwiegend NE—SW streichenden negativen Strukturen, d. h. in der Orscha- und in der Wolhynischen Senke als Bestandteilen der Wolhynien-Orscha-Paläosenke. Diese gehörte zum Wolhynisch-Mittelrussischen Lineament, das den Bjelorussisch-Baltischen Schild vom Sarmatischen Schild trennte. Das Wolhynisch-Mittelrussische Lineament stellte ein lineares System von z. T. kulissenartig angeordneten Senken und Gräben dar, von denen die ältesten wahrscheinlich im Mittleren Riphäikum angelegt wurden und wenigstens bis zu der großen Vereisung im Unteren Wendium weiterbestanden. Im Nordostteil des Lineaments existierten vorwiegend Gräben, im Südwestteil dagegen Senken, die an der Fundamentoberfläche und im sedimentären Deckgebirge nicht durch Brüche begrenzt wurden.

Die Wolhynien-Orscha-Paläosenke formte sich im Lauf des Mittleren bis Oberen Riphäikums und Unteren Wendiums bei überwiegend wenig differenzierten tektonischen Bewegungen. Die Paläosenke war vorwiegend mit terrigenen Formationen der Katatafel-Formationsklasse ausgefüllt, deren spezifisches Spektrum im Phanerozoikum nicht wieder auftrat. Die Wolhynien-Orscha- und ähnliche Senken und Gräben entstanden in der Präplatten-Entwicklungsetappe der Osteuropäischen Tafel, die sie füllenden Schichtenfolgen bilden das Katatafeldeckgebirge.

Die gesamte mittel- bis oberriphäische und die unterwendische Bildungsgeschichte der Tafelstrukturen der Bjelorussischen SSR hängt mit der Entwicklung der Orscha- und der nordwestlichen Wolhynischen Senke (Abb. 2 und 3) zusammen. Die Wolhynisch-Orscha-Paläosenke wies — bei gewissen Annahmen — die Hauptmerkmale eines Aulakogens im SCHATSKIschen Sinne auf. Die Entwicklung der genannten Paläosenke umfaßt vier Hauptstadien. Im Frühstadium der Rogatschew-(Scherowitschi-)Zeit wurde der Nordostteil dieser größten Struktur angelegt. Für das Hauptstadium, die Rudnjanskoje-(Pinsk-)Zeit, sind negative Bewegungen in allen Teilabschnitten des Aulakogens charakteristisch. In dieser Zeit öffnete sich die Wolhynien-Orscha-Paläosenke mit dem Südwestende vielleicht in das riphäische Galizische Geosynklinalgebiet. Im Spätstadium der Orscha- und wahrscheinlich Lapitschi-Zeit, in dem der große Südwestteil der Wolhynien-Orscha-Paläosenke geschlossen wurde, entwickelte sich nur ihr Nordwestteil weiter. Demnach war die Präorschagrenze in der Geschichte der frühen Tafelstrukturen der westlichen Osteuropäischen Tafel ein sehr entscheidender Einschnitt. Danach wurde die ausgedehnte Wolhynien-Orscha-Senke von der Orscharestsenke abgelöst. Im Endstadium, in dem sich die glaziale Wiljtschandeckformation des Unteren Wendiums bildete, erfolgte die völlige Schließung der gesamten Paläosenke. Die mittelriphäisch-unterwendische Orschasenke und der Klinzygraben kommen in der rezenten Struktur der Fundamentoberfläche deutlich zum Ausdruck. Die übrigen südlicheren Abschnitte der Wolhynien-Orscha-Paläosenke wurden durch die jüngsten hauptsächlich paläozoischen Bewegungen völlig überarbeitet. Seit der Wolhynienzeit entstanden flache weite Übergangsstrukturen zwischen den frühen Tafelsenken und den ausgedehnten, für die Reifeetappe der Tafel typischen Syneklisen. Für diese Zeit ist charakteristisch, daß die Streichentwicklung der wolhynischen und der riphäisch-unterwendischen Strukturen eindeutig zusammenfällt. Insgesamt bildete sich schon in der oberwendisch-unterkambrischen Etappe das heutige Orthotafeldeckgebirge heraus, das den unteren Strukturkomplex der in jener Zeit entstandenen Russischen Platte darstellte.

Evolutionsreihe der Tafelstrukturen

Die Plattenentwicklung der westlichen Russischen Platte umfaßt die spätbaikalische Oberwendium-Unterkambrium-, die kaledonische Unterkambrium-Unterdevon-, die variszische[1]) Unterdevon-Unterperm- und die kimmerisch-alpidische Oberperm-Anthrogen-Etappe. In ihrem Verlauf bildeten sich tektonische Plattenelemente, die sich in der Evolutionsreihe der Tafelstrukturen durch maximale Vielfalt der morphologischen und tektonischen Typen abheben.

Spätbaikalische Etappe

In der Wolhynienzeit der spätbaikalischen Etappe erfaßten negative Bewegungen fast das gesamte Gebiet (Abb. 4), d. h., es erfolgte ein Umbau des Strukturplans der Wolhynien-Orscha-Senke, Außerhalb von ihr entstanden neue Strukturen. Im Südwestteil des Untersuchungsgebiets entwickelte sich die neugebildete Kobrin-Kowel-Senke, die an NE—SW streichende Brüche gebunden und mit Trappen gefüllt ist. Östlich von ihr, wo heute die westliche Zentriklinale der Pripjatsenke liegt, bildete sich in der Wolhynienzeit die Klezk-Stolin-Mulde, deren von der Abtragung verschonter Teil submeridional und NW—SE streicht. Sie verlief diskordant zur Paläostruktur der Fundamentoberfläche und war mit vulkanogenterrigenen Bildungen gefüllt. Den N des Untersuchungsgebiets nahm die Nordbjelorussische Strukturbucht der neugebildeten Moskauer Syneklise ein.

[1]) Im Pripjat-Dnepr-Donez-Aulakogen endet die variszische Etappe in der Mittleren Trias.

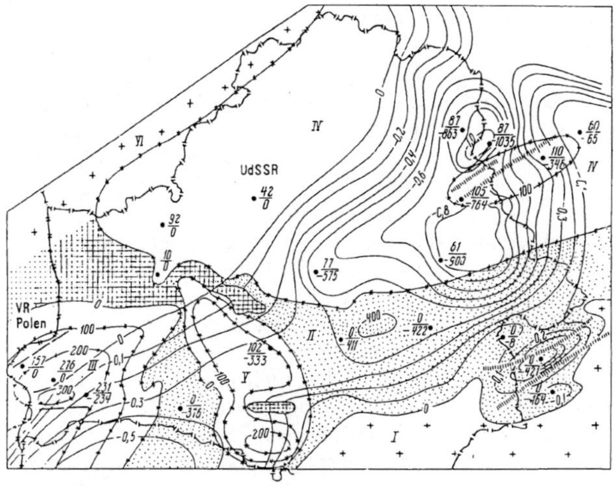

Abb. 4. Paläotektonisches Schema des Territoriums von Bjelorußland in der Wolhynienzeit des Oberen Wendiums

I — Bjelorussisch-Baltischer Schild, II — Sarmatischer Schild, III — Kobrin-Kowel-Senke, IV — Nordbjelorussische Strukturbucht der Moskauer Syneklise, V — Klezk-Stolin-Mulde, VI — verdeckte Flanke des Sarmatischen Schilds (Sarmatische Monoklinale)

Somit änderte sich während der Sedimentation der Wolhynienzeit das tektonische Regime gegenüber dem vorangegangenen wesentlich: es entstanden flache negative Strukturen, die recht weit über die Wolhynien-Orscha-Paläosenke hinausreichten. Dabei folgen die Strukturen der Wolhynienzeit dem generellen NE—SW-Streichen der frühtafelzeitlichen Wolhynien-Orscha-Paläosenke.
Die negativen Strukturen der Waldaizeit folgten einem tektonischen Plan, der erheblich vom Bau der Präwaldaifundamentoberfläche abweicht und generell dem der Wolhynienzeit ähnelt. Die Brüche der Wolhynienetappe, die im SW des Untersuchungsgebiets als Aufstiegskanäle des Basaltmagmatismus dienten, verloren wahrscheinlich schon wesentlich an Bedeutung.

Kaledonische Etappe

In der nachfolgenden kaledonischen Etappe der Tafelentwicklung bildete sich die Baltische Syneklise und die Podlasie-Brester Senke, die räumlich schon nicht mehr mit den frühen Tafelstrukturen der Wolhynien-Orscha-Paläosenke zusammenhängen. In ihr entstanden im Westteil des Untersuchungsgebiets geschlossene negative Strukturen, im Zentrum und im E überwogen demgegenüber Hochlagen. Zu Beginn der Etappe und während ihrer gesamten Dauer existierte der Sarmatische Schild als selbständige Großstruktur. Er umfaßt den Bereich des rezenten Ukrainischen Schilds, der südöstlichen Pripjatsenke, des Bragin-Lojew-Sattels und der nordwestlichen Dnepr-Donez-Senke. In der Fundamentoberfläche ließen sich die Orschasenke, der Klinzy- und der Gshatgraben, die Toropez-Wjasma-Senke, die Nordwestflanke des Sarmatischen Schilds und die Südostflanke der Baltischen Syneklise unterscheiden. Im Westteil des dargestellten Gebiets zeichnete sich in der Fundamentoberfläche die submeridionale Kobrin-Kowel-Senke ab.
In der kaledonischen Etappe erfaßten intensive negative Bewegungen, die mit der Bildung der Rügen-Pomorie-Monogeosynklinale zusammenhängen, den Westteil des dargestellten Gebiets sowie den gesamten äußersten W der Russischen Platte. Die Absenkung betrug im Südwestteil mehr als 2,0 km, im Nordwestteil 1,7 km. Die rezente

Verbreitung und Mächtigkeitsverteilung der unterkambrisch-unterdevonischen Serien wurde durch postsedimentäre Abtragungen im Jungpaläozoikum und im Mesozoikum wesentlich beeinflußt. Die Fazieszonen verliefen in NW—SE-Richtung, d. h. parallel zu der sich in dieser Zeit intensiver einsenkenden Rügen-Pomorie-Monogeosynklinalsenke, die zum Dobrudsha-Nordsee-Lineament (TESCHKE) gehört. Östlich von ihr entstand das perikratone Masuren-Dnestr-Senkensystem. Die erstmals in dieser Zeit erkennbare Podlasie-Brester-Senke und die Baltische Syneklise, die durch das flache Hebungsgebiet der Bjelorussischen Anteklise getrennt wurden, öffneten sich in Form flacher Strukturbuchten in das große perikratone Senkungssystem. Die neugebildete, etwa E—W streichende Podlasie-Brester-Senke bildete sich, in Beziehung zur submeridionalen Kobrin-Kowel-Senke, als aufgelagerte Struktur. Die intensiven negativen Bewegungen der kaledonischen Etappe prägten die rezente Struktur der Fundamentoberfläche, der oberriphäischen und altpaläozoischen Ablagerungen der Baltischen Syneklise entscheidend.

Variszische Etappe

Die Strukturen der variszischen Entwicklungsetappe zeichnen sich durch erhebliche Differenzierung hinsichtlich der Amplitude der Bewegungen und der Intensität der Bruchtektonik, durch Änderung der lateralen Formationsreihen und durch die Vielfalt der tektonischen Strukturtypen aus. Diese Faktoren wirkten in den einzelnen Stadien der variszischen Etappe, d. h. im Koblenz-Mittelfrasnes-, Oberfrasnes-Unterperm- und im Oberperm-Mitteltrias-Stadium[2]) unterschiedlich. Mit beginnender Sedimentation des variszischen Komplexes wurde ein großer Teil des Untersuchungsgebiets noch von einem Hochgebiet eingenommen, vom Sarmatischen Schild und seiner ausgedehnten Nord- und Nordwestflanke. Im W lagen die neugebildete Podlasie-Brester-Senke und die Baltische Syneklise, die durch das etwa E—W-streichende Hochgebiet der Bjelorussischen Anteklise getrennt wurden. In der Fundamentoberfläche werden, außer den oben genannten Strukturelementen, die Orschasenke, der Klinzygraben, die Pripjatmonoklinale und der Podlessjesattel unterschieden. Das Fundament trat außerhalb des heutigen Ukrainischen Schilds im Bereich der südöstlichen Pripjatsenke und angrenzender Gebiete zutage.
Die variszische Entwicklungsetappe begann mit einer Absenkung des Nordwestteils des Gebiets am Ende des Unterdevons (Koblenz). Ab Mitteldevon erfaßte die Absenkung dann das weite Gebiet der westlichen Moskauer Syneklise, den nordwestlichen Ukrainischen Schild und dessen Flanken (Abb. 5).
Im ersten Stadium der variszischen Etappe, das in der Präworoneshzeit abgeschlossen war und in dem sich der Strukturplan wesentlich änderte, bildeten sich die Zentriklinalen von Moskauer und Baltischer Syneklise, und traten Pripjat- und nordwestliche Dnepr-Donez-Senke als selbständige Strukturen auf. In dieser Zeit waren außerdem verschiedene positive Strukturen vollkommen ausgebildet, wie die Bjelorussische Anteklise, der Bragin-Lojew- und der Lettische Sattel. Die Ablagerungszeit der Formationen des Eifel-Mittelfrasnes-Strukturstockwerks entsprach allgemein dem Syneklisenstadium der Pripjatsenke. Die Pripjatsenke war Bestandteil der Moskauer Syneklise, von der sie sich erst am Ende dieses Stadiums löste.

[2]) Das Oberperm-Mitteltrias-Stadium der variszischen Etappe wird nur im Pripjat-Dnepr-Donez-Aulakogen ausgehalten.

Im Zeitraum Oberfrasnes-Karbon dauerte im Nordostsegment des Untersuchungsgebiets die Ausformung einer nach NE, in Richtung des Achsialbereichs der Moskauer Syneklise einfallenden Monoklinale an. Gleichzeitig zeichneten sich in der Fundamentoberfläche die Witebsker Mulde, die Orschasenke, der Gshatgraben, die Toropez-Wjasma-Senke, die Nelidowo- und die Jarzewoaufragung sowie die westliche Periklinale der Woroneshanteklise gut ab. Der aufgelagerte Charakter dieser paläozoischen Zentriklinale der Moskauer Syneklise, bezogen auf die Struktur der Fundamentoberfläche, blieb auch später erhalten; im Mesozoikum verlagerte sich nur die maximale Absenkungsachse nach NE.
Ausgesprochen kompliziert war das Oberfrasnes-Unterperm-Stadium der Pripjatsenke, das Stadium der Bildung des Riftgrabens, in dessen Endphase sich die molassoide Formation von Oberperm bis Mitteltrias ablagerte. An der Entwicklung der Senke waren in diesem Zeitraum zwei Faktoren intensiv beteiligt: die Bildung von Brüchen mit hohen Versätzen und die Salztektonik.
Im Lukuw-Ratno-Graben kam es, gleichzeitig mit der sehr intensiven Entwicklung der Pripjatsenke, zu intensiven, vorwiegend aufwärts gerichteten Blockbewegungen. Die den Horst begrenzenden Brüche sind als Fortsetzung der Südpripjatbruchzone anzusehen. Südöstlich des Lukuw-Ratno-Horstes wurden im Mittel- und Jungpaläozoikum in der Lokower Senke mächtige Sedimente abgelagert.
In oberkarbonischer Zeit wurde das gesamte Untersuchungsgebiet regional herausgehoben; ferner waren die Brüche in der Pripjatsenke, im Lukuw-Ratno-Horst, in der Bjelorussischen Anteklise und in der Baltischen Syneklise weiter aktiv. Gegensätzliche Bewegungen waren nur in der Dnepr-Donez-Senke zu verzeichnen.
Im Unterperm senkte sich die Dnepr-Donez-Senke, deren Zentriklinale im Gebiet des Bragin-Lojew-Sattels lag, weiter ab. Im S der Baltischen Syneklise und im Achsialbereich der Podlasie-Brester Senke zeichneten sich relativ schmale, etwa E—W streichende Absenkungsgebiete ab, in denen bunte Molassoide abgelagert wurden. Die Absenkung dieser Strukturen und die Hebung der benachbarten Bjelorussischen Anteklise und des Lukuw-Ratno-Horsts verstärkten noch die Differenzierung der Strukturen im Westteil des Untersuchungsgebiets, wo im Unterperm die variszische Entwicklungsetappe abgeschlossen war.
Im Pripjat-Dnepr-Donez-Aulakogen reichte die variszische Etappe einschließlich bis zur Mittleren Trias. Im oberpermisch-mitteltriassischen Endstadium bildeten sich in der Pripjatsenke bei genereller Absenkung weitere Strukturen 3. und 4. Ordnung, von denen viele auf Salztektogenese zurückgehen. Anscheinend hob sich in dieser Zeit der Ukrainische Schild intensiv heraus, so daß er ein Hochgebiet mit gegliedertem Relief darstellte.

Kimmerisch-alpidische Etappe

Die kimmerisch-alpidische Etappe begann im W des dargestellten Gebiets im Oberperm, im E in der Obertrias. Daß die Grenzen zeitlich derartig gleiten, ist die Resonanz auf den zu verschiedener Zeit erfolgten Anschluß des mitteleuropäischen und des Donez-Vorkaukasus-Faltungsgebiets in den entsprechenden Bereichen des hier in Frage kommenden Gebiets der alten Tafel. In der Oberperm-Anthropogen-Etappe wurde im Zusammenhang mit der intensiven Ausbildung der Dänisch-Polnischen Senke der

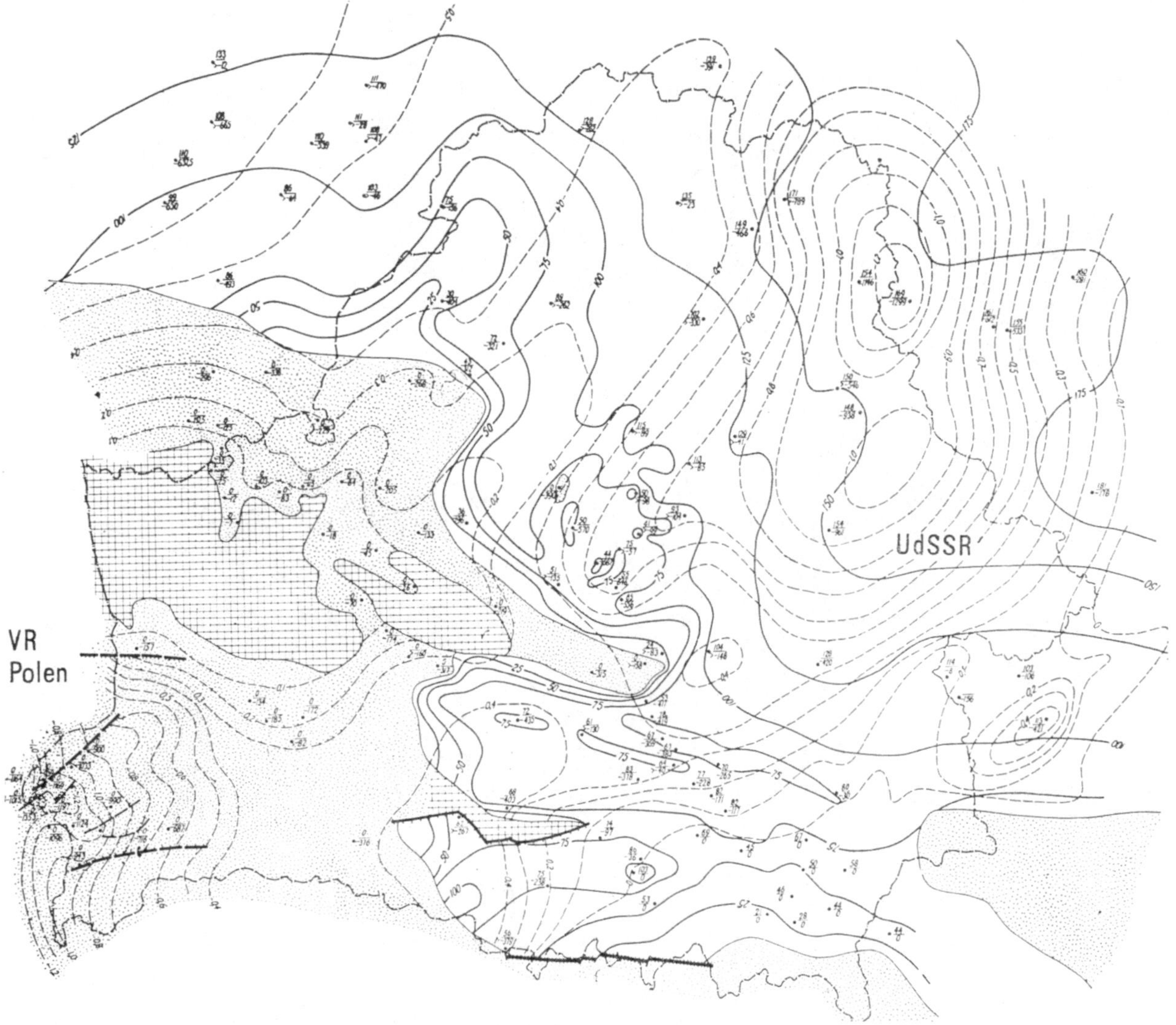

Abb. 5. Paläotektonisches Schema des Territoriums von Bjelorußland in der Pjarnu-Narwa-Zeit

I – Bjelorussische Anteklise, II – Flanken der Bjelorussischen Anteklise, III – Flanken des Ukrainischen Schilds, IV – Flanken der Woroneshanteklise, V – Moskauer Syneklise, VI – Baltische Syneklise

gesamte Westteil des Untersuchungsgebiets in die Absenkung einbezogen. Die Isopachen dieses Komplexes (von 50 m bis über 2500 m) queren submeridional die alten positiven und negativen Strukturen. Durch die kimmerisch-alpidischen Bewegungen im Bereich der Podlasie-Brester-Senke, der Bjelorussischen Anteklise und der benachbarten Strukturen wurden alle älteren Strukturflächen nach W gekippt. Im Ost- und Südostteil des Untersuchungsgebiets entwickelten sich in der Obertrias-Anthropogen-Etappe die Pripjat-Donez-Syneklise weiter, deren flache Flanken, speziell die nördliche, weit über die Randbrüche des Pripjat- und des Dnepr-Donez-Grabens hinausreichten. Gegenüber dem Westteil des Untersuchungsgebiets folgten hier die neugebildeten kimmerisch-alpidischen Strukturen insgesamt postum dem Streichen der variszischen Strukturen, was jedoch die Bildung aufgelagerter mittelgroßer und kleiner Strukturen, nicht ausschließt. Die Isopachen der postmitteltriassischen, mesokänozoischen Ablagerungen (von 50 m bis 600 m) streichen hauptsächlich etwa E–W.

Die neotektonischen Prozesse, die im letzten kontinentalen Entwicklungsstadium ab Oberoligozän abliefen, zeigen im Gebiet der westlichen Russischen Platte deutliche Besonderheiten. Im Zeitraum Oberoligozän-Neogen überwogen in einem großen Teil Bjelorußlands und in den benachbarten Gebieten positive Bewegungen; die Pripjat-Dnepr-Syneklise und die Dänisch-Polnische Senke wurden demgegenüber abgesenkt. Das Anthropogen zeichnet sich durch den rhythmisch-oszillierenden Ablauf der neotektonischen Bewegungen aus, der im weiteren auf die kontinentalen Vereisungen zurückzuführen ist. In der transgressiven Vereisungsphase erfolgte eine glazio-isostatische Absenkung, in der regressiven demgegenüber eine Hebung. Nach Lewkow führten die Gletscher zur Entstehung so großer Spannungen, daß die zuvor stabilisierten Bruchzonen reaktiviert wurden, neue Brüche und Klüfte gebildet wurden, sich die Salztektonik usw. belebte.

Von großer Bedeutung für Bau und Entwicklung des dargestellten Gebiets sind die Brüche (Abb. 6). Sie wurden in zwei große Typen gegliedert: in verdeckte Prätafelbrüche, d. h. Brüche, die nicht bis in das Tafeldeckgebirge reichen und nur im Fundament zu beobachten sind, und in Tafelbrüche, die das Deckgebirge durchsetzen. Jeder Bruchtyp wurde in Übereinstimmung mit der Klasse der von ihm begrenzten Strukturen seinerseits in vier Klassen eingeteilt.

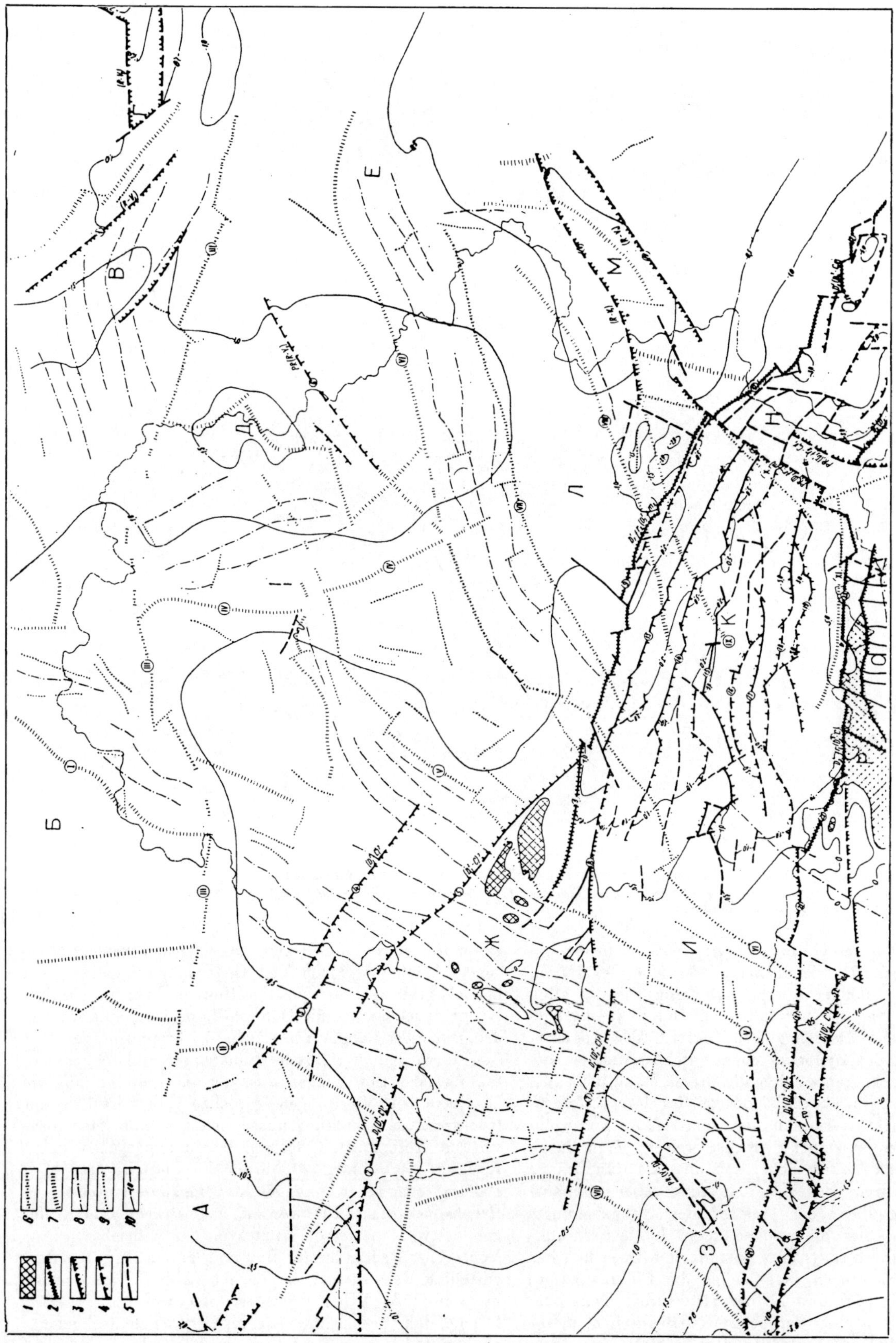

Abb. 6.

Abb. 6. Bruchtektonik Bjelorußlands

1 – Oberflächenausstrich und Ausstriche der Fundamentgesteine unter Pliozän-Anthropogen; 2 bis 5 Tafelbrüche: 2 – superregionale, 3 – regionale, 4 – subregionale, 5 – übrige Brüche; dicke Linien – sichere Brüche, unterbrochene Linien – vermutete Brüche; Indizes – vermutete Anlagezeit, Indizes in Klammern – Hauptentwicklungsetappen; 6 bis 9 – Prätafelbrüche: 6 – superregionale, 7 – regionale, 8 – subregionale, 9 – übrige; 10 – Isohypsen der Tiefenlage der Fundamentoberfläche in km
Tafelbrüche (Zahlen in Kreisen): 1 – Beljskibruch, 2 – Suwalkibruch, 3 – Wilnjusbruch, 4 – Oschmjanybruch, 5 – Nalibokbruch, 6 – Smolenskbruch, 11 – Nowosybkowbruch, 12 – Norddneprbruch, 13 – Retschizabruch, 14 – Tscherwonosloboda- und Maloduschabruch, 15 – Kopatkewitschibruch, 16 – Schestowitschbruch, 17 – Skolodinskybruch, 18 – Narowljabruch, 19 – Eljskbruch, 20 – Lojewbruch, 21 – Nordratnobruch, 22 – Südratnobruch, 23 – Südpripjatbruch, 24 – Süddneprbruch
Prätafelbrüche: I – Braslawbruch, II – Nemanibruch, III – Plozkbruch, IV – Tschaschnikskibruch, V – Wyshewsk-Minsk-Bruch, VI – Stochod-Mogilew-Bruch, VII – Kritschewbruch, VIII – Tschetscherskibruch, IX – Pershan-Simowitschi-Bruch, X – Lojewbruch, XI – Südpripjatbruch, XII – Belostokbruch
Haupttafelstrukturen: A – Baltische Syneklise, B – Lettischer Sattel, C – Toropez-Wjasma-Senke, D – Gshatgraben, E – Orschasenke, F – Woronesh-anteklise, G – Bjelorussische Anteklise, H – Podlasie-Brester-Senke, I – Polessjesattel, K – Pripjatsenke, L – Shlobinsattel, M – Klinzygraben, N – Bragin-Lojew-Sattel, O – Dnepr-Donez-Senke, P – Lukuw-Ratno-Horst, R – Ukrainischer Schild, S – Owrutschgrabensynklinale

Die Prätafelbrüche umfassen demnach folgende Klassen: 1. superregionale Randbrüche, die Supergroßgebiete unterschiedlichen Faltungsalters oder Überprägung begrenzen. 2. regionale Randbrüche, die Großgebiete unterschiedlichen Faltungsalters oder Überprägung begrenzen. 3. subregionale Grenzbrüche, die tektonische Zonen innerhalb eines Faltungs- oder Überprägungsgebiets begrenzen. 4. lokale Brüche, die einzelne Blöcke begrenzen. Die Tafelbrüche werden in folgende Klassen eingeteilt: 1. randliche superregionale Tafelbrüche, die die größten übergeordneten Strukturen begrenzen. 2. regionale Randbrüche, die Großstrukturen 1. Ordnung begrenzen. 3. subregionale Grenzbrüche, die mittelgroße Strukturen 2. Ordnung begrenzen. 4. lokale Brüche, die kleine Strukturen 3. und 4. Ordnung begrenzen oder komplizieren.

Deckgebirgsstrukturen

Die Entwicklung der dargestellten Region in Etappen spiegelte sich in den sich verändernden Typen der Deckgebirgsstrukturen wider. Analysiert man deren Evolutionsreihe, so zeigt sich eine gerichtete Abfolge der Anzahl und Typen der Strukturelemente von der Quasitafel über die Katatafel- zur Orthotafeletappe (Tab. 1). Für die Quasitafeletappe sind Grabensynklinalen, grabenartige Senken, Senken und Mulden charakteristisch. Ein typisches Beispiel dafür ist die Owrutsch-Grabensynklinale. Terrigeneffusive Quasitafelformationen, Granitoidintrusionen und Schichtintrusionen von Quarzporphyren, ein erhöhter Dislozierungsgrad, verglichen mit den jüngeren Katatafel- und Orthotafelstrukturen sind für die ersten Strukturelemente des Deckgebirges typisch. Die Typenanzahl der Quasitafelstrukturen war offensichtlich sehr klein, wobei die übergeordneten negativen Strukturen noch nicht gesondert existierten. Auf den heutigen Platten und Schilden blieben Quasitafelstrukturen in Form von kleinen Reliktgräben erhalten, die mit den ältesten sedimentär-effusiven Gesteinen des Deckgebirges und den altersmäßig entsprechenden Intrusionen ausgefüllt waren.
In der Katatafelentwicklungsetappe nahm die Typenvielfalt, hauptsächlich der linearen Tafelstrukturen zu. Es traten die größten negativen Strukturelemente auf, wie Präplattenaulakogene, perikratone Senken, Monoklinalen der Schildflanken. Ihnen waren untergeordnet bzw. es entwickelten sich als selbständige Strukturen 1. Ordnung Aufragungen, Sättel, Monoklinalen, Gräben, Senken und kleine Strukturen. Für die Katatafelstrukturen ist sehr charakteristisch, daß sie vorwiegend mit terrigenen Gesteinen gefüllt sind.

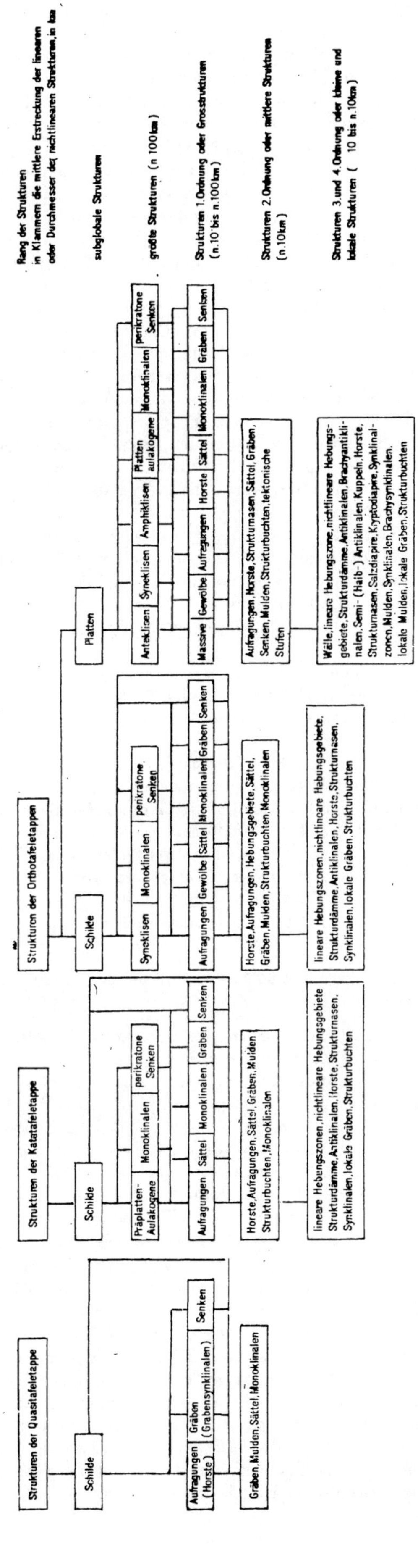

Tab. 1. Evolutionsreihe der Deckgebirgsstrukturen alter Tafeln

Die ausgeschiedenen, mittelgroßen, großen und größten Strukturen besitzen im allgemeinen eine negative Form. Die positiven Strukturen der Quasitafel- und der Katatafeletappe sind im Deckgebirge meist nicht erkennbar und können nur aus den Baumerkmalen des zutage tretenden Fundamentreliefs abgeleitet werden. Derartige „deckgebirgslose" oder „kahle" Strukturen bezeichnete KOSSYGIN als „euhemische" Strukturen. Die Präplattenstrukturen waren im Gegensatz zu den späteren Plattenstrukturen nicht nur den größeren Strukturelementen untergeordnet, sondern mitunter entwickelten sich die kleinen und mittelgroßen von ihnen selbständig, außerhalb des räumlichen Zusammenhangs mit den großen und den Superstrukturen.
In den Tafeletappen tauchte ein prinzipiell neuer subglobaler Strukturtyp auf — die Platten. Deshalb wird diese gesamte Etappe als Plattenetappe bezeichnet.
Die Entwicklung der Deckgebirgsstrukturen von Tafeln drückte sich vor allem in den vielfältigen Typen der Plattenstrukturen gegenüber den Präplattenstrukturen aus. Fast alle Strukturen der Präplattenetappen traten auch im Orthotafeldeckgebirge der Platten auf, obwohl auch für die unotypen Strukturen bezeichnend ist, daß sie sich hinsichtlich der Füllung, Dimension, der Beziehung zu den Fundamentstrukturen wesentlich unterscheiden. Erstere bildeten die spezifischen größten tektonischen Formen der Platten wie Syneklisen, Amphiklisen, Anteklisen, Plattenaulakogene sowie von neugebildeten kleinen und lokalen Elementen verschiedenartige Salinarstrukturen usw.
Die Dimensionen der Schilde verkleinerten sich in der dargestellten Etappe erheblich, daß sich weitere Plattenstrukturen herausbildeten. Von den in der Orthotafeletappe auf Schilden neugebildeten Strukturen sind spezifische Syneklisen vom Typ der Dekkansyneklise mit einem effusiv-sedimentären Deckgebirge zu nennen. Somit verringerte sich im Laufe der Entwicklung der alten Tafel die Fläche der euhemischen Strukturen sukzessiv dadurch, daß vermehrt Deckgebirgsstrukturen entstanden. Die Vielfalt der Tafelstrukturtypen vergrößerte sich von den Präplatten- zu den Plattenetappen, wobei gleichzeitig die größten negativen Orthotafelstrukturen auftraten.

Beziehungen zwischen postumen und neugebildeten Strukturen

Analysiert man die Beziehungen der verschiedenaltrigen Deckgebirgsstrukturen und ihrer rezenten Strukturpläne sowohl untereinander als auch mit dem Internbau des Fundaments, so zeigt sich, wie kompliziert die Wechselbeziehung zwischen den Postumitäts- und den Neubildungsprozessen ist. Insgesamt ist die generelle Subsequenz der tektonischen Deckgebirgselemente gegenüber den Fundamentstrukturen zu betonen, obwohl gleichzeitig nachgewiesen worden ist, daß gewisse große und größte Fundamentbrüche den stabilsten konservativen Faktor der Postumitätsübertragung — vor allem der Streichrichtung — in die hangenden Tafelstockwerke, hauptsächlich in die Präplattenstockwerke, darstellen.
Das rezente regionale Verhältnis der Strukturpläne von Deckgebirge und Fundamentoberfläche wird vorwiegend von der Hauptbildungsetappe der tektonischen Tafelelemente bestimmt. Die dieser entsprechenden Komplexe und Stockwerke werden generell durch konkordanten Bau gegenüber den liegenden Deckgebirgsstockwerken und der Fundamentoberfläche gekennzeichnet. Eine derartige regionale postsedimentäre Übereinstimmung der tektonischen Pläne entsteht dadurch, daß die unterlagernden Deckgebirgsstockwerke bei der Bildung der nach der Mächtigkeit dominierenden Struktureinheit überprägt werden. Die synsedimentäre Übereinstimmung der Strukturflächen von Deckgebirge und Fundament tritt in Gebieten auf, die in der Folgezeit hinsichtlich Amplitude und Richtung der tektonischen Pläne nicht wesentlich überprägt wurden. Die Strukturpläne der disharmonischen Stockwerke und Substockwerke, die aus halogenen Formationen mit den typischen salinartektonischen Erscheinungen bestehen, sind für die sie unmittelbar überdeckenden tektonischen Einheiten charakteristisch.
Es ist ein beachtenswertes Kennzeichen für das betrachtete Gebiet, daß fast alle Hauptstrukturtypen des Deckgebirges alter Tafeln entwickelt sind, wobei sich diese Feststellung nicht nur auf die größten, übergeordneten Strukturen und Strukturen 1. Ordnung bezieht, sondern auch auf die mittelgroßen und kleinen Strukturen 2., 3. und 4. Ordnung. Vermittels der stratigraphischen Vollständigkeit des Deckgebirgsprofils, das Ablagerungen aller Systeme, von unterriphäischen bis hin zu anthropogenen Ablagerungen, einschließt sowie seines unterschiedlichen formationellen Bestands, kann die Tektonik und die etappenweise Entwicklung der Tafelstrukturen usw. sehr repräsentativ dargestellt werden.
Das Territorium der Bjelorussischen SSR und der benachbarten Gebiete kann als Modell dienen, den Bau und die Entwicklung der Platten alter Tafeln zu untersuchen, und die größten Tafelstrukturen tektonisch vergleichend zu analysieren. Die tektonische Entwicklung des westlichen Teils des Untersuchungsgebiets wurde in der kaledonischen und in der kimmerisch-alpidischen Etappe wesentlich vom Dobrudsha-Nordsee-Lineament beeinflußt, das die Osteuropäische Tafel im SW begrenzt.

Zusammenfassung

Das Territorium der Bjelorussischen SSR wird weitgehend von der Russischen Platte, untergeordnet vom Ukrainischen Schild und der Wolhynisch-Asowschen Platte, die Bestandteile der Osteuropäischen Tafel sind, eingenommen. Anschließend an eine Beschreibung der einzelnen Großstrukturen wird die tektonische Entwicklung, die sich in den Tafeldeckgebirgsstrukturen widerspiegelt, in Etappen dargestellt. Hauptetappen der Tafelentwicklung sind die unterriphäische Quasitafeletappe, die mittelriphäisch-unterwendische Katatafeletappe sowie die oberwendisch-phanerozoische Orthotafeletappe.

Резюме

Территория Белорусской ССР далекоходящи расположена на Русской платформе, подчиненно на Украинском щите и Волыно-Азовской платформе, являющие составными частями Восточно-Европейской платформы. После описания отдельных крупных структур представляется по этапам тектоническое развитие, которое отражается в структурах платформенных покровных гор. Главные этапы развития платформы — это нижнерифейский квазиплатформенный этап, среднерифейсконижневендский катаплатформенный этап как и верхневендско-фанэрозойский ортоплатформенный этап.

Summary

The territory of the Byelo-Russian S.S.R. is widely occupied by the Russian plate, and is to a minor degree occupied by the Ukrainian shield and Volhynian — Asovian plate, both of which are parts of the Eastern European platform. Following a description of the individual major structures the tectonic development reflected in platform cover structures is represented in stages. Main stages of the platform development are the Lower Riphaean quasi-platform stage, the Middle Riphaean — Lower Wendic kataplatform stage, and the Upper Wendic — Phanerozoic orthoplatform stage.

Zeitschrift für angewandte Geologie, Bd. 23 (1977), Heft 9

Über die Darstellung von Tafelgebieten auf der Tektonischen Karte des Südwestrands der Osteuropäischen Tafel (IGCP-Projekt Nr. 86)

KOLTSCHANOW, W. P., Moskau

Im Forschungsprogramm des IGCP-Projekts 86 nimmt die Tektonische Karte im Maßstab 1 : 1 Mill. unter allen vorgesehenen Arbeiten eine besondere Stellung ein. Sie umfaßt das Gebiet von England im NW zur Dobrudsha im SE; die Südgrenze folgt dem Brabanter Massiv, der Böhmischen Masse und dem nördlichen Karpatenrand. Die Nordgrenze verläuft von Südnorwegen und Südschweden zur Südküste des Finnischen Meerbusens. An der Süd-, West- und Nordgrenze wird das Territorium von Faltengebieten umrahmt; vom präkambrischen Fundament des südlichen Baltischen Schilds, von den Kaledoniden Schottlands, den Varisziden in England und Mitteleuropa und von den Alpiden der Karpaten. Im Hauptteil des Gebiets ist jedoch mächtiges, mehr oder weniger ungestörtes sedimentäres Deckgebirge über tief abgesunkenem gefalteten Fundament ausgebildet. Das betrifft insbesondere die Norddeutsch-Polnische Senke, deren Tiefenbau in vielen Details noch ungeklärt ist. Deshalb kommt in der zu bearbeitenden Karte den Tafelgebieten eine erstrangige Bedeutung zu.

Die Legende der tektonischen Karte ist von sowjetischen Geologen unter Leitung von GAREZKI ausgearbeitet worden. Sie wurde den Teilnehmern zugeleitet und auf der 3. Tagung des Projekts (Dresden 1976) diskutiert. Sie gründet sich auf die Prinzipien, die für die 1. und 2. Auflage der Internationalen tektonischen Karte Europas und benachbarter Gebiete im Maßstab 1:2,5 Mill. ausgearbeitet worden sind (Internationale tektonische Karte Europas 1962, Tektonik Europas 1964, Tektonik Europas 1976). Entsprechend wird vorgeschlagen — bei hauptsächlicher Unterscheidung von Faltengebieten und Tafeln —, das Prinzip der Ausscheidung gleichaltriger Faltengebiete und ihrer Gliederung in Faltenkomplexe nach dem Deformationsalter beizubehalten. Für die im Arbeitsgebiet vorherrschenden Tafelgebiete werden zwei grundsätzlich mögliche Varianten vorgeschlagen. Die eine nach dem Bildungsalter der Deckgebirgsstrukturen durch Ausscheidung dominierender Komplexe. Diese ist von GAREZKI am Beispiel der Tektonischen Karte der Bjelorussischen SSR (1976) dargelegt worden. Die zweite Variante geht von der auf den genannten Europakarten gewählten Darstellungsform von Tafeln aus. Da diese Karten das Ergebnis internationaler Zusammenarbeit sind und das von uns zu bearbeitende Gebiet einschließen, können die zur Darstellung des tektonischen Aufbaus verwendeten Grundsätze auch für die Arbeit an der tektonischen Karte des Projekts 86 übernommen werden.

Das strukturelle Bild des uns interessierenden Tafelbereichs zeichnet sich auf der „Internationalen tektonischen Karte Europas" folgendermaßen ab (Tektonik Europas 1976). Hauptcharakteristikum der Platten ist das Alter des gefalteten Fundaments auf dem das Deckgebirge liegt, und seine Tiefenlage. Erstgenanntes wird durch eine bestimmte Farbe des Tafeldeckgebirges dargestellt, die Tiefe durch Isohypsen der Fundamentoberfläche in Absolutwerten (m, bezogen auf NN). Für das Tafeldeckgebirge auf altem (präbaikalischem) Grundgebirge innerhalb der Russischen Platte (bis zur Tornquist-Teisseyre-Linie) und Nordjütlands bis zur Südflanke des Ringkøbing-Fyn-Hochs wird eine rotbraune Grundfarbe gewählt, zur besseren Anschaulichkeit mit mehreren Abstufungen. Intensive (dunkle) Töne bezeichnen Zonen mit gehobener Fundamentoberkante, während die hellsten Töne für die Darstellung des Deckgebirges in den maximal abgesunkenen Plattenbereichen vorgesehen sind. Als Grenzen der einzelnen Farbstufen werden die Ausstrichlinien an der Oberfläche gewählt, die Isohypsen an der Fundamentoberfläche 0, —500, —1000, —2000, —3000, —4000, —6000, —8000 m. Außerdem sind — ohne Farbabstufung — die Isohypsen —5000, —7000 m vorgesehen. Falls notwendig können auch Isohypsen mit anderen Abständen (z. B. alle 500 m) verwendet werden. Das westlich des Tafelrands zwischen Ringköbing-Fünen-Hoch im N, Variszidenfront im S und Ostengland im W gelegene Territorium ist als „Tafeldeckgebirge der Mitteleuropäischen Platte mit dalslandischem, baikalischem, gebietsweise älterem oder jüngerem Alter" ausgeschieden worden. Für dieses Gebiet ist eine besondere, violettbraune Farbe gewählt worden, die ebenfalls eine Abstufung nach der Tiefenlage des Fundaments bis 1100 m zuläßt (z. B. Dänisch-Polnische Furche). Die Lage der Fundamentoberfläche ist jedoch keinesfalls überall mit genügender Sicherheit zu bestimmen. Deshalb sind für die Farbabstufung in einigen Gebieten, z. B. im Westteil der Polnisch-Norddeutschen Tiefebene, die Isohypsen der Zechsteinunterkante benutzt worden. Dieses Verfahren vermittelt ebenfalls eine anschauliche Vorstellung sowohl von der Tiefenlage des Fundaments (Farbintensität), als auch vom Alter der Platte, da sich die violettbraune Färbung von den rötlichbraunen Tönen des Deckgebirges der Osteuropäischen Tafel und von den olivgrauen Farben der epipaläozoischen Platte (Präsudetenmonoklinale, Rhenoherzynische Zone unter Deckgebirge) unterscheidet. Vorgesehen ist ferner die Darstellung isolierter Massive innerhalb des Fundaments. So ist z. B. das Ostelbische Massiv unter Vorbehalt durch eine Punktsignatur mit schmalem rosafarbenen Saum mit dem Index PB (präbaikalisch) abgegrenzt. Der innere Aufbau des Tafeldeckgebirges wird in verschiedener Form dargestellt. Mit Linien in unterschiedlichen Farben werden insbesondere die Verbreitungsgebiete verschiedenaltriger Strukturkomplexe bezeichnet (Schraffur in Richtung auf das Verbreitungsgebiet). Das sind der Kambrosilur- und Devonkomplex auf der Russischen Platte; im übrigen Gebiet sind es der Zechstein-, Permotrias- und Jurakomplex, im Gebiet des Pompeckjschen Blocks diskordant, im Niedersächsischen Becken konkordant von Kreide überlagert, ferner der Kreide-, Tertiär- und Neogenkomplex.

Damit läßt sich beim Studium der Karte eine Vorstellung über die wichtigste am Aufbau des Tafeldeckgebirges beteiligten Komplexe gewinnen. Durch eine besondere aufgelegte Signatur mit roten Punkten werden auf der alten Tafel Verbreitungsgebiete des Jotniums, d. h. des

Eingang des Manuskripts in der Redaktion: 25. 2. 1977.

schwach deformierten ältesten Deckgebirgskomplexes (z. B. Insel Öland) ausgeschieden.

Der Lagerungscharakter dieser Komplexe, die Beziehungen ihrer Struktur zum Fundamentrelief sowie Änderungen des strukturellen Bildes in verschiedenen stratigraphischen Niveaus des Deckgebirges ergeben sich aus den Stratoisohypsen einer Reihe von Bezugsebenen. Sie sind als verschiedenfarbige Linien im Abstand von 100, 200, 400 und 1000 m dargestellt:

1. Als älteste Bezugsebene ist auf der Russischen Platte und im Seegebiet der Ostsee die Basis des Mitteldevons und in Südpolen die Basis des Oldredsandsteins gewählt worden:

2. Zechsteinbasis (Norddeutsch-Polnische Tiefebene, östliche Rhenoherzynische Zone, Nordsee, Ostengland) bzw. Oberkante des Präzechsteins in Gebieten mit auskeilendem Zechstein (südl. Niederlande); 3. Triasbasis in der VR Polen, Oberkante der Mitteltrias in der Saxothuringischen Zone, Rötbasis in Südostengland;

4. Alb- bzw. Cenomanbasis in der westlichen Russischen Platte und Mitteleuropäischen Platte;

5. Tertiärbasis in der Nordsee.

So vermitteln z. B. die Stratoisohypsen der Alb- bzw. Cenomanbasis ein anschaulisches Bild von der Lage der Oberkreide in dem uns interessierenden Gebiet. Das relativ ruhige monoklinale Abfallen von N nach S auf der Russischen Platte (Nordpolen) von −200 bis −1000 m wird von einer markanten Gradientzone im Bereich der Dänisch-Polnischen Furche (bis −2600 m) abgeschnitten. Innerhalb dieser steileinfallenden Zone befinden sich schmale und linear NW gestreckte Strukturen, die weiter nach W, z. B. nördlich Berlins, in Kuppelstrukturen übergehen. Aus der Darstellung mehrerer Stratoisohypsensysteme lassen sich Aussagen über die Mächtigkeiten entsprechender Subeinheiten des Tafeldeckgebirges machen.

Auf der Mitteleuropäischen Platte werden außerdem die Verbreitungsgrenzen der durch das Unterperm- und Zechsteinsalinar bedingten Salztektonik dargestellt; ausgeschieden werden darin zutage ausstreichende und verdeckte Salzkuppeln und -antiklinale Salzkissen.

Schließlich ist in einer Zone von der Südflanke des Ringköbing-Fünen-Hochs über Rügen und die Dänisch-Polnische Furche, die als intrakratone Senke aufgefaßt wird, mit einem besonderen aufgelegten Zeichen (blaue Schrägschraffur) eine kaledonisch deformierte Zone unter schwach verformtem Deckgebirge ausgehalten. Der Grund für die Kennzeichnung einer solchen Zone ist der in einer Reihe von Bohrungen angetroffene Deformationsgrad des Altpaläozoikums, aus dem einige Autoren die Existenz einer echten kaledonischen Geosynklinale ableiten. Im äußersten SE sind die Swietokrzyskie Gory als gefalteter Komplex einer intrakratonen Senke dargestellt, der auf baikalischer Unterlage angelegt und an der Grenze Tremadoc/Arenig und im Unterdevon deformiert worden ist. Ein braunes Schräggitter bezeichnet den variszisch beanspruchten paläozoischen Komplex der Lwow-Lublin-Senke.

In der Legende der Europakarte ist ferner die Darstellung realer ausstreichender oder verdeckter Falten sowie charakteristischer Formationen vorgesehen. So bezeichnet z. B. eine besondere Signatur die Kohlenformation des Münsterländer Beckens. Einen großen Teil der Legende nehmen Bruchstörungen verschiedener Art und Bedeutung ein. So werden die wichtigsten Tiefenbrüche einschließlich Tafelrandnähte — zutage ausstreichend und von ungestörtem Deckgebirge überlagert (z. B. die erwähnte Teysseire-Tornquist-Linie) — ausgeschieden. Dasselbe regionale gilt für Brüche sowie Störungen unbekannten Typs, ebenfalls unterschieden nach ihrem Auftreten ausschließlich im Fundament, teilweise in das Deckgebirge und bis an die Tagesoberfläche reichend. Besondere Signaturen lassen verschiedene Störungstypen unterscheiden: regionale und sonstige Verwerfungen, Überschiebungen und Aufschiebungen (regional und allgemein), Horizontalverschiebungen, Flexur- und Bruchzonen.

In die Karte sind die wichtigsten Bohrungen aufgenommen worden. Dabei wird zwischen solchen unterschieden, die das gefaltete Fundament erreicht (Ziffer = absolute Teufe der Fundamentoberfläche, Index = stratigraphisches Alter an der Bohrlochsohle), und solchen, die es nicht erreicht haben (Ziffer = Tiefe der Bohrung, Index = stratigraphisches Alter an der Bohrlochsohle). Die genannten Farb- und Zeichensignaturen erlauben es, auf der Europakarte den Bau des uns interessierenden Gebiets hinreichend anschaulich und detailliert nach dem derzeitigen Kenntnisstand darzustellen. Die vorgeschlagene Darstellungsart ist für verschiedenaltrige Tafelgebiete geeignet und vermittelt eine einheitliche Vorstellung über das Faktenmaterial des genannten Kartengebiets.

Naturgemäß erlaubt der größere Maßstab der im IGCP-Projekt 86 vorgesehenen Karte eine detailliertere Darstellung des tektonischen Baus: Dies betrifft eine stärkere Aufgliederung des Deckgebirges in Strukturkomplexe, eine ausführlichere Wiedergabe der Formationszusammensetzung einzelner Deckgebirgsserien, die Einbeziehung wichtiger geophysikalischer Daten wie Wärmestrom, Krustenmächtigkeit, Lagerungstiefe der wichtigsten krustalen Diskontinuitätsflächen u. a. sowie die detaillierte Darstellung des Deckgebirgsaufbaus, z. B. mit Bohrprofilen. Dabei darf allerdings nicht außer acht gelassen werden, daß auch die graphischen Möglichkeiten nicht unbegrenzt sind und daß in einer tektonischen Karte Information, Anschaulichkeit und Lesbarkeit optimal in Einklang stehen müssen. Eine mögliche Lösung dieser schwer zu erfüllenden Forderung könnte die Darstellung bestimmter Charakteristika auf durchsichtigen Deckfolien sein, die man in beliebiger Reihenfolge auf das Grundblatt der Karte auflegt, um somit die Wechselwirkungen verschiedener tektonischer Faktoren des Untersuchungsgebiets analysieren zu können (MURATOW u. a. 1972).

Zusammenfassung

Dargestellt werden Grundsätze und Methoden für die Bearbeitung einer tektonischen Karte im Rahmen des IGCP-Projekts 86 (Südwestrandzone der Osteuropäischen Tafel). Hauptcharakteristika der Tafelgebiete — Konsolidationsalter und Oberflächenlage des Fundaments — werden durch Farben bzw. Isolinien wiedergegeben. Die Struktur des Deckgebirges wird durch Tiefenlinien einer Reihe charakteristischer Leithorizonte dargestellt. Vorgesehen ist die Darstellung von Falten- und Bruchstrukturen verschiedener Genese und Größenordnung.

Резюме

Представляется принципы и методы для обработки тектонической карты в рамке проекта 86 МПГК (Югозападная краевая зона Восточно-Европейской платформы). Основная характеристика платформенных областей — возраст консолидации и поверхностное положение фундамента — изображаются цветами или изолиниями. Структура покровных гор представляется линиями глубокого залегания ряда характерных реберных горизонтов. Предусмотренно представление складчатых и разломных структур различного генезиса и порядка.

Summary

The principles and methods of making a tectonic map within the IGCP Project 86 (south-west marginal zone of the Eastern European platform) are described. Main characteristics of the platform areas — age of consolidation and position of the basement surface — are respectively reproduced by colours and isolines. The cover structure is represented by subsurface contours of a number of characteristic key horizons. Provision is made that fold and fault structures of various genesis and order of magnitude are represented.

Literatur

Autorenkollektiv: Internationale tektonische Karte Europas, Maßstab 1 : 2,5 Mill. — Moskau 1962 (1964).
— Tektonische Karte Belorußlands und angrenzender Gebiete, Maßstab 1 : 1 Mill. — Minsk 1974 (1976).
BOGDANOW, A. A.; MURATOW, M. W.; SCHATSKI, N. S. (Redaktion): Tektonik Europas. Erläuterungen zur Internationalen tektonischen Karte Europas, Maßstab 1 : 2,5 Mill. — Moskau 1964.
BOGDANOW, A. A.; MURATOW, M. W. u. a.: Tektonik Europas und angrenzender Gebiete (kurze Erläuterung zur Internationalen tektonischen Karte Europas und angrenzender Gebiete, Maßstab 1 : 2,5 Mill.). — Moskau 1976.
MURATOW, M. W.; PUSTSCHAROWSKI, J. M.; KOLTSCHANOW, W. P.: Die Entwicklung der tektonischen Kartographie in der UdSSR. — Geotektoika, 6, Moskau 1972.

Buchbesprechungen

BORODKJEWSKAJA, M. B.; KRIWSOW, A. I.; SCHIRAJ, E. P.

Die Typen kiesführender Provinzen und Methoden zur Prognose von Kiesvererzungen (Überblick)

Moskau: Hrsg.: Allunionsforschungsinstitut für Ökonomie der Mineralrohstoffe und der geologischen Erkundungsarbeiten der UdSSR (WIEMS) 1975. Schriftenreihe „Geologie, Such- und Erkundungsmethoden für metallische Rohstoffe". 63 S., 36 Lit.

Die Kieslagerstätten der UdSSR stellen die wichtigste Quelle für die sowjetische Kupfergewinnung dar und behalten diese Bedeutung in den kommenden zwanzig Jahren. Aufbauend auf den bisherigen Forschungsergebnissen geben die Verf. anhand paläotektonischer Analysen eine Klassifizierung der kiesführenden Erzprovinzen der UdSSR und der Welt. Ausführlich werden die faziellen Besonderheiten, ihre Stellungen innerhalb bestimmter Formationen sowie die Spezifik der tektono-magmatischen Entwicklung dieser Erzprovinzen beschrieben. Im einzelnen stehen folgende Provinzen mit Kiesvererzungen (PK) zur Behandlung: PK der Innenzonen von Inselbögen, die an simatische Krustenteile geknüpft sind; PK der Innenzonen von Inselbögen, die an sialische Krustenteile geknüpft sind; PK in Riftvorsenken; PK in Randgebieten von Paläobecken mit Flachwasserbedeckung; PK in Randgebieten von Tiefseepaläobecken; Präkambrische PK. Einen breiten Raum nimmt die Beschreibung der Bildungsbedingungen von Kieslagerstätten ein, an die sich eine Aufzählung der verschiedenen Suchkriterien auf derartige Lagerstätten unterschiedlichen Typs sowie die Einschätzung der Perspektivität kiesführender Erzprovinzen anschließt.
Den zweiten Teil bildet die methodische Anleitung zur Durchführung von Prognosearbeiten auf Kieslagerstätten. Detailliert wird die Anfertigung von Struktur-Formations-Karten, die die Grundlage für jegliche Prognosearbeiten bilden, sowie die Anfertigung von Karten der Suchanzeichen und von Prognosekarten beschrieben. Diese Arbeit ist eine wirksame Hilfe für jeden Fachkollegen, der sich mit den Fragen der Prognose von Erzlagerstätten beschäftigt. Ihre Bedeutung geht über die abgegrenzte Problematik der Kieslagerstätten hinaus.

P. KRÜGER

IWANOW, JU. G.

Geochemische und mineralogische Suchkriterien auf Wolfram-Vererzungen

Moskau, „Nedra", 1974, 216 S., 24 Abb., 60 Tab., 101 Lit.

Die vom Verf. zusammengefaßten Ergebnisse der langjährigen Sucharbeiten der sowjetischen Fernost-Expedition auf Wolframvererzungen setzt die große Anzahl von Veröffentlichungen JU. G. IWANOWS zur Metallogenie der Bunt- und seltenen Metalle im Pazifikgürtel Sibiriens fort.
Die Arbeit behandelt auf der Grundlage der regionalen Geochemie des Wolframs und anderer Elemente die mineralogisch-geochemischen Besonderheiten der Wolframlagerstätten. Daraus werden mineralogische und geochemische Suchkriterien abgeleitet. Verf. beschreibt folgende Erzformationen genauer: Skarn-Greisen-Formation (Phosphor-Wolfram-Formation); Skarn-Formation (Molybdän-Zinn-Wolfram-Formation); Greisen-Quarz-Formation (Molybdän-Zinn-Wolfram-Formation); Quarz-Sulfid-Gang-Formation (Zinn-Wolfram-Arsen-Formation). Die durch eine Vielzahl von Analysen und graphische Darstellungen illustrierten Angaben über die mineralogischen Besonderheiten der Wolframvererzungen bringen neue Fakten über Wolframit, Scheelit, Apatit, gediegen Gold, Topas, über verschiedene Wismutminerale sowie über Eisenhydroxidminerale.
Als direkte Mineralindikatoren für Wolframitvererzungen nennt Verf. an erster Stelle Wolframit selbst, dann Topas sowie die Hydroxide von Eisen und Mangan (letztere nur in Verbindung mit anderen Kriterien). Indikatorelemente sind: W, Ta, Nb, Au, Bi, Sn, Be, Mo, As, Cu, Sn, Pb. Auf den zu erwartenden Typ der Wolframvererzung kann über spezielle typomorphe Besonderheiten der Wolframite und Topaskristalle geschlossen werden.
Zur Kartierung der geochemischen Aureolen um Wolframlagerstätten (primäre und sekundäre Aureolen) wurden die Elementkombinationen W + F, W + F + S und W + P + F + S benutzt, zusätzlich wurde die Verteilung von Indikatorelementen untersucht. Als Hauptquelle des Wolframs lehnt Verf. den bisher vertretenen Standpunkt der Konzentration von Wolfram in palingensialischen Magmen ab und nimmt als Quelle „... simatische Erz-Magmenherde im Mantel, wo eine primäre Konzentration des Wolframs vor sich geht", an. „Besonders solche tiefen Herde dienen offenbar als Quelle des Wolframs bei der Bildung von Skarn-, Skarn-Greisen- und teilweise der Quarz-Sulfid-Erzformationen".

P. KRÜGER

GWINNER, M. P.

Origin of the Upper Jurassic Limestones of the Swabian Alb (Southwest Germany)

Stuttgart: E. Schweizerbart'sche Verlagsbuchhandlung 1976. „Contributions to Sedimentology Nr. 55. 75 S., 66 Abb., 6 Taf., DM 52,40 (engl.)

Die vorliegende Arbeit stellt eine Zusammenfassung von zahlreichen sedimentologisch orientierten Feinkartierungen und anderen Untersuchungsergebnissen dar, die im klassischen Gebiet des Weißen Juras der schwäbischen Alb ausgeführt worden sind. Es lassen sich grundsätzlich zwei verschiedene Sedimentationstypen aushalten: 1. die sogenannte Normalfazies, die sich aus gut geschichteten Kalken und Mergeln zusammensetzt und 2. die Algen- und Schwammbioherme, die die Schichten der Normalfazies unregelmäßig und in unterschiedlichem Umfang durchsetzen. Im oberen Teil des Weißen Juras werden Algen und Schwämme von Korallen abgelöst.
Die Gliederung beruht auf biostratigraphischen und lithologischen Merkmalen innerhalb der Normalfazies. Die Bioherme lassen sich den einzelnen stratigraphischen Einheiten (Oxford, Kimmeridge und Tithon) bis zu einem gewissen Grad zuordnen. Die regional günstige Verteilung der Aufschlüsse und die relativ

gut vorzunehmende stratigraphische Zuordnung der Schichten des Gesamtprofils ermöglichen eine begründete Fazies- und Milieuanalyse der marinen Serie.
Hervorzuheben ist zunächst die sehr gute geologische Einführung in das Untersuchungsgebiet, die auch im Fernstehenden einen schnellen Überblick bietet. Die Durcharbeitung des Themas wird durch einfache, aber instruktive Schemata erläutert, die sich insbesondere auf die lithologischen Merkmale beziehen. Entsprechend dem Ziel der Arbeit nehmen die Diskussionen, Beschreibung und Auswertung der Merkmale breiten Raum ein. Fotos von Dünnschliffen unterstützen die Ausführungen. Gegen Ende weist der Autor auf die Beziehungen zwischen Geologie und Landschaft hin. — Ein kurzer, aber instruktiver Exkursionsführer informiert über besonders günstige Aufschlüsse, die für einzelne Sedimentations- bzw. Faziesmerkmale typisch sind. Der englische Text ist einfach gehalten und leicht verständlich. S. DIENER

STEINER, W.

Der geologische Aufbau des Untergrundes von Weimar

Weimar: Stadtmuseum Weimar, „Weimarer Schriften" No. 23 (Geologie) 1974. 66 S., 26 Abb., M 3,—

In dieser recht vielseitigen Reihe „Weimarer Schriften" läßt das Stadtmuseum Weimar von Fachleuten Themen mannigfacher Art behandeln, die sich historisch, naturwissenschaftlich und politisch auf Weimar und seine Umgebung beziehen. In diesem Fall kommt ein Geologe als Fachmann zu Wort, der in anschaulichen Ausführungen die Geologie von Weimar und Umgebung beschreibt. Trotz des geringen Umfangs der Schrift sind die wesentlichen Dinge der Stratigraphie, der Tektonik der Lagerstätten und auch der historischen Geologie behandelt. Die ausgesucht guten Abbildungen und Skizzen ergänzen gefällig den Text. Quellenangaben und ein Glossar beschließen die Arbeit, die in vieler Hinsicht zu einer Weiterführung der Allgemeinbildung beitragen wird. K. KAUTER

HEDLEY, R. H.; ADAMS, C. G. (Hrsg.)

Foraminifera, Vol. 2

London, New York, San Francisco: Academic Press 1976, 265 S., Ł 10,50

Es liegt nun der zweite Band dieser Reihe vor, ebenfalls mit fünf unabhängigen Einzelbeiträgen.
HECHT, A. D.: „The oxygen isotopic record of foraminifera in deep-sea sediment". Verf. behandelt Ergebnisse und Probleme der Erforschung der Temperaturentwicklung vom Maastricht bis rezent auf der Grundlage der Sauerstoffisotopenuntersuchungen an benthonischen und planktonischen Foraminiferen.
MURRAY, J. W.: „Comparative studies of living and dead benthic foraminiferal distributions". Verf. untersucht an Beispielen lebender und toter Foraminiferengemeinschaften Grad und Intensität der Unterschiede beider in verschiedenen marinen Bereichen und ihre Ursachen. Daraus können Aussagen über den Informationsgehalt fossiler Gemeinschaften hinsichtlich der Umweltbedingungen zu deren Lebzeiten abgeleitet werden.
KENNETT, J. P.: „Phenotypic variation in some Recent and Late Cenozoic planktonic foraminifera". Die Arbeit faßt die Kenntnisse über die morphologische, durch Umwelteinflüsse kontrollierte Variation planktonischer Foraminiferen seit dem jüngeren Känozoikum zusammen. Sie stellt offene Probleme dar und gibt Empfehlungen zu weiteren Untersuchungen auf diesem Gebiet.
BOLTOVSKOY, E.: „Distribution of Recent foraminifera of the South American region". Verf. gibt einen Überblick über die Verbreitung rezenter benthonischer und planktonischer Foraminiferen rund um Südamerika sowie der Faktoren, die diese Verteilung bestimmen.
TODD, R.: „Great names in Micropalaeontology: 2. Joseph Augustine Cushmann, 1881—1949". Die Arbeit würdigt das Werk des bedeutenden Foraminiferenforschers.

J. GRÜNDEL

GIESE, P.; PRODEHL, C.; STEIN, A.

Explosion Seismology in Central Europe — Data and Results

Wien, Berlin: Springer-Verlag 1976. 429 S., 284 Abb., 3 Anl., 22 Tab., DM 146,—

Mit dem vorliegenden Buch ist der 1. Band einer Reihe von Veröffentlichungen erschienen, die sich unter dem Titel „Tiefenseismik in Mitteleuropa — Daten und Ergebnisse" mit dem Krustenbau in Europa befaßt. Es wurde versucht, die seit 1947 durchgeführten Untersuchungen der Kruste und des oberen Mantels zusammenfassend darzustellen. Der Schwerpunkt lag dabei auf den in der BRD durchgeführten Beobachtungen von Steinbruchsprengungen. Während aus dem Bereich des Nordwestdeutschen Beckens keine Materialien und Ergebnisse vorgestellt werden, nimmt die Dichte der diskutierten Beobachtungsergebnisse nach S und SW zu.
Einleitend wird ein kurzer Abriß über die Entwicklung und die Stadien der Erdkrustenerforschung seit Anfang des Jahrhunderts bis zur Gegenwart gegeben.
Nach einem Überblick über die geologische Situation und die Ergebnisse anderer geophysikalischer Methoden vermitteln die folgenden Kap. den gegenwärtigen Kenntnisstand des Krustenbaus in Mitteleuropa im wesentlichen auf der Grundlage von refraktionsseismischen Arbeiten. Dabei werden folgende Themen behandelt: Daten, Technik und Probleme der Feldarbeiten, Diskussion der neuesten Auswertemethoden und ihrer Ergebnisse für ausgewählte Gebiete und für Mitteleuropa, seismische Untersuchungen der Alpen, Vergleich mit Daten und Ergebnissen aus Osteuropa- und Nordamerika.
Das Hauptanliegen der Autoren bei der Zusammenstellung der Materialien für diese Monographie, eine gleichgewichtige Darstellung der Daten und der wesentlichen Ergebnisse zu erreichen, ist zu begrüßen. Es wird auf diese Weise möglich, neben den Ergebnissen auch das Primärmaterial in den direkten Vergleich einzubeziehen.
Das ausführliche Literaturverzeichnis bietet dem Fachmann eine gute Übersicht über die wesentlichen auf dem Gebiet der Explosionsseismologie veröffentlichten Arbeiten für die untersuchten Gebiete.

V. HECKELER

Zeitschrift für angewandte Geologie, Bd. 23 (1977), Heft 9

Informationen

Entwicklung der Industrieproduktion in der UdSSR

Nachstehende Tabelle gibt die Entwicklung einiger ausgewählter Erzeugnisse der Industrie in der UdSSR wieder

	Einheit	1913 (Rußland)	1950	1975	Plan 1976/80
Erdöl	Mill. t	10,3	37,9	491	620—640
Erdgas	Mrd. m³	0,02	5,8	289	400—435
Kohle	Mill. t	29,2	261,0	701	790—810
Zement	Mill. t	1,8	10,2	122	143—146

Damit entwickelte sich der Anteil der UdSSR an der Weltproduktion im Vergleich mit den USA (in %) wie folgt:

		1960	1970	1975
Elektroenergie	UdSSR	12,7	15,1	16,0
	USA	36,6	33,4	32,3
Erdöl	UdSSR	14,0	15,4	18,6
	USA	33,0	21,0	15,6
Zement	UdSSR	14,4	16,8	17,7
	USA	17,7	11,9	9,4

Britische Erdöl- und Erdgasreserven

Nach neuesten amtlichen Schätzungen belaufen sich die bisher entdeckten Erdölvorräte in dem britischen Nordseesektor auf rd. 2,5 Mrd. t. Das sind über 200 Mill. t mehr, als noch im letzten Jahr geschätzt worden waren. Etwa 1,26 Mrd. t dieser Reserven werden bereits abgebaut oder sind erschlossen. Bei den restlichen 1,24 Mrd. t müssen noch zusätzliche Berechnungsbohrungen niedergebracht werden.
Die britische Erdölförderung ist schneller als erwartet angestiegen. In diesem Jahr dürften bereits 40 bis 45 Mill. t Erdöl ausgebracht werden. Die Produktion könnte 1978 die Höhe von 60 bis 70 Mill. t erreichen und sich bis 1980 auf 90 bis 100 Mill. t steigern.

Zinkerze in den USA

Nach einer Studie des Bureau of Mines beliefen sich 1970 die bauwürdigen Zinkvorräte der USA auf 30,6 Mill. t. Das sind etwa ein Viertel der Zinkvorräte der Erde, die etwa 122 Mill. t Zinkinhalt betragen. Den größten Anteil bei den bauwürdigen Vorräten stellen mit 74% die Lagerstätten mit Zink- und Zink-Bleierzen. Bei den vermuteten Vorräten beträgt ihr Anteil sogar 95%. Mit Einbeziehung neuer Lagerstätten im Bundesstaat Tennessee verschiebt sich ihr Anteil noch zu Gunsten dieses Typs. Der durchschnittliche Zinkgehalt beträgt bei den bauwürdigen Lagerstätten 3,7%, bei den vermuteten 3,3%.

Geographisch gesehen liegen mit einem Anteil von 64,4% in den Staaten Illinois, New Jersey, New York, Pennsylvania, Tennessee, Virginia und Wisconsin 19,71 Mill. t Zinkinhalt; mit 15,8% Anteil in den Staaten Arkansas, Kansas, Missouri, Oklahoma und Texas 4,82 Mill. t; mit 11,1% Anteil in den Staaten Arizona, Colorado, New Mexiko, South Dacota, Utah und Wyoming 3,4 Mill. t; mit 0,9% Anteil in den Staaten California und Nevada 0,29 Mill. t; mit Anteil von 7,7% in den Staaten Idaho, Montana, Oregon und Washington 2,35 Mill. t und mit 0,1% Anteil in Alaska 0,03 Mill. t.

Neue Phosphatlagerstätten in der UdSSR

In der Halbwüste Kasachstans, nordwestlich des Aralsees, wurden große Phosphatlagerstätten entdeckt. Nach vorläufigen Berechnungen werden die nur in 1,5 m unter der Erdoberfläche lagernden Phosphaterze auf 1 Mrd. t geschätzt. Bereits im vergangenen Fünfjahrplan hat sich die Phosphorindustrie Kasachstans zu einem führenden Zweig der Volkswirtschaft entwickelt. In den Werken des Karatau-Gebirges werden 90% der gesamten sowjetischen Produktion an elementarem Phosphor gewonnen. Mit einer außerordentlichen Steigerung der Produktion ist zu rechnen, da im derzeitigen Fünfjahrplan zwei neue Phosphatwerke errichtet werden.

ČSSR im INTERMORGEO-Programm

Der Beitrag der ČSSR zum INTERMORGEO-Programm für den Fünfjahrplan 1976 bis 1980 umfaßt folgende Teilaufgaben:

- geologische Prospektion und Lagerstättenbewertung fester Rohstoffe der Meere und Ozeane;
- geophysikalische Erforschung der Meere und Ozeane;
- Erforschung der Aufbereitungstechnologien für marine mineralische Rohstoffe;
- Erforschung und Entwicklung von radioanalytischen Methoden bei der Erkundung mineralischer Rohstoffe der Meere und Ozeane;
- Entwicklung automatischer Ausrüstungen für die Probenahme von Sedimenten aus dem Boden der Meere und Ozeane;
- Studium der Nutzung von Meerwasser;
- Informationstätigkeit über die Problematik der Erkundung in Meeren und Ozeanen;
- Rechte und Patente im Zusammenhang mit der Meereserkundung.

Das VI. Kolloquium „Hydrogeologie" mit dem Generalthema „Grundwasserlagerstättenerkundung" tagt unter der Leitung der Kammer der Technik mit internationaler Beteiligung am 2. und 3. November 1977 auf dem IGA-Gelände in Erfurt. Neben kompetenten Wissenschaftlern der DDR konnten Spezialisten aus der UdSSR, der VR Polen, der Ungarischen VR und der ČSSR gewonnen werden.

Kurznachrichten

Die **Erdgaslagerstätte** Schatlyk, in der **UdSSR**, rangiert mit ihren nachgewiesenen Vorräten in Höhe von 1,2 Bill. m^3 Erdgas unter den zehn reichsten Lagerstätten der Welt. Ihr Abbau hat begonnen. Für 1980 wird mit 80 Mrd. m^3 ihr Anteil an der sowjetischen Gesamtproduktion ein Fünftel betragen.

Es ist damit zu rechnen, daß unter Berücksichtigung des steigenden Inlandsverbrauchs die **VR China** 1980 in der Lage sein wird, 40 bis 60 Mill. t **Erdöl** aus eigenen Feldern zu exportieren. 1976 waren es noch 13 Mill. t.

Sucharbeiten im schwer zugänglichen Amazonasgebiet **Ekuadors** haben mit der Bohrung Shiripuno 1 (Provinz Napo) zu einem ersten positiven Resultat geführt. Die Versuchsförderung über mehrere Tage hinweg ergab eine Produktion von 1450 B/d **Erdöl**.

Die **SFR Jugoslawien** wird durch eine 655 km lange **Erdgasleitung** an das Gasleitungsnetz der RGW-Länder angeschlossen. Bis 1978 ist die erste Aufbaustufe abgeschlossen. Derzeit wird die Strecke des Grenzübergangs von der Ungarischen VR nach Zentralserbien verlegt.

1980 wird südöstlich von New Orleans die **höchste Bohrplattform der Welt** in Betrieb genommen. Sie arbeitet bei 300 m Wassertiefe. Ihre Gesamthöhe beträgt 372 m. Probebohrungen haben in dieser Gegend in Teufen zwischen 2580 m und 2920 m starke erdöl- und erdgasführende Schichten festgestellt.

In Slany, Mittelböhmen (**ČSSR**) wurde eine neue **Steinkohlenlagerstätte** mit 150 Mill. t Vorräten, überwiegend Kokskohle, festgestellt. Bei Melnik lagern zwischen 300 und 700 m Teufe weitere 100 Mill. t Kohle. Insgesamt gilt die Steinkohlenproduktion der ČSSR für 100 Jahre als gesichert.

Der Abbau der **Manganerze** im brasilianischen **Mato Grosso**, nahe der bolivianischen Grenze, hat begonnen. Für 1977 ist mit einer Produktion von 160000 t zu rechnen. Bis in die 80er Jahre soll sie auf insgesamt 450000 t/a gesteigert werden.

Manganerz wird im **Iran** auf den Lagerstätten Robat-Karim, Boz und Schach-Rokh abgebaut. Es sind Ganglagerstätten mit Hausmanit in Andesiten. Der Metallgehalt im Erz beträgt 44 bis 46% Mn. Die Jahresförderung liegt bei 32000 t.

In der **VR Polen** ist ein neues Mittel zum **Härten von Porzellan** erfunden worden. Durch Sättigung der Porzellanmasse mit flüssigen Chrom-Phosphatverbindungen ist es gelungen, die Festigkeit auf 2000 bis 2500 kg/m^2 zu steigern. Die bisher erzielten Härten werden somit weit übertroffen.

In der **BRD** sind gegenwärtig 40 **Untergrundspeicher** (Tiefspeicher) in ausgesohlten Salzstöcken, mit 12 Mill. m^3 in Betrieb. 81 weitere sind im Bau. Die unterirdische Lagerung von Mineralölen hat sich als um die Hälfte billiger erwiesen als die in oberirdischen Behältern.

Bezugsmöglichkeiten der „Zeitschrift für angewandte Geologie"

Bestellungen sind zu richten

- **in der DDR** an den Postzeitungsvertrieb; an eine Buchhandlung oder an den Akademie-Verlag, DDR - 108 Berlin, Leipziger Straße 3–4
- **im sozialistischen Ausland** an eine Buchhandlung für fremdsprachige Literatur oder an den zuständigen Postzeitungsvertrieb
- **in der BRD und Westberlin** an eine Buchhandlung oder an die Auslieferungsstelle KUNST und WISSEN, Erich Bieber, 7 Stuttgart, Wilhelmstraße 4–6
- **in Österreich** an den Globus-Buchvertrieb, 1201 Wien, Höchstädtplatz 3
- **im übrigen Ausland** an den Internationalen Buch- und Zeitschriftenhandel; den Buchexport, Volkseigener Außenhandelsbetrieb der Deutschen Demokratischen Republik. DDR - 701 Leipzig, Postfach 160, oder an den Akademie-Verlag, DDR - 108 Berlin, Leipziger Straße 3–4.

„Zeitschrift für angewandte Geologie"

Herausgeber: Prof. Dr. KARL SCHMIDT, Direktor des Zentralen Geologischen Instituts, Berlin, im Auftrage des Ministeriums für Geologie der Deutschen Demokratischen Republik.

Chefredakteur: Dr. KURT KAUTER, Zentrales Geologisches Institut, Berlin.

Anschrift der Redaktion: DDR - 1054 Berlin, Kastanienallee 69 (Fernruf 2824293/2824593).

Verlag: Akademie-Verlag, DDR - 108 Berlin, Leipziger Straße 3–4; Fernruf: 2236221 und 2236229; Telex-Nr. 114420; Postscheckkonto: Berlin 35021. Bank: Staatsbank der DDR, Berlin, Kto.-Nr.: 6836-26-20712.

Veröffentlicht unter der Lizenznummer 1279 des Presseamtes beim Vorsitzenden des Ministerrates der Deutschen Demokratischen Republik.

Gesamtherstellung: VEB Druckhaus „Maxim Gorki", DDR - 74 Altenburg.

Erscheinungsweise: Die Zeitschrift erscheint monatlich. Die 12 Hefte eines Jahres bilden einen Band. Bezugspreis je Band 144,– M zuzüglich Versandspesen (Preis für die DDR 24,– M). Bezugspreis je Heft 2,– M (Preis für die DDR 2,– M).

Bestellnummer dieses Heftes: 1047/23/9.

AN (EDV) 32138

Zeitschrift für angewandte Geologie 9/77

Herausgegeben vom Zentralen Geologischen Institut Berlin im Auftrag des Ministeriums für Geologie der Deutschen Demokratischen Republik
Verlag: Akademie-Verlag, 108 Berlin, Leipziger Straße 3—4

Шмидт, К.; Катцунг, Г.; Франке, Д.

К развитию допермских подслоев и магматизма на югозападном предполе Восточно-Европейской платформы

Z. angew. Geol., Берлин, 23 (1977) 9, стр. 426—436, 2 илл., 95 лит.

Исходя из до теперещных рассмотрений о строении подслоев в северной части Средней Европы раслагаются представления о развитии доперми и о значении магматизма для крупнопространственного тектонического районирования. Кроме известных единиц строения различного возраста консолидации и складчатости выступает ориентированная в „герцинское" и „ренское" направления разломная система. Охватывающий интервал от молодейшего докембрия до четвертичного магматизм покровных гор имеет соответствующий данного времени коркового состояния щелочной или известково-щелочной химизм и отражает кратонизацию во время и в пространстве. Наиболее значительный эруптивнный период был связан с заканчивающимися тектоническими процессами варисцийского цикла. Меридиональная, и параллельная югозападному краю Восточно-Европейской платформы разломные системы управляли поздневарисцийский вулканизм и сильно влияли на него. В области пересечения обоих систем распологался абсолютный максимум варицийско-субсеквентного и одновременно магматизма покровных гор в северной части Средней Европы совсем.

Гарецкий, Р. Г.; Айзберг, Р. Е.; Сувейсдис, П. И.

Структуры покровных гор в Белорусской ССР и в советском Балтике

Z. angew. Geol., Берлин, 23 (1977) 9, стр. 436—439, 1 илл., 2 лит.

Платформенные покровные горы Белоруссии и Балтика расчленяются на структурные комплексы, являющиеся выражением этопов тектонического развития западной Русской плиты Восточноевропейской платформы. Крупные структуры покровных гор возможно описывать в их временно-пространственном развитии на основе структурных карт. Структурные планы нижнерифейских (?), ранне- и позднебайкалских и каледонских структурных комплексов следуют приблизительно поверхности фундамента. Но это и относится к варисцийскому комплексу, но для варисцийских структур типичны различные степени деформации и типы деформации, разломная тектоника как и частично соляная тектоника (Припятская впадина). Структурный план киммериджско-альпийского комплекса сильно отклоняется по сравнению с лежащими комплексами.

Зноско, Й.

О геологическом строении в зоне Торнквист-Тайссейрелинии между Балтийским морем и Светокржыжеескыми горами

Z. angew. Geol., Берлин, 23 (1977) 9, стр. 439—444, 56 лит.

Область в окрестности Торнквист-Тайссере-линии, югозападная краевая зона добайкальской Восточно-Европейской платформы, между Балтийским морев и Светокржыженскими горами, подлежат рассмотрению. В дальнейшем устанавливается на Среднепольском вале а также на Данско-Польской борозде, тектоническое и петрографическое развитие которых описывается. Данско-Польская борозда и поднимающийся из нее Среднепольский вал расчленяют территорию НР Польши на две части: в северовосточной добайкалско консолидированной и в югозападной, относящейся к палеозойской тектонике. В связи с этим устанавливается ещераз на проблеме границы распространения варисцидов и начала судетского краевого прогиба. Уже существующие взгляды (Стилле) о генезисе обсужденного пространства утверждены и расширены новейшими исследованиями автора.

Модлински, З.

Вклад о изображении ордовика на Юговосточном краю Восточно-Европейской платформы в НР Польше

Z. angew. Geol., Берлин, 23 (1977) 9, стр. 445—449, 3 илл, 11 лит.

На основе анализа мощности и литофации ордовикских отложений дается обзор о палеоструктурном развитии югозападных краевых областей Восточноевропейской платформы на территории НР Польши и прилегаемых областей для времени ордовика. Исходя из Белорусского массива на востоке до краю платформы на западе возможно различать ряд зон депрессий и подниманий, которые развивались в ордовике и особенно ясно выдвигались во время карадока и ажгилла. Непосредственный край платформы объясняется как участок, в котором отставались доли осадконакопления по сравнению со скоростью опускания или же как область, отложения которой подморской эрозией перелагались в заложенной впереди геосинклинали. Знание о геосинклинальной зоне еще недостаточно. Для времени ордовика невозможно дать ни палеоструктурного подразделения ни литофациального анализа. Непосредственные отношения постумичности узнаваются в области платформы между сренде- и верхнекембрийским развитием с одной стороны и тем ордовика.

Норлинг, Е.; Скоглунд, Р.

Югозападный край Восточно-Европейской платформы в области Швеции

Z. angew. Geol., Берлин, 23 (1977) 9, стр. 449—458, 2 илл., 4 табл, 66 лит.

Авторы дадут обзор о новых данных исследования на юговосточном краю Восточно-Европейской платформы в области Швеции. Исходится от структурногеологических отношений, поддерждают их данными палеомагнетического исследования и результатами о магнетических проявлениях как и сообщается потом подробно о стратиграфии, литологии и палеогеографии этой области. Подробный список литературы заканчиваст и усонершенствовает данную статью.

Валлисер, О. Х.

Проблемы геотектонической классификации варисцидов

Z. angew. Geol., Берлин, 23 (1977) 9, стр. 459—463, 30 лит.

Варисциды Европы являются протерозойско-палеозойско развитым тектогеном. Строение его коры как и варисцийское осадконакопление свидетельствуют ни о происхождении по типичной платформенно-тектонической модели ни о фиксистическом мантийном диапиризме. Их вещественное и структурное происхождение возможно объяснить при учете дифференцированного конвектионного механизма возрастающим сужением возможно в начале еще частично относительно подвижного, сиалического коркового поля между приближающимися материками Лауренции, Феносарматии и Гондваны. Варисциды Европы этим являются отправной точкой для направленной в широком смысле эволюции как причин, так и последствий тектогенных проявлений.

Папрот, Е.

К проблематика проекта 86 МПГК

Z. angew. Geol., Берлин, 23 (1977) 9, стр. 463—465, 2 илл., 12 лит.

Даннинг, Ф. В.; Вотсон, Д.

О возможном распространении Восточно-Европейской платформы до Англии и Вельса

Z. angew. Geol., Берлин, 23 (1977) 9, стр. 465—470, 2 илл., 14 лит.

В центральной Англии частично обнажен докембрийский фундамент Мидлэндкратона. Это метаморфические породы, перекрыты очень вероятно наимолодейшей докембрийской вулканическо-осадочной серией. Древний палеозой развитый в западно прилегаемых каледонидах в мощной геосинклинальной фации, над Мидлэндкратоном он встречается в маломощной, неполной платформенной фации или совсем отсутствует на больших плоскостях; также в Юговосточной Англии скважинами открыты складчатые геосинклинальные древнепалеозойские породы. Девонские породы в фации Ольд-Рэд особенно распространены в Юговосточном Вельсе и в окрестности Лондона; большие части Мидлэндкратона перекрыты непосредственно каменноугльными (или более молодыми) покровными горами.

Южное и северозападное ограничения Мидлэндкратона достаточно надежно установлено.

Гарецкий, Р. Г.; Айзберг, Р. Е.

Строение и этапы развития западной части Восточно-Европейской платформы внутри Белорусской ССР и в соседных областях

Z. angew. Geol., Берлин, 23 (1977) 9, стр. 470—478, 6 илл., 1 табл.

Территория Белорусской ССР далекоходящи расположена на Русской платформе, подчиненно на Украинском щите и Волыно-Азовской плите, являющие составными частями Восточно-Европейской платформы. После описания отдельных крупных структур представляется по этапам тектоническое развитие, которое отражается в структурах платформенных покровных гор. Главные этапы развития платформы — это нижнерифейский квасиплатформенный этап, среднерифейско-нижневендский катаплатформенный этап как и верхневендско-фанэрозойский ортоплатформенный этап.

Колчанов, В. П.

О изображении платформенных областей на тектонической карте юговосточного края Восточно-Европейской платформы (проект 86 МПГК)

Z. angew. Geol., Берлин, 23 (1977) 9, стр. 479–481

Представляется принципы и методы для обработки тектонической карты в рамке проекта 86 МПГК (Югозападная краевая зона Восточно-Европейской платформы). Основная характеристика платформенных областей — возраст консолидации и поверхностное положение фундамента — изображаются цветами или изолиниями. Структура покровных гор представляется линиями глубокого залегания рядя характерных реберных горизонтов. Предусмотренно представление складчатых и разломных структур различного генезиса и порядка.

In den nächsten Heften

der

Zeitschrift für angewandte Geologie

erscheinen u. a. folgende Beiträge

ORJOL, W. E.; GOLDBECHER, K.; KASPAROW, M. M.; POLJAKOW, M. M.; TARUTIN, F. E.: Quantitative Einschätzung des zu fördernden Wassers beim Abbau von Erdgaslagerstätten

THIERGÄRTNER, H.: Substantielle Rohstoffklassifizierung und -ausblockung in Kalkvorkommen

UDINZEW, G. B.; JEMELJANOW, E. M.; KRÜGER, P.; LITWIN, W. M.; CHARIN, G. S.: Geologische Untersuchungen im Gebiet der Insel Jan-Mayen — Teil I.: Vorläufige morphologische und geologische Untersuchungsergebnisse aus dem MOHN-Rücken nördlich Jan-Mayen

BLANKENBURG, H.-J.: Zum Spurenelementgehalt der Quarze im Glassand von Hohenbocka

MAKSIMOW, S. P.; SAFONOWA, G. I.: Einige Kriterien der geochemischen Charakteristik und der katagenetischen Umwandlungen der Erdöle anhand der Zusammensetzung der individuellen reliktischen Kohlenwasserstoffe

HETZER, H.; SOLOWJOW, B. A.; SILONOW, F. A.: Erdöl- erdgasgeologische Rayonierung des Nordsee-Aquatoriums

JUDIN, G. T.; KATZUNG, G.; SOLOWJOW, B. A.; TSCHERNISCHEW, S. M.: Zur Erdöl- und Erdgashöffigkeit der miogeosynklinalen Zonen von Faltungsgebieten

SCHTSCHEGLOW, A. D.: Die Erzgeologie im Fünfjahrplan

ZIEGENHARDT, W.; BRANDT, W.; JAGSCH, R.: Strukturelle Charakteristik eines Kluftspeichers im sedimentären Rotliegenden

SCHNEIDER, W.: Zu einigen Gesetzmäßigkeiten der faziellen Entwicklung im 2. Lausitzer Flöz

ELERT, K.-H.: Natrium-Magnesium-Doppelsulfatminerale im oberen Zechstein 2

HURTIG, E.; MUNDT, W.; RITTER, E.; ROTHER, K.: Der Südwestrand der Osteuropäischen Tafel als mögliche alte Plattengrenze

Neuerscheinungen und Literaturhinweise

BASCHARIN, A. K.; BERSIN, N. A. u. a.

Nord- und Südamerika

Nowosibirsk: Verlag Nauka 1976. 236 S., 42 Abb., 19 S. Lit. (Tr. Inst. Geol. i Geofis., sib. Otd. AN SSSR, Wyp. 252)

BEUS, A. A.; GRIGORJAN, S. W.

Geochemische Methoden der Suche und Erkundung von Lagerstätten fester Minerale

Moskau: Verlag Nedra 1976. 278 S., 94 Abb., 73 Tab., 81 Lit.

BEESON, M. H.

Petrology, mineralogy, and geochemistry of the East Molokai volcanic series, Hawaii

Washington: US Gov. Print. Off. 1976. 53 S., 26 Abb., 79 Lit. (Geol. Surv. profess. Pap. 961)

ERNST, W. G.

Petrologic Phase Equilibria

San Francisco: Freeman & Co. 1976. 333 S., 12 S. Lit.

FOUCH, T. D.

Revision of the lower part of the Tertiary system in the central and western Uinta Basin, Utah

Washington: US Gov. Print. Off. 1976. 7 S., 2 Abb., 71 Lit. (Geol. Surv. Bull. 1405–C)

JUBELT, R.

Mineralbestimmungsbuch

Leipzig: Dt. Verlag Grundstoffind. 1976. 258 S., 121 Abb., 10 Tab., 28 Fotos, 2 Anl., 11 Lit.

KUDELSKIJ, A. W.

Hydrogeologie und Hydrogeochemie des Jods

Minsk: Verlag Nauka i Techn. 1976. 213 S., 27 Abb., 33 Tab., 16 S. Lit.

OTSCHKUR, A. P.; TOMSKIJ, J. W. u. a.

Gamma-Methoden in der Erzgeologie

Leningrad: Verlag Nedra, leningr. Ausg. 1976. 406 S., 161 Abb., 49 Tab., 6 Anl., 96 Lit.

PUTZER, H.

Metallogenetische Provinzen in Südamerika

Stuttgart: Schweizerbart 1976. 316 S., 44 Abb., 3 Tab., 35 S., Lit.

RONENSON, B. M.; ROJSENMAN, W. M. u. a.

Methoden der Gliederung metamorpher Komplexe

Leningrad: Verlag Nedra, leningr. Ausg. 1976. 189 S., 40 Abb., 44 Tab., 99 Lit.

WOLFE, J. A.

Stratigraphic distribution of some pollen types from the Campanian and lower Maestrichtian rocks, Upper Cretaceous, of the Middle Atlantic States

Washington: US Gov. Print. Off. 1976. 18 S., 3 Abb., 2 Tab., 4 Taf., 21 Lit. Geol. Surv. profess. Pap. 977)

...

ERTS-1. A new window on our planet

Washington: US Gov. Print. Off. 1976. 316 S., 256 Abb. (Geol. Surv. profess. Pap. 929)

...

Mechanics of thrust faults and décollement

Stroudsburg: Dowden, Hutchinson & Ross 1976. 471 S. (Benchmark Pap. Geol. 32)

...

Die Mineralogie sedmentärer Bildungen, Band 3

Kiew: Verlag Nauk. Dumka 1976. 99 S.

FSC
www.fsc.org
MIX
Papier | Fördert gute Waldnutzung
FSC® C083411

Zeitfracht Medien GmbH
Ferdinand-Jühlke-Straße 7
99095 Erfurt, Deutschland
produktsicherheit@kolibri360.de